气井带压作业工艺技术

QIJING DAIYA ZUOYE GONGYI JISHU

主　编：何　骁

副主编：郑有成　唐　庚　陈学忠

石油工业出版社

内容提要

本书基于带压作业理论及工艺，对气井带压作业工艺技术、装备、井下工具进行了全面的梳理。主要内容包括气井带压作业特点、气井带压作业装备、气井带压作业油管内压力控制工具及工艺、带压作业工程参数计算与设计、带压作业施工工艺、带压作业风险识别及控制措施、带压作业监督及管理。

本书可以为从事气井带压作业的工程技术人员、现场作业人员开展带压作业提供指导和参考，也可以作为带压作业相关人员的培训资料。

图书在版编目（CIP）数据

气井带压作业工艺技术 / 何骁主编 . —北京：石

油工业出版社，2022.8

　　ISBN 978-7-5183-4663-9

　　Ⅰ.①气… Ⅱ.①何… Ⅲ.①气井－堵漏 Ⅳ.

①TE37②TB42

中国版本图书馆 CIP 数据核字（2021）第 094186 号

出版发行：石油工业出版社

　　　　　（北京安定门外安华里 2 区 1 号　　100011）

　　　　　网　　址：www.petropub.com

　　　　　编辑部：（010）64523535　　图书营销中心：（010）64523633

经　　销：全国新华书店

印　　刷：北京中石油彩色印刷有限责任公司

2022 年 8 月第 1 版　　2022 年 8 月第 1 次印刷

787×1092 毫米　开本：1/16　印张：20

字数：460 千字

定价：160.00 元

（如出现印装质量问题，我社图书营销中心负责调换）

《气井带压作业工艺技术》

编 委 会

主　编：何　骁

副主编：郑有成　唐　庚　陈学忠

成　员：佘朝毅　杨　健　唐诗国　马辉运　涂　中

陶诗平　王学强　周长林　黄　艳　洪玉奎

覃　芳　缪　云　冯星铮　刘俊辰　吴　珂

罗　伟　赖　宁　杨　磊　谭宏兵　杨　海

陈　刚　杨　盛　杨成彬　朱　庆　谢　波

赵　昊　刘　望　罗　鑫　陈　珂　向　毅

龙仕元　龙　坤　温钰梅　张芳芳　阳　强

董亮亮　唐　源　张　瑞　陆林峰　于　洋

前 言

中国国家领导人在联合国大会的讲话中提出，中国将提高国家自主贡献力度，采取更加有力的政策和措施，力争二氧化碳排放在 2030 年前达到峰值，努力争取 2060 年前实现碳中和。碳达峰、碳中和的关键在于如何在保障能源安全和经济高质量发展的前提下有序实现碳达峰碳中和。"减煤、稳油、增气、大力发展可再生能源"是实现双碳目标的基本思路，在可再生能源成为主力能源之前，加快天然气发展是我国能源低碳转型的最现实选择，未来国家对天然气能源需求巨大。

带压作业是一项高效、清洁、绿色的井下作业"革命性"技术，更是稳定和提高单井产量"牛鼻子"工程的一把利剑。尤其是针对非常规气纳米级孔喉系统和超低渗透率的特点，储层对入井液极其敏感、产能脆弱，采用该技术可有效增加单井最终采收率（EUR）。带压作业主要是依靠防喷器系统和管柱内压力控制系统控制压力，将压井液液压控压模式转变为装备与工具机械控压模式，实现作业全过程的"储层零伤害、环境零污染、液体零排放，高时效低成本"。

天然气具有高压易漏、易燃易爆、含硫腐蚀的特点，存在天然气泄漏燃烧爆炸、压力意外释放造成井毁人亡灾难性事故的风险，对设备的安全性、工具的可靠性和工艺的适应性要求极高。本书着眼于气井中带压作业的特殊性，对气井带压作业工艺技术、装备、井下工具进行了全面的梳理。主要内容包括气井带压作业特点、气井带压作业装备、气井带压作业油管内压力控制工具及工艺、带压作业工程参数计算与设计、带压作业施工工艺、带压作业风险识别及控制措施、带压作业监督及管理。

本书是气井带压作业相关内容及现场应用实例的总结。可以为从事气井带压作业的工程技术人员提供指导和参考，也可以作为石油相关专业学生以及油田技术人员的培训资料。

本书由何骁全面负责编写，由郑有成、唐庚、陈学忠负责统稿，四川圣诺油气工程技术服务有限公司组织具体实施。本书分为七章，第一章由覃芳、缪云等编写，第二章由唐诗国、杨海、冯星铮等编写，第三章由马辉运、谭宏兵等编写，第四章由王学强、阳强、杨成斌等编写，第五章由吴珂、罗伟、赵昊等编写，第六章由朱庆、谢波等编写，第七章由杨磊、黄艳等编写。最后特别感谢西南石油大学董亮亮老师及其专业团队的技术指导。

本书在编写过程中参考了国内外带压作业技术及配套工具、装备等方面文献，采用了大量来自油田现场的宝贵资料，在此一并致谢！

由于编者水平有限，本书难以全面反映气井带压作业工艺技术，也难免有差错与不足，敬请读者提出宝贵意见。

目 录

第一章 绪 论

第二章 气井带压作业装备

第三章 气井带压作业油管内压力控制工具及工艺

第四章 带压作业工程参数计算与设计

第五章 带压作业施工工艺

第六章　气井带压作业风险识别及控制措施

第七章　带压作业监督及管理

第一章　绪　论

天然气是一种优质的清洁能源,广泛地运用于社会的各个领域。天然气具有易燃易爆、膨胀性大的特点,同时天然气井井深、高压、含硫、普遍产水,存在天然气泄漏、燃烧、爆炸、压力意外释放等造成井毁人亡的灾难性事故风险,对气井带压作业设备的安全性、工具的可靠性和工艺的适应性提出严峻挑战。

第一节　天然气性质

一、天然气用途

随着天然气资源的不断发现和开采,天然气的利用范围正逐步扩大。天然气不仅在工业、农业、国防等国民经济的各个方面发挥着重要作用,而且天然气及其产品已广泛地应用于人们生活的各个领域之中。主要表现在如下几方面:

(1) 天然气是重要的能源,是优质燃料。天然气具有热值高、运输和使用方便、燃烧完全、干净、无烟无渣、价格便宜等优点。因此,天然气广泛用于交通、冶金、电力、轻工、化工等行业的内燃机、炼钢、热处理、发电、工业锅炉、加热炉、印染、纺织、制盐等诸多方面;同时作为生活燃料大量供应给居民。在世界的燃料消费结构中,天然气已超过20%,并在继续增长。

(2) 天然气是宝贵的化工原料。与其他固体或液体化工原料相比,它具有含水、含灰分极少,含硫化物等杂质极微,使用、处理方便等优点。因此,使用天然气作为化工原料,可使生产的产品成本降低,提高劳动生产率。用天然气作化工原料,可以生产近千种化工产品。目前国内外大规模生产的天然气化工产品有数十种,其中一部分是中间产品,主要有合成氨、甲醇、乙炔、甲烷氯化物、硝基甲烷、甲醛、氢氰酸、烯烃、芳烃、二硫化碳和炭黑等。利用上述产品,可以进一步加工制造氮肥、有机玻璃、合成纤维、合成塑料、医药、溶剂、冷冻剂、灭火剂、电影胶片、炸药、高能燃料等。而合成纤维、合成橡胶及塑料还可以进一步加工,制造出众多的工业、农业、军事和民用产品。

(3) 可从天然气中提炼宝贵的氦气和氩气,用于航天和电气工程;回收单质硫以制造硫酸、农药及其他硫化物产品。利用天然气可以生产出石油蛋白,作为饲料代替粮食喂养家禽、家畜和鱼类,效果很好。

二、天然气的组成及分类

1. 天然气的组成

天然气是一种以饱和碳氢化合物为主要成分的混合气体,对已开采的世界各地区的天天然气分析化验结果证实,不同地区、不同类型的天然气,所含组分不同。据有关材料统计,各类天然气中所包含的组分有100多种,将这些组分加以归纳,大致可以分为三大类型,即烃类组分、含硫组分和其他组分。天然气常见组分的性质见表1-1。

1）烃类组分

碳和氢两种元素组成的有机化合物,称之为碳氢化合物,简称为烃类化合物。烃类化合物是天然气的主要成分,大多数天然气中烃类组分含量为60%~80%。

烃类化合物有饱和烃、不饱和烃、环烷烃及芳香烃之分。烃分子中,碳—碳原子之间单键相连,四价的碳原子的其余价键被氢饱和,称之为饱和烃,也称为烷烃,其分子通式为 C_nH_{2n+2}。烃分子中,碳—碳以双键相连,四价的碳原子的其余价键被氢饱和,称为烯烃,其分子通式为 C_nH_{2n}。烃分子中,碳—碳以三键相连,四价的碳原子的其余价键被氢饱和,称为炔烃,炔烃的分子通式为 C_nH_{2n-2}。分子中碳键首尾相连的烷烃,称为环烷烃,分子中含有苯环的碳氢化合物称为芳香烃。

天然气中的烃类组分,烷烃的比例最大,其中最简单的是甲烷,分子式为 CH_4。一般来说,大多数天然气的成分是甲烷,其含量通常为70%~90%。甲烷是无色、无臭、密度比空气小的可燃气体,是优良的气体燃料。甲烷的化学性质相当稳定,但经过热裂解、水蒸气转化、卤化以及硝化等反应后,可以制造出化肥、塑料、橡胶及人造纤维等,即甲烷同时是一种用途广泛的化工原料。

天然气中除甲烷组分外,还有乙烷、丙烷及丁烷(正丁烷和异丁烷),它们在常温、常压下都是气体。有些天然气中乙烷、丙烷及丁烷的含量较多,而丙烷和丁烷可以经适当加压降温而液化,这就是通常所说的液化石油气,简称液化气。液化气可以进行加工制成许多化工产品,是很宝贵的化工原料,同时也可以装入罐内,供给城市居民生活使用。

天然气中还含有一定量的戊烷(C_5)、己烷(C_6)、庚烷(C_7)、辛烷(C_8)、壬烷(C_9)和癸烷(C_{10})等烷烃,简称为碳五以上的组分,它们在常温、常压下是液体,是一种天然汽油的主要成分。在天然气开采中,上述组分凝析为液态而被回收,称为凝析油,是一种天然的汽油,可以用作汽车的燃料。至于含碳量更多的烷烃,在天然气中的含量极少。

烯烃及炔烃在天然气中的含量很少,大多数天然气中不饱和烃的总含量小于1%。有些天然气中含有少量的环戊烷和环己烷。有些天然气中含有少量的芳香烃,其多数为苯、甲苯及二甲苯。上述组分,常常可以和凝析油一起从天然气中分离出来。

2）含硫组分

天然气中含硫组分可以分为无机硫化物和有机硫化物两类。无机硫化物组分只有硫化氢,分子式为 H_2S。硫化氢是一种密度比空气大、可燃、有毒、有臭鸡蛋气味的气体,硫化氢的水溶液叫氢硫酸,显酸性,故称硫化氢为酸性气体。有水存在的情况下,硫化氢对金属有强烈的腐蚀作用,硫化氢还会使化工生产中的催化剂中毒而失去活性(催化能力减弱)。因此,天然气中含有硫化氢,必须经过脱硫处理,才能进行管输和利用。由脱硫工艺可知,在进行天然气脱硫的同时,可以回收硫化氢,并将其转化成硫黄并进一步加工成硫化工产品。

表1-1 天然气主要组分在0℃,101.325kPa条件下的物理化学性质

组分	分子式	相对分子质量	摩尔体积 V_M m³/kmol	气体常数 R J/(kg·K)	临界温度 T_C, K	临界压力 p_c, MPa	爆炸极限(体积分数),% 上限	下限	动力黏度 μ 10^{-6}Pa·s	运动黏度 ν 10^{-6} m²/s	比定压热容 c_p kJ/(m³·K)	绝热指数 k	偏心因子
甲烷	CH_4	16.043	22.362	518.75	190.58	4.544	5.0	15.0	10.6	14.5	1.545	1.309	0.0104
乙烷	C_2H_6	30.070	22.187	276.64	305.42	4.816	2.9	13.0	8.77	6.41	2.244	1.198	0.0986
丙烷	C_3H_8	44.097	21.936	188.65	369.82	4.194	2.1	9.5	7.65	3.81	2.960	1.161	0.1524
正丁烷	$n-C_4H_{10}$	58.124	21.504	143.13	425.18	3.747	1.5	8.5	6.97	2.53	3.710	1.144	0.2010
异丁烷	$i-C_4H_{10}$	58.124	21.598	143.13	408.14	3.600	1.8	8.5	—	—	—	1.144	0.1848
正戊烷	C_5H_{12}	72.151	20.891	115.27	46.965	3.325	1.4	8.3	6.48	1.85	—	1.121	0.2539
二氧化碳	CO_2	44.010	22.260	189.04	304.25	7.290	—	—	14.30	7.09	1.620	1.304	0.2250
硫化氢	H_2S	34.076	22.180	244.17	373.55	8.89	4.3	45.5	11.90	7.63	1.557	1.320	0.1000
氮气	N_2	28.013	22.403	296.95	125.97	3.349	—	—	17.00	13.30	1.302	1.402	0.040
氢气	H_2	2.016	22.427	412.67	33.25	1.280	4.0	75.9	8.52	93.00	1.298	1.407	0.000
氦气	He	4.002	22.420	207.74	5.20	0.229	—	—	—	—	—	1.664(19℃)	—
空气	—	28.965	22.400	287.24	132.40	3.725	—	—	17.50	13.40	1.306	1.401	
水蒸气	H_2O	18.015	21.629	461.76	647	21.83	—	—	8.6	10.12	1.491	1.335	0.348

3) 其他组分

天然气中,除去烃类和含硫组分外,相对而言,较为多见的组分还有二氧化碳、氧气、氮气、氢气、氦气、氩气以及水汽。

二氧化碳是无色、无臭、密度比空气大的不可燃气体,溶于水生成碳酸,故二氧化碳也是酸性气体。有水存在的情况下,二氧化碳对金属设备及管线腐蚀严重,通常在天然气脱硫工业中,尽量将二氧化碳和硫化氢一起除去。二氧化碳在天然气中的含量,对个别气井而言,可以高达 10% 以上。一氧化碳在天然气中的含量甚微。

在某些天然气中发现有微量氧气,大多数天然气中含有氮气,一般情况下其含量都在 10% 以下,个别的天然气中也有高达 50%,甚至更高,例如美国某气田生产的天然气中,氮气的含量高达 94%。天然气中的氢气、氩气及氦气的含量极低,一般在 1% 以下。

大多数天然气含有饱和水蒸气,即水汽。随着天然气的开采输送,天然气温度降低,其中的水汽会不断冷凝为液态水,天然气中凝析出的液态水会影响管输工作,如果遇上二氧化碳和硫化氢,会腐蚀金属设备及管道,故天然气中的饱和水汽,应进行脱除。

2. 天然气组分表示法

为了了解天然气的组成,可以对天然气组分做全面分析,目前采用的分析仪器为气相色谱仪,主要有美国惠普和日本岛津系列气相色谱仪。表示天然气组成有三种方法:摩尔组成、体积组成和质量组成。

1) 摩尔组成

这是目前最常用的一种表示方法。天然气中某组分的摩尔分数,等于该组分的物质的量与天然气的物质的量之比值,常用符号 y_i 表示,其表达式为:

$$y_i = \frac{n_i}{\sum\limits_{i=1}^{n} n_i} \tag{1-1}$$

式中　n_i——组分 i 的物质的量,mol;

　　　$\sum\limits_{i=1}^{n} n_i$——气体总物质的量,mol。

2) 体积组成

天然气中某组分的体积分数,是指该组分的体积量与天然气的体积量之比值,常用符号 φ_i 表示其表达式为:

$$\varphi_i = \frac{V_i}{\sum\limits_{i=1}^{n} V_i} \tag{1-2}$$

式中　V_i——组分 i 的体积,m³;

　　　$\sum\limits_{i=1}^{n} V_i$——气体总体积,m³。

3）质量组成

天然气中某组分的质量分数，是指该组分的质量与天然气的质量之比值，用符号 w_i 表示为：

$$w_i = \frac{m_i}{m} = \frac{m_i}{\sum m_i} \tag{1-3}$$

式中 w_i——组分 i 的质量分数；

m_i——组分 i 的质量，kg；

m——天然气的质量，kg。

3. 天然气的分类

天然气可按不同的分类方式进行分类，具体分类情况见表 1-2。

表 1-2 天然气分类

分类方式	类型	定义
烃类组分关系分类	干气	是指在地层中呈气态，采出后在一般地面设备和管线中不析出液态烃的天然气；按 C_5 界定法是指 $1m^3$ 井口流出物中 C_5 以上液烃含量低于 $13.5cm^3$ 的天然气
	湿气	是指在地层中呈气态，采出后在一般地面设备的温度、压力下即有液态烃析出的天然气；按 C_5 界定法是指在 $1m^3$ 井口流出物中 C_5 以上烃液含量高于 $13.5cm^3$ 的天然气
	贫气	是指丙烷及以上烃类含量少于 $100cm^3/m^3$ 的天然气
	富气	是指丙烷及以上烃类含量大于 $100cm^3/m^3$ 的天然气
矿藏特点分类	纯气藏天然气	在开采的任何阶段，矿藏流体在地层中呈气态，但随成分的不同，采到地面后，在分离器或管系中可能有部分液态烃析出
	凝析气藏天然气	矿藏流体在地层原始状态下呈气态，但开采到一定阶段，随地层压力下降，流体状态跨过露点线进入相态反凝析区，部分烃类在地层中即呈液态析出
	油田伴生天然气	在地层中与原油共存，采油过程中与原油同时被采出，经油、气分离后所得的天然气
硫化氢、二氧化碳含量分类	酸性天然气	是指含有显著量的硫化氢甚至有可能含有有机硫化合物、二氧化碳，需经处理才能达到管输商品气气质要求的天然气

三、天然气物性参数计算

1. 天然气平均相对分子质量

天然气作为一种混合气体，无恒定的相对分子质量，其平均相对分子质量按 Key 法则计算：

$$M_g = \sum y_i M_i \tag{1-4}$$

式中 M_g——天然气平均相对分子质量；

　　y_i——天然气中组分 i 的摩尔分数；

　　M_i——天然气中组分 i 的相对分子质量。

2. 天然气相对密度

在相同温度、压力下，天然气密度与空气密度之比，称为天然气相对密度，其量纲为1。可用平均相对分子质量计算：

$$\gamma_g = \frac{M_g}{28.96} \tag{1-5}$$

式中 γ_g——天然气相对密度；

　　M_g——天然气的平均相对分子质量；

　　28.96——空气的平均相对分子质量。

3. 天然气拟临界参数

天然气的拟临界压力和拟临界温度，其计算方法有公式法和查图法两种。

1）公式法

（1）干气：

$$\gamma_g \geqslant 0.7 \quad p_{pc} = 4.88 - 0.39\gamma_g \quad T_{pc} = 92.2 + 176.6\gamma_g \tag{1-6}$$

$$\gamma_g < 0.7 \quad p_{pc} = 4.79 - 0.25\gamma_g \quad T_{pc} = 92.2 + 176.6\gamma_g \tag{1-7}$$

（2）凝析气：

$$\gamma_g \geqslant 0.7 \quad p_{pc} = 5.10 - 0.69\gamma_g \quad T_{pc} = 132.2 + 116.7\gamma_g \tag{1-8}$$

$$\gamma_g < 0.7 \quad p_{pc} = 4.78 - 0.25\gamma_g \quad T_{pc} = 106.1 + 152.2\gamma_g \tag{1-9}$$

式中 p_{pc}——天然气的拟临界压力，MPa；

　　T_{pc}——天然气的拟临界温度，K；

　　γ_g——天然气相对密度。

（3）非烃校正：

$$p_{pc} = (1 - y_{H_2S} - y_{CO_2} - y_{N_2} - y_{H_2O})p_{pch} + 9.0023y_{H_2S} +$$

$$7.3825y_{CO_2} + 3.3990y_{N_2} + 22.0586y_{H_2O} \tag{1-10}$$

$$T_{pc} = (1 - y_{H_2S} - y_{CO_2} - y_{N_2} - y_{H_2O})T_{pch} + 373.53y_{H_2S} +$$

$$304.21y_{CO_2} + 126.20y_{N_2} + 647.17y_{H_2O} \tag{1-11}$$

其中

$$p_{pch} = 5.2167 - 0.9030\gamma_h - 0.02482\gamma_h^2$$

$$T_{pch} = 94 + 194.167\gamma_h - 41.111\gamma_h^2$$

$$\gamma_h = \frac{\gamma_w - 1.1767 y_{H_2S} - 1.5196 y_{CO_2} - 0.9672 y_{N_2} - 0.6220 y_{H_2O}}{1 - y_{H_2S} - y_{CO_2} - y_{N_2} - y_{H_2O}}$$

式中　T_{pc}——拟临界温度,K;

　　　　p_{pc}——拟临界压力,MPa;

　　　　y_{H_2S}——H$_2$S 的摩尔分数;

　　　　y_{CO_2}——CO$_2$ 的摩尔分数;

　　　　y_{H_2O}——H$_2$O 的摩尔分数;

　　　　y_{N_2}——N$_2$ 的摩尔分数;

　　　　γ_w——井筒流体相对密度。

2) 查图法

天然气的拟临界压力和拟临界温度除了采用公式法外,还可通过图 1-1 进行快速查询（注明条件纯烃）。

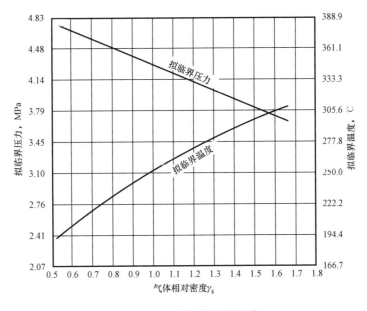

图 1-1　天然气拟临界性质

4. 天然气密度

单位体积天然气的质量称为天然气密度。

$$\rho_g = 3484.4 \frac{\gamma_g p}{ZT} \qquad\qquad (1-12)$$

式中　ρ_g——天然气密度,kg/m^3;

　　　　γ_g——天然气相对密度;

　　　　p——给定压力,MPa;

　　　　T——给定温度,K;

Z——压缩因子。

5. 天然气黏度

天然气抵抗剪切作用能力的一种量度。

1）公式法

Lee – Gomzalez – Eakin 方法：

$$\mu = 10^{-4} K \exp(X \rho_g^Y) \tag{1-13}$$

其中

$$K = \frac{(9.379 + 0.01607 M_g)(1.8T)^{1.5}}{209.2 + 19.26 M_g + 1.8T}$$

$$X = 3.448 + \frac{986.4}{1.8T} + 0.01009 M_g$$

$$Y = 2.447 - 0.2224 X$$

式中　μ——天然气黏度,mPa·s;

　　　T——给定温度,K;

　　　M_g——天然气的平均相对分子质量;

　　　ρ_g——天然气密度,g/cm^3。

2）查图法

Carr 等人提供的计算地层条件下天然气黏度的计算公式为：

$$\mu_1 = (\mu_1)_{un} + (\Delta\mu)_{N_2} + (\Delta\mu)_{CO_2} + (\Delta\mu)_{H_2S} \tag{1-14}$$

$$\mu = \left(\frac{\mu}{\mu_1}\right) \times \mu_1 \tag{1-15}$$

式中　μ——地层条件下的天然气黏度,mPa·s;

　　　μ_1——在大气压和给定温度下"校正"了的天然气黏度;

　　　$(\mu_1)_{un}$——μ_1 未经校正的天然气黏度;

　　　$(\Delta\mu)_{N_2}$——存在 N_2 时的黏度校正值;

　　　$(\Delta\mu)_{CO_2}$——存在 CO_2 时的黏度校正值;

　　　$(\Delta\mu)_{H_2S}$——存在 H_2S 时的黏度校正值。

公式中的相关参数可利用图 1-2 和图 1-3 查得。

6. 天然气体积系数

天然气在地层条件下所占体积与其在地面条件下所占体积之比。

$$B_g = 3.458 \times 10^{-4} \frac{ZT}{p} \tag{1-16}$$

式中　B_g——天然气的体积系数,m^3/m^3;

　　　p——给定压力,MPa;

T——给定温度,K;

Z——压缩因子。

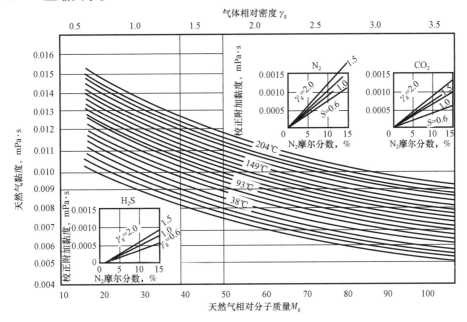

图 1 – 2 压力为 1atm 时天然气黏度和天然气相对分子量的关系

S—分压系数

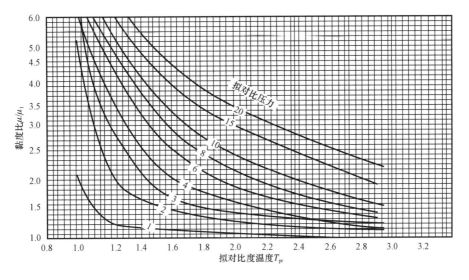

图 1 – 3 地层条件下的天然气黏度和大气压下天然气黏度之比与拟对比温度的关系

7. 天然气膨胀系数

天然气的膨胀系数与体积系数互为倒数。

$$E_g = 2.892 \times 10^3 \frac{p}{ZT} \qquad (1-17)$$

式中　E_g——天然气的膨胀系数,m^3/m^3;

　　　p——给定压力,MPa;

　　　T——给定温度,K;

　　　Z——压缩因子。

8. 天然气等温压缩系数

等温条件下,天然气随压力变化的体积变化率。

Matter 等人通过应用一个有 11 个常量的 EOS 方程得到了图 1 – 4 和图 1 – 5,图中表明拟对比压缩系数与拟对比温度之积是拟对比压力的函数。然后,利用 $C_g = C_r/p_{pc}$ 求出天然气的压缩系数 C_g。

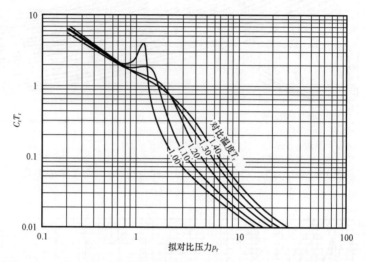

图 1 – 4　$1.05 \leqslant T_r \leqslant 1.4$ 条件下天然气 $C_r T_r$ 与拟对比压力 p_r 的关系曲线

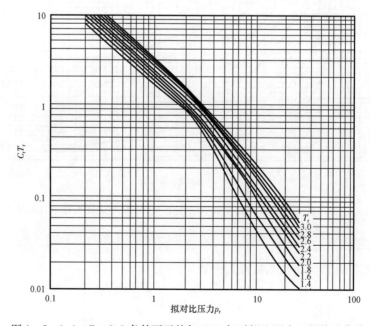

图 1 – 5　$1.4 \leqslant T_r \leqslant 3.0$ 条件下天然气 $C_r T_r$ 与对拟比压力 p_r 的关系曲线

9. 天然气压缩因子

天然气压缩因子是在相同压力、温度条件下,实际气体占有的体积与理想气体所占有的体积之比。

1) 公式法

Hall – Yarborough 方法:

$$Z = \frac{1 + y + y^2 - y^3}{(1 - y)^3} - (14.7t - 9.76t^2 + 4.58t^3)y + (90.7t - 242.2t^2 + 42.4t^3)y^{(1.18 + 2.82t)}$$

$$(1 - 18)$$

$$Z = \frac{0.06125 p_{pr} t \exp[-1.2(1 - t)^2]}{y} \qquad (1 - 19)$$

其中

$$t = 1/T_{pr}$$

式中　　Z——天然气压缩因子;

p_{pr}——拟对比压力,$p_{pr} = \dfrac{p}{p_{pc}}$;

T_{pr}——拟对比温度,$T_{pr} = \dfrac{T}{T_{pc}}$;

y——对比密度,$y = \rho_{pr} = 0.27 \dfrac{p_{pr}}{ZT_{pr}}$。

使用条件:$0.1 < p_{pr} < 14.9$;$1.05 < T_{pr} < 2.95$。

2) 查图法

Standing 和 Katz 提供了计算压缩因子的图表方法,Z 是拟对比压力 p_{pr} 和拟对比温度 T_{pr} 的函数。Dranchuk 和 Abou – Kassem 给出了基于 Standing 和 Katz 数据的 11 个常数的状态方程,绘制了图 1 – 6。利用图可求出对应拟对比压力和拟对比温度条件下的压缩因子。

10. 天然气在水中的溶解度

在给定压力、温度条件下,单位体积的水中所能溶解的天然气数量。

1) 纯水

$$R_{sw} = [A + B(145.03p) + C(145.03p)^2]/5.615 \qquad (1 - 20)$$

其中

$$A = 2.12 + 3.45 \times 10^{-3}(1.8t + 32) - 3.59 \times 10^{-15}(1.8t + 32)^2$$

$$B = 0.0107 - 5.26 \times 10^{-5}(1.8t + 32) + 1.48 \times 10^{-7}(1.8t + 32)^2$$

$$C = -8.75 \times 10^{-7} + 3.9 \times 10^{-9}(1.8t + 32) - 1.02 \times 10^{-11}(1.8t + 32)^2$$

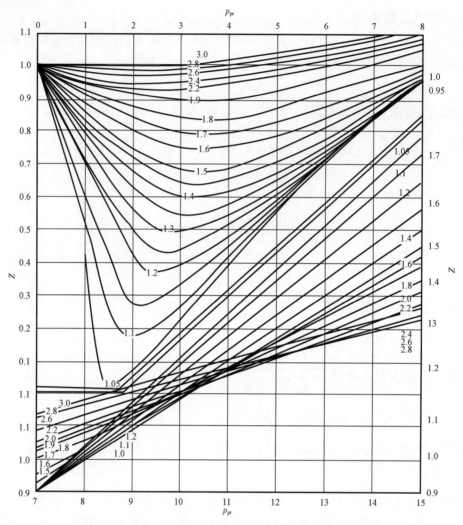

图 1 - 6　天然气压缩因子与拟对比压力、拟对比温度的关系

2）地层水

$$R_{sb} = R_{sw} \times SC \qquad (1-21)$$

$$SC = 1 - [0.0753 - 0.000173(1.8T + 32)]S \qquad (1-22)$$

式中　R_{sw}——天然气在纯水中的溶解度，m^3/m^3；

　　　R_{sb}——天然气在地层水中的溶解度，m^3/m^3；

　　　T——给定温度，℃；

　　　S——水的矿化度，用 NaCl 的质量分数表示，%。

11. 气水表面张力

垂直通过气水接触界面，任一单位长度，与气水接触界面相切的收缩力。

$$\sigma_{t_2} = 52.5 - 0.87018p \qquad (1-23)$$

$$\sigma_{t_1} = 76 \times \exp(-0.0362575p) \qquad (1-24)$$

$$\sigma(t) = \frac{1.8 \times (137.78 - t)}{206}(\sigma_{t_1} - \sigma_{t_2}) + \sigma_{t_2} \qquad (1-25)$$

式中 σ_{t_2}——温度为137.78℃时,水的表面张力,mN/m;

σ_{t_1}——温度为23.33℃时,水的表面张力,mN/m;

$\sigma(t)$——温度为t(℃)时,水的表面张力,mN/m。

12. 天然气中水蒸气含量

天然气中水蒸气含量采用 Bukackek 方法计算。

$$W = 1.10419 \times 10^{-7} \frac{A}{p} + 1.60188 \times 10^{-5}B \qquad (1-26)$$

$$\lg A = 10.9351 - 1638.36T^{-1} - 98.162T^{-2}$$

$$\lg B = 6.69449 - 1713.26T^{-1}$$

式中 W——水蒸气含量,kg/m³;

p——给定压力,MPa(绝);

T——给定温度,K。

四、燃烧与爆炸

1. 天然气的燃烧

燃烧是一种同时有热和光发生的氧化过程,天然气的燃烧有混合燃烧和扩散燃烧两种形式。可燃物、助燃物和点火源是构成燃烧的三要素,缺少其中任何一个,燃烧就不能发生。

天然气在空气中的爆炸极限(体积)是下限5%,上限15%。

2. 天然气的爆炸

爆炸是迅速的氧化作用并引起结构物破坏的能量释放。天然气爆炸是在一瞬间,产生高压、高温的燃烧过程,爆炸波速可达 2000~3000m/s。

1)爆炸极限

可燃气体在空气中刚足以使火焰蔓延的最低浓度称为气体的爆炸下限,刚足以使火焰蔓延的最高浓度称为爆炸上限。为保证安全生产,必须避免处理的气体和空气的混合比在爆炸范围之内,表1-3是几种气体的爆炸极限。

表 1-3 气体的爆炸极限(20℃,1atm)

气体名称	爆炸极限,%(体积分数)		气体名称	爆炸极限,%(体积分数)	
	下限	上限		下限	上限
甲烷	4.00	15.00	乙烯	2.75	28.60
乙烷	3.22	12.45	乙炔	2.50	80.00

续表

气体名称	爆炸极限,%（体积分数）		气体名称	爆炸极限,%（体积分数）	
	下限	上限		下限	上限
丙烷	2.37	9.50	氢	4.00	74.20
丁烷	1.86	8.41	硫化氢	4.30	45.50

2）影响爆炸极限的因素

可燃性气体的爆炸极限随混合的原始温度、压力、惰性气体的含量以及容器的大小而变化,其影响情况见表1-4。

表1-4　爆炸极限影响因素

影响因素	说明
原始温度	混合物的原始温度越高,则爆炸极限的范围越大,即下限降低、上限增高。由于温度的增高,加快了混合物的燃烧速度。温度的增高使原来不燃烧、不爆炸的混合物变成可燃烧、可爆炸的混合物
原始压力	混合物的原始压力对爆炸极限影响很大。一般情况下,当压力增加时,爆炸极限的范围扩大,其上限随压力的变化显著。这是由于在增加压力时,物质分子间的距离变小,使燃烧反应更能进行,压力对甲烷爆炸极限的范围随压力的减小而缩小
惰性气体	在混合物中加入惰性气体,爆炸极限的范围会缩小。当惰性气体的浓度达到一定时,可完全避免混合物发生爆炸。这是由于惰性气体加入后使可燃物质的分子与氧分子隔离,在它们之间形成不燃的障碍物。含甲烷的混合物中惰性气体增加,对混合物的爆炸上限影响明显。因为惰性气体浓度加大,表示氧气的浓度减小,故惰性气体的浓度稍微增加一点,可使爆炸上限急剧下降
容器	容器的材料和尺寸对爆炸极限的影响,实验表明,管道直径越小,爆炸波及的范围也越小
火源的能量	火源与混合物接触时间的长短,对爆炸极限有一定的影响。如在电压100V、电流强度2A时产生的电火花,甲烷爆炸极限为5.9%～13.6%;如电流强度为3A时产生的电火花,则爆炸极限范围扩大为5.85%～14.8%

五、天然气中毒性物质

天然气中可能含有的毒性物质主要是硫化物,包括硫化氢、二氧化硫、硫醇等,此外,可能还含有一氧化碳、汞等有害有毒气体和金属,或点火燃烧含硫化氢天然气产生的二氧化硫等。

1. 一氧化碳的毒害

一氧化碳（CO）,又称"无声杀手",是一种无色、无味的有毒气体,被人吸入后,便进入血液,从而降低血液向关键器官（如心脏和大脑）输氧的能力。

2. 硫化氢的毒害

硫化氢主要通过呼吸器官进入机体,也有少量通过皮肤和胃进入机体。人体吸进的硫化氢大部分滞留在上呼吸道里。急性中毒时出现意识不清,过度呼吸迅速转向呼吸麻痹,很快死亡。人体对不同浓度 H_2S 的感受及毒性反映见表 1-5。

表 1-5 空气中不同浓度硫化氢对人体的影响

浓度		接触时间	主要毒性反应
mg/m³	%(体积分数)		
1500~10000	0.09745~0.6497	即时	昏迷并因呼吸中枢麻痹而死亡
1000	0.06497	数秒	引起急性中毒,会因呼吸麻痹而且死亡
760	0.04937	15~60min	引起头痛、头昏、恶心、呕吐、咳嗽等全身症状,会因发生肺水肿、支气管炎和肺炎而危及生命
400~350	0.02599~0.02274	60~240min	有生命危险
350~300	0.02274~0.01949	240~480min	有生命危险
300	0.01949	60min	引起眼及呼吸道黏膜强烈刺激,并使神经系统受到抑制
300~200	0.01949~0.01299	60min	引起亚急性中毒
150~70	0.00974~0.00455	60~120min	出现呼吸道及眼刺激症状
100~50	0.006497~0.003248		刺激呼吸道,引起结膜炎
40~30	0.002599~0.001949		强烈刺激黏膜,且难以忍受
30~20	0.001949~0.001299		臭味强烈,但仍能忍受
10	0.00065		刺激眼睛
5	0.000325		有不快感
3	0.000195		有强烈臭味
0.4	$2.6×10^{-5}$		感到明显臭味
0.025	$1.62×10^{-6}$		感到臭味

3. 二氧化硫的毒害

二氧化硫属中等毒类,对眼和呼吸道有强烈刺激作用,吸入高浓度二氧化硫可引起喉水肿、肺水肿、声带水肿及(或)痉挛导致窒息。吸入二氧化硫后很快出现流泪,畏光,视物不清,鼻、咽、喉部烧灼感及疼痛,严重者发生支气管炎、肺炎、肺水肿,甚至呼吸中枢麻痹。长期接触低浓度二氧化硫会引起嗅觉、味觉减退甚至消失,头痛,乏力,牙齿酸蚀,慢性鼻炎,咽炎,气管炎,支气管炎,肺气肿,肺纹理增多,弥漫性肺间质纤维化及免疫功能减退等。表 1-6 为人体对不同浓度二氧化硫的感受及毒性反应。

表 1 - 6　人体对不同浓度二氧化硫的感受及毒性反映

浓度		暴露于二氧化硫的典型特性
mL/m³	mg/m³	
1	2.71	具有刺激性气味,可能引起呼吸改变
5	13.50	灼伤眼睛,刺激呼吸道,对嗓子有较小的刺激
12	32.49	刺激嗓子咳嗽,胸腔收缩,流眼泪和恶心
100	271.00	立即对生命和健康产生危险
150	406.35	产生强烈的刺激,只能忍受几分钟
500	1354.50	即使吸入一口,就产生窒息感。应立即救治,提供人工呼吸或心肺复苏技术
1000	2708.99	如不立即救治会导致死亡,应马上进行人工呼吸或心肺复苏

六、硫化氢(二氧化硫)气体扩散半径

选择井位时应考虑避开居民区或重要公众设施,如公路干道、电网、学校、医院等。如果不能避开,那么在一定基本保障安全半径范围内的居民应撤离。除了地面因素外,还应考虑地下井喷时天然气窜入矿坑(如煤矿)对作业人员毒害或爆炸,含硫天然气窜出山谷进入居民区或污染地下淡水层等。为了保证公众安全,需要同时规定扩散半径和执行应急预案。

1. 暴露半径

暴露半径采用 SY/T 6610—2017《硫化氢环境井下作业场所作业安全规范》推荐方法。

$$ROG = 0.3048 \times 10^B (35.3147 \times Q_{H_2S})^A \qquad (1 - 27)$$

式中　ROG——暴露半径,m;

　　　Q_{H_2S}——硫化氢释放速率,m³/h;

　　　A,B——常数,取值见表 1 - 7。

表 1 - 7　*A* 和 *B* 取值表

常数	连续释放		瞬间释放	
	白天	夜晚	白天	夜晚
A	0.58	0.66	0.39	0.40
B	0.45	0.69	1.91	2.40

2. 风险分级

硫化氢风险分级见表 1 - 8。

表 1 - 8　H_2S 风险分级表

级别	条件	要求
零级	(1) 井周围 100m 内无常住居民、商业活动或公众设施; (2) 预计硫化氢释放量小于 0.01m³/s	无须应急预案
第一级	(1) 井周围 100m 内无常住居民、商业活动或公众设施; (2) 预计硫化氢释放量小于 0.3m³/s	需有应急预案
第二级	(1) 井周围 500m 内无常住居民、商业活动或公众设施; (2) 预计硫化氢释放量大于 0.3m³/s,但小于 2m³/s	需有应急预案
第三级	(1) 井周围 1500m 内无常住居民、商业活动或公众设施; (2) 预计硫化氢释放量大于 2m³/s,但小于 6m³/s	需有应急预案

第二节　天然气井完井管柱及采气井口装置

一、采气管柱结构

不同的完井工艺有不同的完井生产管柱。对于气井来讲,完井生产管柱分为常规气井完井管柱、高压大产量气井完井管柱、含硫气井完井管柱、高酸性气井完井管柱及分层开采管柱等。

1. 常规气井完井管柱

常规气井完井管柱主要由油管传输射孔枪、丢手接头、油管坐放接头、生产封隔器、伸缩器、循环阀、防水合物生成装置以及特殊螺纹油管组成(图 1 - 7)。

这种完井生产管柱的优点是:

(1) 生产封隔器以上套管,由于不接触天然气,可防止承受高压。特别是对超高压气井的意义较大,防止压井液对产层的伤害。

(2) 个别套管破损或螺纹刺漏的井,采用生产封隔器完井管柱,它既是油管又是套管,可以将死井修复成活井。

作业程序是:先下入射孔枪和封隔器的插管座,坐封、丢手,然后起油管,下插管,引爆射孔枪,丢掉射孔枪。

2. 高压大产量气井完井管柱

对于高压大产量气井完井管柱的要求如下:

(1) 高压大产量气井,最好采用封隔器完井生产管柱。封隔器完井后,可以保护封隔器以上套管不承受高压,气井更加安全。

(2) 高压大产量气井的生产管柱在满足安全和工艺的前提下,应力求越简单越好。

(3) 高压大产量气井,整个生产管柱必须通径畅通,抗外挤强度要高,因产量大,油管通

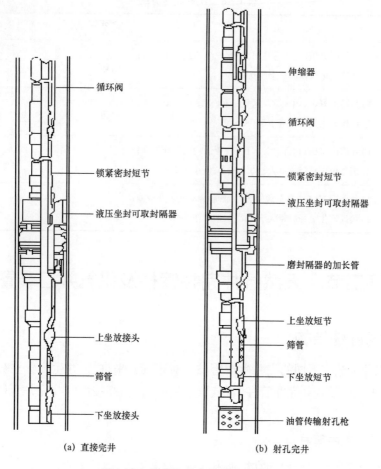

(a) 直接完井　　　　　　　　　(b) 射孔完井

图 1-7　常规气井完井管柱示意图

径要适当大一些。由于油管柱承受很高的内压差和外挤压力,不但要求管体强度高,而且要求螺纹密封性好,不能渗漏。在此,推荐选用 VAM 螺纹或 3SB 螺纹等特殊螺纹油管。

（4）高压大产量气井,油管柱除需进行常规的抗拉、抗压、抗挤计算外,还必须对其在各种工况下的受力和变形,以及流体对生产管柱产生的冲蚀和变形进行认真核算。

（5）高压大产量气井对油管柱的安全系数要求如下:

① 油管在气井中的抗拉安全系数不得低于 1.50;

② 油管抗内压安全系数不得低于 1.25;

③ 油管抗外挤安全系数不得低于 1.125。

如克拉 2 异常高压气藏,为确保生产安全,该气藏采用的生产管柱主体结构有井下安全阀、循环阀、伸缩接头、永久式封隔器(图 1-8 和图 1-9)。

3. 含硫气井完井管柱

由于气井天然气中普遍含有 H_2S 和 CO_2 酸性气体,因此对油管柱有一些特殊要求。这些特殊要求包括:

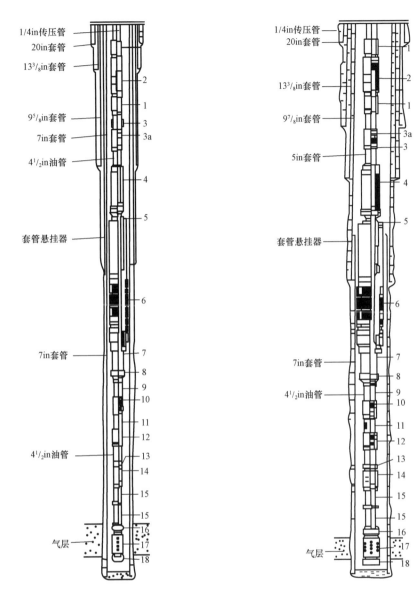

图 1-8 克拉 2 气藏 φ177.8mm 回接井下 φ114.3mm 油管完井和管柱示意图

图 1-9 克拉 2 气藏 9⅞in 悬挂 7in 套管井下 5in + 4½in 油管完井和管柱示意图

（1）含 H_2S 和 CO_2 的气井,最好采用生产封隔器永久完井管柱,封隔器完井后,酸性气体不会接触套管,可以同时防止套管和油管外壁被腐蚀。

（2）凡含 H_2S 和 CO_2 的气井,井下油管、套管的材质及井下工具与配件应选择抗 H_2S 腐蚀的材质,否则油管、套管会氢脆裂管。油管推荐 3SB、FOX 高气密性能特殊螺纹。

（3）油管内壁为防止 H_2S、CO_2 和 Cl^- 的电化学腐蚀,推荐选用内涂层或内衬玻璃钢油管。

其完井管柱如图 1-10 和图 1-11 所示。

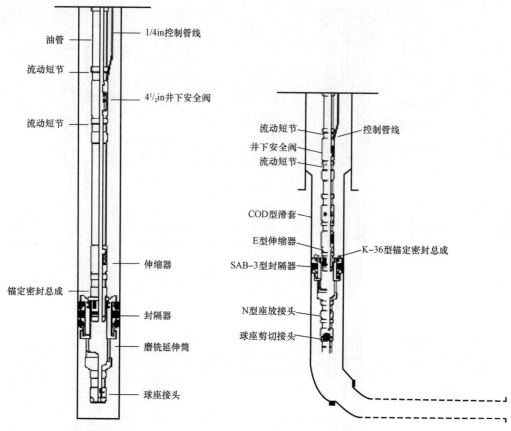

图 1 - 10　耐蚀合金钢油管完井管柱示意图　　图 1 - 11　罗家 11H 水平井完井管柱

二、采气井口装置

采气井口装置主要用于采气和注气作业。由于天然气相对密度低、黏度低、气柱压力低,因此,相对而言,采气或注气井口压力都高,流速高,同时易渗漏,有时天然气中会有 H_2S 和 CO_2 等腐蚀性介质,因而对其结构有一定的特殊要求:

(1) 所有部件均采用法兰连接。

(2) 套管闸阀、总闸阀均为成对配置,一个工作,一个备用。

(3) 节流器一般采用针型阀,而不是固定孔径的油嘴。

(4) 若是含硫气井,其材质必须抗硫,全部部件均需经抗硫化氢处理。

图 1 - 12 所示为抗硫采气井口外形结构示意图。

1. 常用采气井口装置

采气井口装置包括套管头、油管头和采气树三个部分。

1) 采气树

采气树的作用是悬挂井下油管柱、套管柱,密封油管和套管的环形空间以及套管与套管

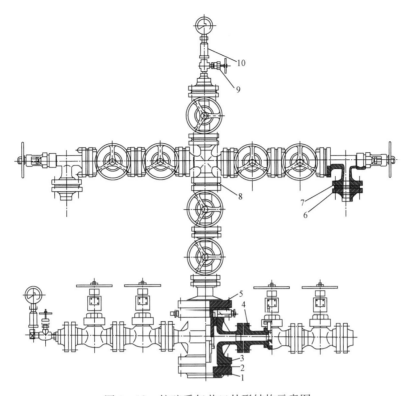

图 1 - 12 抗硫采气井口外形结构示意图

1—套管头顶法兰;2—钢圈;3—油管头大四通;4—套管阀门;5—采气树底法兰;6—法兰;
7—生产阀门;8—小四通;9—压力表阀;10—压力表接头

的环形空间,控制气井正常生产,以及进行井下各种作业,如酸化、压裂、注气等;在气井失控时,还用它进行压井作业;气井完井测试也要用它。

2)油管头

油管头安装于采气树与套管头之间,其上法兰平面为计算油补距和井深数据的基准面。

(1)功能:

① 支持井内油管的重力。

② 与油管悬挂器配合密封油管和套管的环形空间。

③ 为下接套管头、上接采气树提供过渡。

④ 通过油管头四通体上的两个侧口(接套管阀门),完成注平衡液及洗井作业。油管悬挂器则用于悬挂井内油管。

(2)结构:

锥面悬挂双法兰油管头,如图 1 - 13 所示。

2. 高压采气井口装置

高压采气井口一般指井口关井压力超过 70MPa 气井所使用的井口装置。目前国内已生产了 105MPa 采气井口,四川气田使用的 140MPa 高压采气井口如图 1 - 14 所示。其技术参数为:通径 65mm;耐压 140MPa;耐温 -20 ~ 350℃。

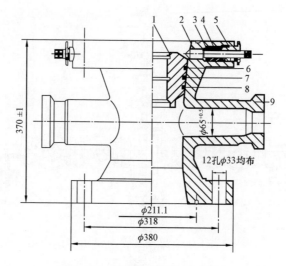

图 1-13 锥面悬挂双法兰油管头

1—油管悬挂器;2—顶丝;3—垫圈;4—顶丝密封;5—压帽;6—紫铜圈;7—O 形密封圈;8—紫钢圈;9—大四通

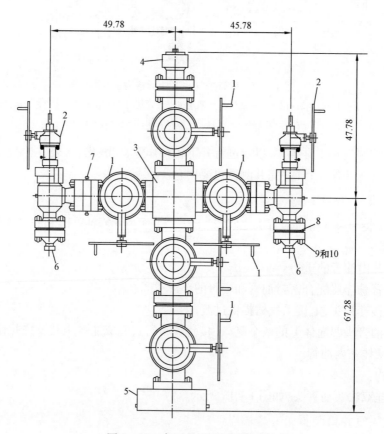

图 1-14 高压(140MPa)采气树

1—140MPa 闸阀;2—生产针阀;3—小四通;4—采气树罩;5—采气树底法兰;

6—转换接头;7—法兰;8—垫圈;9—螺栓;10—螺母

1）油管头

油管头如图 1 – 15 所示。

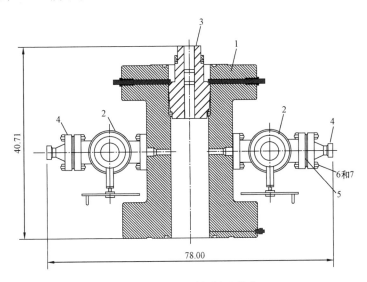

图 1 – 15　高压采气树油管头

1—油管头;2—闸阀;3—油管挂;4—法兰转换;5—垫圈;6—螺栓;7—螺母

（1）油管头由左右两个阀门及大四通组成。

（2）阀门的选择及配置。油管头上两个阀门的主要作用是提供环空、操作井下测试工具以及作为洗井、压井的通道。阀门选用的工作压力为 140MPa,尺寸为 65mm,采用手动方式驱动,需装滑轮、滑杆机械,便于阀门开关。

（3）油管头大四通结构。

油管头左右用载丝的方式与左右两个阀门连接,下法兰面为 ϕ279.4mm × 140MPa BX – 158 钢圈与 ϕ244.5mm 套管头相连接。油管头上法兰为 ϕ179.4mm × 140MPa BX – 156 钢圈与盖板法兰相连接。

2）油管挂

（1）油管挂与油管头内面是一级金属密封,WOM 采气树的密封靠一个 V 形压环,该金属密封环比油管挂本体及油管头内金属面硬度低,当坐上油管挂后,管柱负荷使金属密封环膨胀,起高压密封作用。

（2）油管挂与盖板法兰之间靠金属锥密封,当下完测试管柱,坐上油管挂后,坐上盖板法兰以上部分,上紧螺丝的同时压紧两个锥面使之达到密封。

3. 高含硫采气井口装置

对于高含硫气井,井口装置有特殊的要求:

（1）所有零部件必须能抗 H_2S 和 CO_2 腐蚀。

（2）在可能情况下,安装井下和(或)井口安全阀,遇紧急情况时,可在井下和地面同时关井。

图 1 – 16 所示为四川气田罗家寨气田引进的国外高含硫气井采气井口。鉴于罗家寨气

田高含硫化氢,而且产量高,为了更好地保障安全,在井口总阀以上和翼阀的外端位置上分别安装安全阀。该采气树采用316不锈钢材质,与高含硫气体接触部分采用内部镀 Ni 及 Cr 处理,质量等级为 PSL3,温度等级"U",材料等级"FF",性能等级为 PR1。

其技术参数为:抗硫化氢成分达到17%,抗二氧化碳成分达10%;通径为103.2mm;耐压70MPa;耐温 −18 ~ 121℃。

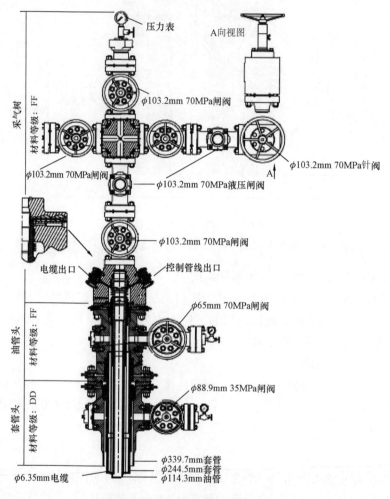

图 1 – 16   国外高含硫气井采气井口

第三节   气井带压作业的特点

一、带压作业的原理

带压作业是依靠油管堵塞工具与专用井控装置相配合,在加压装置的控制下所进行的不压井、不放喷起下管柱,实现施工目的的井下作业。带压作业具有不压井、不放喷、不泄压,可避免油气层伤害、保持地层能量、缩短作业周期、零污染等优点,有利于节能减排、稳定单井产量,广泛应用于油气水井的完井、修井、压裂酸化及隐患治理等。

二、带压作业适应性

在油气田生产中,几乎所有的油气层在从勘探到开发及后期的维护过程中都会受到不同程度的伤害。在中国现有的油气层保护技术中,还没有一种技术完全实现真正意义上的油气层保护,但不压井作业技术的引进,为实现真正意义上的油气层保护提供了可能。

不压井作业技术有许多优点,主要表现为:最大限度地保持产层的原始状态;提高产能和采收率;降低作业成本;安全、环保。

对油气井而言,它的最大优点在于它可以保护和维持地层的原始产能,减少酸化、压裂等增产措施的次数,为油气田的长期开发和稳定生产提供良好的基础。对水井而言,由于作业前它不需要停注放压,可以大大缩短施工周期,同时可以免去常规作业所需压井液及其地面设备的投入,省去了排压井液的费用,无污染,保护了环境。所以说不压井作业一方面可以省去用于压井作业的压井液及其处理费用;另一方面,由于油气层得到了很好的保护,油气层的产能会得到相应的提高,从而可以最大限度地利用地下的油气资源。

目前我国大部分陆上油气田已进入开发中、后期,油气井压力逐年降低,注采矛盾日益突出,为了最大限度地提高其采收率,各种新工艺、新技术在不同的油气田得到了广泛的应用。各个油气田无论是对钻井过程、修井过程中的油气层保护还是从施工安全、保护环境上考虑,无论是陆上油田还是滩海、浅海油田,不压井作业均有独到的优势。

(1)气井应尽可能采用不压井作业技术。

在气田的开发和生产过程中,对于那些物性好、压力系数较低的气井,不管是在钻井过程中还是生产过一段时间以后,钻井、修井过程中的压井极易发生井漏,压井液大量侵入地层,会使黏土矿物发生膨胀和运移,从而堵塞地层造成损害。而不压井作业可以实现避免任何压井液进入地层,可以有效地保护产层。

(2)一些低渗透油田适合于采用不压井作业。

低渗透储层一般具有孔喉直径较小且连通性差、胶结物的含量较高、结构复杂、原生水饱和度高、非匀质严重等特点,极易发生黏土水化膨胀、分散、运移及水锁等,在钻井和开采过程中,容易受到污染和伤害,而且一旦受到伤害,恢复十分困难。对于这种低渗透油田,目前国外的许多油公司都是从揭开产层开始就实行全过程的欠平衡钻井,对后期的完井和修井全过程进行不压井作业,这样就可最大限度地保护油层,提高采收率。

(3)古潜山构造的井,宜应用不压井作业技术。

古潜山的地质构造较为复杂,进行常规勘探时,通常使用密度较高的压井液,后期进行测井时,由于不是在原始地层状态下进行的,很可能会出现解释错误,甚至错过了油气层。若利用不压井技术进行全过程欠平衡钻井,则会最大限度地保持地层的原始状况,从而大大降低测井解释的失误率,在后续的完井和试油过程中继续使用不压井技术,则可有效地保护油气层。

（4）在注水井的作业施工上，不压井作业有着特殊的优势。

国内油气田某些区块的注水井，由于渗透率低，注水一段时间后，井口注入压力上升很快，比如大港油田有些注水井的注水压力达到30MPa以上。如果进行常规作业，必须放压，有些井的放压不仅需要很长时间，延长施工周期，而且放压时还会影响到周边井甚至整个区块，放完后还要面临处理污水、解决污染等问题。而不压井作业技术，就不需要放压，关井停注后可以直接进行带压作业。一方面大大地节约了时间，保护了环境，另一方面避免了对受益油井正常生产的影响。如果不压井作业技术能大范围应用到那些放压难度大、渗透率较低的注水井上，将会对提高注水区块的采收率起到很重要的作用。

（5）孔隙—裂缝型或裂缝型储层适合于采用不压井作业。

这类储层，钻井、修井过程中压井液漏失严重，伤害地层。且在钻井、修井作业过程中易发生大漏和大喷现象，易引发安全事故，造成地层破坏和环境污染，而采用不压井技术就会大大减少这类事情的发生。

另外，在滩海和海上油气田，由于对环境保护和安全措施的要求会更高，一方面由于安全方面需要，在钻井过程中对井口的防喷措施要求会比陆上更为严格，而另一方面由于海上环境的特殊性，对环境保护的要求也更为苛刻，这就给钻井和修井作业过程中所用压井液的处理带来了很大的难度，同时成本也大幅度增加。而不压井作业就可以大大缓解这一矛盾，不压井作业设备一套完善的防喷系统可以使钻井和修井作业的安全系数大大提高，同时在修井过程中可以完全避免使用任何可能对地层造成伤害的压井液，所以说海上油气田对不压井作业的需求就更为迫切。

三、气井带压作业的难点及对策

（1）天然气密度低，井口压力高；与钻井液有强烈的置换性。

常温常压下甲烷的密度为 0.00068g/cm³，以甲烷为主的天然气的密度为 0.00073 ~ 0.00093g/cm³，不足水密度的0.1%。气井的井口压力略小于井底压力；或者说，气井的井口压力远高于具有相同井底压力的油（水）井的井口压力。

龙17井栖霞组测试，井口稳定关井压力107.6MPa；龙16井茅口组测试稳定油压87MPa，流压121.35MPa，测试日产天然气 241.64 × 10⁴m³。

（2）天然气极大的压缩与膨胀性。

天然气进入井筒后，如果敞井允许天然气自由膨胀向上运移，那么其体积一直膨胀，开始体积增量较小，但靠近地面时急剧膨胀，井底压力也将明显下降；如果关井，天然气将带压向上运移，井口压力将逐步增加，可能造成憋漏地层或套管、井口装置超压。

$$\frac{p_1 V_1}{Z_1 T_1} = \frac{p_2 V_2}{Z_2 T_2}$$

压井液中的天然气泡上升时体积变化大（井口压力为大气压）。对于地层压力等于清水柱压力，不同井深产层的天然气泡（假定该井深的气泡体积为 V_0）上升到井口的体积见表1-9。

表1-9 不同密度天然气随井深的体积变化

井深，m	天然气体积变化		
	$1.00kg/m^3$	$1.50kg/m^3$	$2.00kg/m^3$
0.00	$337.6740V_0$	$401.8644V_0$	$434.7328V_0$
50.00	$57.8606V_0$	$47.7798V_0$	$39.6525V_0$
200.00	$15.6487V_0$	$12.1780V_0$	$9.5681V_0$
500.00	$6.2872V_0$	$4.7875V_0$	$3.7883V_0$
1000.00	$3.0702V_0$	$2.2396V_0$	$1.8306V_0$
2000.00	$1.5211V_0$	$1.2983V_0$	$1.1928V_0$
3000.00	$1.1547V_0$	$1.0790V_0$	$1.0659V_0$
4000.00	V_0	V_0	V_0

（3）大部分天然气井含有 H_2S。

H_2S 是有毒气体，H_2S 会对人身体产生伤害，同时也会对地面设备、井下油管和套管产生腐蚀。其中包括：

① 硫化物应力腐蚀（快速腐蚀断裂）；

② H_2S 的腐蚀变薄（缓慢腐蚀变薄——电化学腐蚀）。

（4）天然气中含有 CO_2。

CO_2 会对油管、套管产生缓慢腐蚀变薄。这种腐蚀需要时间，腐蚀使油管、套管壁厚逐渐变薄和穿孔：

① CO_2 腐蚀在临界点附近腐蚀尤其严重，油管、套管 CO_2 腐蚀的临界点在100℃以上，特殊材质临界点会更高；

② 在气液界面附近，CO_2 腐蚀比较严重；

③ CO_2 腐蚀速度随着温度的升高而加快；

④ 地层水会加速 CO_2 的腐蚀速度。

（5）天然气易燃、易爆。

可燃气体与空气混合可发生爆炸的浓度范围称为爆炸极限。低于爆炸下限或高于爆炸上限，气体燃烧，不爆炸。常温常压下，天然气的爆炸极限为5%~15%，随着压力升高，爆炸极限急剧上升，如当压力上升至15MPa时，其爆炸上限可达58%。

爆炸与燃烧的区别在于爆炸反应极速，一瞬间（千分之一或万分之一秒）完成高温高压下的气体燃烧过程，造成很大破坏力。

（6）气井对井控装备、井筒以及井下管柱、工具等要求高，容易发生井下事故，工程风险大。图1-17所示为某井完井管柱挤毁落井后的样貌。

气井井口压力高；排液测试过程中井口、井底压力变化大，油管、套管、井下工具等承受很大的交变载荷，受力复杂，工况恶劣；排液测试天然气急剧膨胀，容易冰堵；天然气流速快，容易发生刺漏。

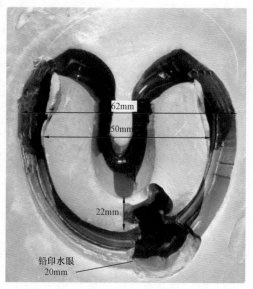

62mm

50mm

22mm

铅印水眼
20mm

图1-17 某井完井管柱挤毁落井

第四节 气井带压作业的优势及前景

一、带压作业的优点

（1）不使用压井液，从而能够避免地层伤害。

（2）不需要考虑钻井、完井或者修井后为满足环保的要求对压井液进行处理。

（3）利用带压作业设备施工时，在某些情况下允许边生产边作业。

（4）减少作业后排出井内压井液所需的费用和时间。

二、气井带压作业的前景

（1）气井带压作业与常规作业相比有不可替代的技术优势，是开发低渗透、易漏储层的重要手段，是天然气勘探开发快速发展强有力的支撑。

川渝地区主力气藏已经进入中后期开采，井口压力低、硫化氢含量低的井可广泛适用于不压井作业技术。从整个修井工艺来看，采用传统正压修井在川渝地区仍占主流，即压井、起下管串、酸化、排液等，这势必造成压井液的大量漏失，排液困难，不利于产能的恢复，如2009年进行常规修井的卧90、云和3井都没有恢复原有产能。这些井经过多年开采，压力系数都较低，如大池干、卧龙河、云和场、七里峡、同福场、白节滩，川中油磨溪、公山庙等构造的主要产层，储层压力系数都远低于1.0，有的压力系数低至0.11（如卧120井石炭系储层），在修井时采用水基压井液会形成大量漏失，最后造成储层伤害，复产困难。在成34井的修井作业中，由于地层压力系数仅有0.34，压井时采用的是清水加活性剂，相对密度为1，压井液漏失量达85m³，后采用20m³×20%的泡沫酸酸化，自喷出4m³残酸后停喷，其余的

100m³ 无法排出,又采用连续油管和 27.5m³ 液氮助排仍无效,后来经过 48 天的间歇生产排液才将残酸排尽。

常规修井不仅造成了资金的大量浪费,更重要的是产层受到了严重伤害,产能受到影响,有些甚至再也不能恢复产能。因此,在保证井下和人身安全的情况下,改变现在的修井作业方式,尽可能地保护储层,是当前低压气井修井技术发展的必然趋势。而带压作业,正是能满足以上要求的一种作业方式。川渝地区每年开井数约为 1850 口,产气量约 150 × 10⁸m³,它们绝大多数压力系数远小于 1.0,每年低压气井修井工作量达 280 余口,气井大小修费用高达 3 亿元。就川东气田 281 口井而言,已有 150 余口井地层压力系数远小于 1,且有 121 口井井口压力小于 10MPa(表 1 - 10)。

表 1 - 10 川东七个气田开发现状

序号	气田	气井总数 口	生产井数 口	低压井数 口	生产井压力小于 10MPa 井数比例,%	采出程度 %
1	福成寨	37	24	24	100	65.12
2	卧龙河	138	49	49	100	72.92
3	张家场	31	13	13	100	64.41
4	大池干	30	15	12	47	31.44
5	沙罐坪	27	10	10	40	29.38
6	双家坝	12	7	7	71	28.02
7	云和寨	6	6	6	83	18.71
	合计	281	124	121		

带压作业是页岩气开发的重要手段。页岩气是以吸附形式存在于一种称作"页岩"的极致密且富含有机物岩石中的天然气。页岩中含有的有机物在温度作用下转化为天然气以后继续保存在页岩中。它需要通过大型的人工改造才能有天然气工业生产能力。近年页岩气的成功开发和利用,让美国的天然气资源总量增加了近一倍,天然气产量也大规模增长。2009 年,美国天然气产量超过 5930 × 10⁸m³,页岩气的年产量达到 900 × 10⁸m³,约占美国天然气总产量的 15%。时隔多年之后再一次超过俄罗斯。正是页岩气的发现和成功开发利用,让美国的天然气资源可以按现有消费水平,足够使用 100 年。

我国页岩气资源比较丰富,主要分布于古生界海相页岩和中新生界湖相页岩中。根据初步评价,页岩气的资源主体分布在古生界,主要分布于南方川渝、云桂、江浙,以及新疆和青藏地区。此外,在华北地区也有页岩气资源分布。目前估计,我国页岩气的可采资源量大致在 $20 \times 10^{12} \sim 30 \times 10^{12} m^3$,与我国常规天然气资源总量大致相当。我国页岩气的勘探才刚刚起步,但已经取得了重大进展。四川盆地钻探的威 201 井,已经在两个页岩层段测试获得了较高的页岩气产量。这标志着我国页岩气的勘探已经取得突破。预测分析,我国天然气在未来 20~30 年内将保持快速发展,有可能超过石油产量,在我国能源结构优化和低碳经济发展中成为支柱性清洁能源之一,其中页岩气资源将是天然气快速发展的重要资源基础。页岩气压裂采用大液量低砂比压裂,设计注入排量 10m³/min,设计最高砂浓度 240kg/m³。

页岩气井改造通常需要大排量、大规模,所以常常采用套管直接加砂。加砂后由于套管排液效果不好(即使排液好,后期也需要下入生产管柱),而页岩气产量本身不高,若采用常规压井起下管柱势必造成地层伤害,所以采用带压起下生产管柱就是必然选择。近两年内,川渝地区威远、长宁、富顺—永川等将有40余口页岩气井需要作业,页岩气开发是今后一段时间的热点和难点,带压作业技术在页岩气工程中具有举足轻重的作用。

气井连续油管射孔套管加砂工艺需要带压作业。连续油管水力喷射压裂是解决纵向多层压裂难题的有效手段,该技术整合了水力喷射射孔定点压裂的优越性与连续油管的拖动灵活性,为解决纵向多层改造难题提供了新的途径。环空压裂施工工序:① 置放喷射工具到目的层;②对第一段喷砂射孔直至裂缝起裂;③ 压裂(环空注携砂液+连续油管内小排量供液);④ 填砂;⑤ 上提管柱到第二射孔层;冲洗管柱,清理管内残余支撑剂,准备进行第二次射孔;⑥ 多次重复②~⑥道工序,实现多层分压;⑦ 冲砂清理井筒,准备投产。水力喷射环空压裂技术与油管压裂方法相比,优越性如下:① 降低摩阻,提高排量;② 环空压裂可大大提高喷嘴寿命;③ 环空压裂方式可消除砂堵风险;④ 降低了对压裂液的性能要求。国外使用连续油管水力喷射环空压裂的井深范围为457~3017m,加砂规模范围从1.5t产生小裂缝(为避免井筒伤害)到60t产生大裂缝,泵注最高支撑剂浓度为1680kg/m³;在致密地层气藏中,最小的目标生产层可达0.61~0.91m的透镜层;施工排量变化范围为0.95~8.75m³/min,环空注入使得施工排量调节范围更加宽裕。由于产层薄、段数多,所以采用常规分段压裂或一段一段的压裂都会造成施工周期长、不利于开发等困难。采用连续油管多段射孔套管加砂工艺能够有效地避免上述问题,套管加砂后就需要带压起下生产管柱。如合川001-41-X3须二分7段压裂、合川001-44-X1须二分6段压裂等,压裂施工排液结束后井口压力分别达到18和23MPa,类似这样的井在四川合川、安岳区块比较普遍,因此带压作业也为套管压裂工艺的有效实施提供了技术保障。

气井大管径加砂工艺需要带压作业。在九龙山珍珠冲地层,由于地层破裂压力高,需要采用大管径的压裂管柱(5in,4½in),以及采用TAP-Lite＊分级压裂管柱,加砂后需要更换为2⅞in生产或排液管柱,也需要带压作业,而这类井后期关井压力高达30~35MPa,同样如果采用压井起下管柱势必造成地层伤害,也需要带压起下管柱作业。

气井分支井完井工艺需要带压作业。分支井每完成一个分支改造后为了保护产层,在作业第二个分支时都需要带压起下管柱作业,以减少地层伤害,而分支井也是未来四川合川、安岳以及苏里格完井的一个方向。

气井带压分段改造需要带压作业。利用配套管柱不压井作业机在承压情况下逐层上提分层压裂管柱实现分层压裂,避免使用压井液,不仅避免油层伤害,也加快了施工进度,如S-9带压作业机在广安002-H9井实现分层喷砂射孔、加砂。

储气库完井需要带压作业。相国寺石炭系储气库建设工程已经部署16口储气井,石炭系气藏为枯竭地层,压力系数仅为0.1,采用气体钻井打开储层后,若采用压井下完井管柱,势必造成储层伤害,因此,储气库建设也迫切需要带压作业技术。

油气井分层改造需要带压作业。长庆气田气藏具有多层系特征,在老井挖潜转层和选层压裂保护产层措施上,不压井作业技术具有常规作业无可比拟的优势。长庆气田发育着多套含油气层系,纵向具有"上油下气"特征,平面上呈现出半盆油、满盆气的格局。目前,从实钻资料分析表明,长庆上古生界、下古生界气藏普遍存在马家沟组、山1、山2、盒8等多套气层层系,单井钻遇4套及以上含气层系比例高(表1-11),但气藏受前期开发工艺限制,多层系气井大多都只选择性地改造了1~2层。

表1-11 长庆气田多层并存井统计情况表

年度	区块	完试井口	多层(4层)并存井口	多层(4层)并存井比例%
2000—2005	苏里格	87	72	82.8
2005	靖边气田	86	34	39.5
	榆林南区	82	39	47.6
2006	苏14井区	28	25	89.3
	靖边气田	105	62	59
	榆林南区	13	5	38.5

带压作业技术的应用将更好地保护油气资源。长庆气田气藏物性差、水锁伤害严重,不压井作业是降低修井储层损害的重要措施。长庆古生界气藏由于其地层压力系数较低,上古生界储层主要表现为中等偏弱水敏—弱水敏(表1-12)、中等—强水锁特征(表1-13)。

表1-12 榆林南地区水敏评价综合数据

序号	样号	深度 m	层位	空气渗透率 mD	孔隙度 %	评价指标临界值
1	214-49	2889.3~2893.2	p_1s_2	0.752	10.4	弱水敏
2	214-50	2889.3~2893.2	p_1s_2	1.080	9.4	弱水敏
3	214-54	2889.3~2893.2	p_1s_2	2.157	7.9	中等偏弱水敏
4	21-43	2737.5~2739.45	p_1s_2	4.750	10.7	中等偏弱水敏
5	21-47	2737.5~2739.45	p_1s_2	1.400	9.1	中等偏弱水敏

表1-13 苏里格气田盒8层气藏敏感性实验数据

评价指标	水敏	盐敏	速敏	碱敏	酸敏	应力敏
评价结果	中等—强	中等—强	弱—中等	弱	弱—无	中等—强

从表1-12和表1-13中可以看出,由于长庆气田古生界气藏具有中等—强的水锁伤害特性,常规修井作业时修井液在储层中滤失造成的水锁伤害较严重,将直接影响修井作业效果。因此,采用不压井作业进行修井是降低储层伤害、提高修井效果的重要措施。

四川部分气井层间压力相差较大,若采用压井液压井,可能造成"上喷下漏"或"下喷上漏"的情形,如雷13井修井,裸眼段层位为栖霞组和茅口组,两层压力系数相差0.5,采用常规压井修井方式,9次压井、调整压井液密度、堵漏等方式力图将井压平稳,花费时间35天,

漏失 $1.8g/cm^3$ 的压井液超过 $300m^3$，井内还是不平稳，不具备安全起钻条件，后采用带压修井技术完成了起原井管柱、下气举管柱作业，实现了修井目的。

另外，有些气井是高压低产，若采用压井液压井不仅对地层造成伤害，同时成本也会大幅上升，也会带来井控安全风险，若采用带压作业技术修井作业可不用高密度压井液压井，从而减轻对地层的伤害，减小层间矛盾，缩短产量恢复期。

（2）开展气井带压作业技术与装备试验是保证气井带压作业安全、提高作业效率的需要。

目前气井带压作业在国内仍处于起步阶段，没有完善的设备和配套标准，没有完善的工艺技术和相应的作业规范，气井带压作业与油水井带压作业相比风险大、技术和设备要求高，必须通过开展气井带压作业技术装备试验完善设备配套，形成完善的工艺技术，保证气井带压作业安全，提高作业工作效率。

由于气体的压缩性、易爆炸性，气井带压作业相对于油水井带压作业井控风险更大。众所周知，天然气一旦泄漏后，扩散速度快，易发生燃烧着火，甚至爆炸，产生强大的冲击，波及范围大，直接危及作业人员生命，尤其是含 H_2S 气井一旦发生井喷失控事故其危害范围更大，造成的损失将不可估量。

天然气井与油水井相比，油管、采油气井口腐蚀较严重，特别是含 H_2S 气井有的油管本体很多部位被腐蚀穿孔，穿孔部位确定困难，使气井带压作业工艺过程增加更多不确定因素，如果带压作业装备和技术不成熟，将带来巨大安全风险。一方面，腐蚀的油管柱的抗拉、抗外挤强度受到很大影响，在带压起下油管作业过程中，可能造成油管断裂，油管落入井内，引起更多复杂事故；另一方面，如果腐蚀穿孔部位太多，要靠下堵塞器密封，根本无法实现安全起下作业。

气体的密封相对于油和水要求更高，由于气体与油水介质的巨大差异，天然气井对气体的密封性要求更严、更加苛刻，能满足水密封可能不能满足气密封要求，对堵塞工具、带压设备动密封等要求高，一旦发生泄漏，扩展速度快，存在较大的安全风险。

气井带压作业对设备的损害比油水井带压作业更大。当油水井带压作业时油和水对密封件可起到润滑作用，而气井带压作业时起下管串的密封装置只能干摩擦，使磨损速度加快，增加了更换配件次数，同时也加大了作业风险；如井下有砂粒排出，高速天然气携砂将对设备进行严重的冲刷，使设备壁快速减薄，甚至刺漏、刺穿，产生重大安全隐患，增加气井带压作业风险。

川渝地区，气井普遍含有硫化氢，尤其是四川气田川东区块飞仙关组和长兴组属高压、高含 H_2S 地层，且该区块为高产油气井，带压作业对设备和工艺技术要求更高。带压设备与气体密闭接触部分，井下工具必须具有较高的抗 H_2S 等级，循环系统应全密闭；带压作业前必须进行严格的风险评估，并制定风险防范和削减措施；制定完善的气井带压作业操作规程，作业人员必须经严格的气井带压作业技术培训和防 H_2S 技术培训。

（3）气井带压作业是天然气开发保证绿色、环保的有效手段。

带压作业具有不压井、不放喷、不泄压的特点，可避免油气层伤害、减轻环境污染、缩短作业周期，它的最大优点在于它可以保护和维持地层的原始产能，为气田的长期开发和稳定生产提供良好的基础。采用带压作业技术,可充分体现、满足和超越甲方的期望与要求。

由于气井普遍含有硫化氢、二氧化碳、地层水,所以生产油管基本都存在腐蚀,严重的发生变薄、穿孔、断落,给后期修井打捞带来很大困难,修井打捞时间长,产量压力大,所以"产量"与"修井"的矛盾十分突出,开发工作者常常处于两难的境地。对付这种酸性介质的气井最好的方法就是定期更换管柱,保证生产的正常进行,在保证气井正常生产的情况下强化气井维护性作业。因此,气井带压起下管柱进行日常维护作业很好地解决了"产量"与"修井"的矛盾,减少修井难度,消除安全隐患,实现气井高效、安全生产。

参 考 文 献

柴辛,李云鹏,刘锁建,等,2005.国内带压作业技术及应用状况[J].石油矿场机械(5):31-33.

冯健家,杨海军,李凌云,等,2014.国内带压作业技术及应用状况[J].化工管理(27):109.

江怀友,赵文智,张东晓,等,2008.世界天然气资源及勘探现状研究[J].天然气工业(7):12-16,130-131.

陆家亮,2009.中国天然气工业发展形势及发展建议[J].天然气工业,29(1):8-12,129-130.

潘继平,2021.关于中国天然气上游高质量发展的思考与建议[J].国际石油经济,29(1):72-78.

于大伟,2019.带压作业装备的过去、现在与未来[J].石油和化工设备,22(2):49-51.

张守良,马发明,徐永高,2016.采气工程手册[M].北京:石油工业出版社.

郑海旺,2020.探究不压井带压作业技术的发展[J].石化技术,27(1):299,307.

第二章　气井带压作业装备

气井带压作业机是实施全过程带压作业的重要保障,气井带压作业机环空密封系统控制环空压力,利用卡瓦组和液缸实现带压起下管柱作业。在带压起下管柱作业过程中,当管柱浮重大于上顶力时,举升下压系统中的承重卡瓦和液缸配合起下管柱。当管柱浮重小于上顶力时,举升下压系统中的防顶卡瓦和液缸配合,防止管柱飞出或压弯。因此,气井带压作业机是带压作业施工的关键。

第一节　国内外气井带压作业装备现状

一、国内外带压作业装备发展历程

1. 国外带压作业装备发展历程

带压作业是在井筒带压的情况下,起下油管或钻杆管柱。通过在油管柱中下入堵塞器,配置能带压起下管柱的防喷器密封油管或钻杆外部环空,采用游动和固定卡瓦配合使用防止管柱上窜。国外在油气开发带压作业装备研制方面起步很早,设备规格种类全、应用成熟。美国 HydraRig、CUDD、ISS 等公司能够提供最新全液压举升技术和装备,设备最大举升能力 2670kN,最大下压能力 1350kN,最高作业压力 105MPa,近年来在设备的研制方面更是在可靠性、适应性及配套集成方面得到较大提升,体现了"高效、环保、安全"的作业理念,在复杂地质、非常规油气资源开采应用技术上处于国际领先水平。在不压井作业技术问世至今的 90 年间,其发展大体上可分为三个阶段。

(1) 19 世纪 20 年代末的机械式不压井装置萌芽期。美国 Herbert C. Otis 在 1928年提出了一种钢丝绳式起下管柱装置,该装置利用钢丝绳和滑轮组,通过上提大钩、采用钻机绞车提供下压力下管柱,这就是后来被人们称作的传统作业机,这项服务当初耗时、烦琐并易引发井喷。最初的不压井作业技术因其在制造技术、应用方面的局限,且需要钻机、修井机辅助进行带压进行起下管柱作业,因此,最终类似装备均遭新技术淘汰。

(2) 备受油公司青睐的液压式带压作业机崛起时期(20 世纪 60 年代初至 80 年代末)。1960 年液压不压井技术诞生,Cicero C. Brown 发明了液压带压作业设备用于接入或甩出油管升降,并产生了第一台独立的液压不压井作业机,带压作业装备成为可以独立于钻机或修井机的一套完整系统。自此,安全、性能、效率都大大提高了的新式液压带压作业设备,使不压井作业在油气井领域应用越来越广。1981 年 VC Controlled Pressure Serv-

ices LTD. 设计出车载液压不压井作业机,第一台车载式井架辅助式不压井作业机在加拿大出厂,此项创新使带压作业机具有高机动性。随着液压带压作业机技术日渐成熟,提供不压井服务或既制造又提供作业服务的公司不断涌现,以致后来出现的全液压带压作业机占据了主导地位。

(3)近30年带压作业装备的迅速发展。经过几十年的技术攻关,液压带压作业机有了很大的改进和发展,设备实现了全液压举升,管柱夹持和环空压力防喷控制实现电液远程控制,作业范围不断扩展。对于那些选用不压井技术作业的油公司,由于液压式设备可改变尺寸及外观设计以迎合市场,机动性强、吊装快等优点迅速被市场青睐,从小型单人作业设计到能适应高压、深井作业。20世纪90年代初创新形成了模块化橇装带压作业机,以适应海上作业,在北美及南美等地的陆地、海洋、湖泊等区域得到了大量应用,推广应用率达到了90%(大部分是带压完井)。2000年后,钻、修、带压作业一体机出现,使作业设备工艺覆盖更加全面,以至于在北美地区获得"万能作业机"的美誉。

2. 国内带压作业装备发展历程

我国对不压井作业技术的研究应用比国外整整晚了30年。我国最早在20世纪60年代,曾研制过钢丝绳式带压作业装置,它利用常规通井机绞车起下管柱,靠自封封井器密封油管、套管环形空间。这种装置结构简单、便于制造、易于掌握,但存在操作程序复杂、劳动强度大、安全性能差等缺点。初期技术水平和工艺装备相对较低端,仅能满足油水井小修作业需求,主要以辅助式作业为主。

20世纪70年代末,开发出橇装式液压带压作业装置,可用于井口压力4MPa的修井作业。尽管获得了较好的研发经验和作业效果,但由于当时对不压井作业认识不足,以及液压元器件制造水平较低等原因,始终未得以推广。

20世纪80年代,研制了可用于井口压力不高于6MPa施工的车载式液压带压作业机,但由于密封方面的缺陷未能大范围推广应用。后续用于钻井抢险的BY3D-2型带压起下钻装置和用于修井的BYXTl5型带压作业装置,仅适用井口压力为5~7MPa。后期多个厂家研制了承压不超过14MPa的不压井修井作业机,在吉林、辽河、冀东、江汉等油田进行低压注水井的不压井起下管柱作业,提升能力为500~700kN。

21世纪初,各大油田加大了对带压作业技术、装备方面的研究支持力度。通过引进国外设备、技术和自主研发,经过前几年市场摸索、创新及研究,近年出现了迅猛发展。目前,国内已有十多家企业研制带压作业装备,但多数针对油水井防喷作业施工,真正用于高压气井带压作业的国产化装备为数不多。随着人们对带压作业技术和相关工艺认识的提高,带压作业设备在国内得到了迅速发展,行业内已经制订出带压作业机标准和作业规范。其中,中国石化四机石油机械有限公司带压作业装备技术是国内具有代表性的设备制造商,其带压作业装备研制历程印记了近年来国内不压井作业技术迅猛发展及技术突破。近10年的技术攻关与创新,形成涵盖40~270吨系列化高端独立式带压作业装备,为非常规油气资源规模开发提供了安全可靠的装备支撑,系列化设备在国内外陆上油气田及海上油田成功应用。

二、带压作业装备表达形式

1. 国外带压作业装备型号表达方法

国外带压作业装备主要分为辅助式和独立式。不同厂家表示方法不同,大多以设备的举升能力命名,例如150K 表示设备的最大举升力为150000lbf,这里的 K 表示1000lbf 举升力。

2. 国内带压作业装备型号表达方法

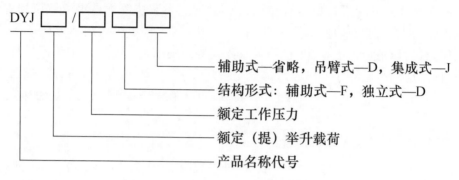

注:额定举(提)升载荷以圆整后数值(kN)的 1/10 表示;额定工作压力(MPa)以 7、14、21、35、70、105、140 压力等级表示。

示例1:

额定提升载荷 800kN,额定工作压力 21MPa,辅助式结构带压作业机,型号表示为:DYJ80/21F。

三、常见带压作业装备

1. 机械式气井带压作业机

机械式气井带压作业机在常规修井机基础上,利用滑轮组、卡瓦和平衡块及大钩制动系统实现带压起下作业,主要包括移动防顶卡瓦、下压钢丝绳、平衡块及滑轮。固定滑轮和固定防顶卡瓦,如图2-1所示。

2. 齿轮齿条式气井带压作业机

齿轮齿条式气井带压作业机主要是利用齿轮齿条式的相互运动实现带压作业的管柱起下,主要包括齿轮齿条系统、卡瓦系统等,如图2-2所示,其优点在于:

(1)没有大绳(所以不需要滑或割大绳)。

(2)桅杆式井架的功能仅用于指引目的(上举时没有重量作用在桅杆式井架上)。

(3)相应的桅杆式井架质量低。

(4)重力重心低。

(5)防坠安全刹车和机车位置的精确控制。

(6)可调钻井平台的高度以满足作业需求。

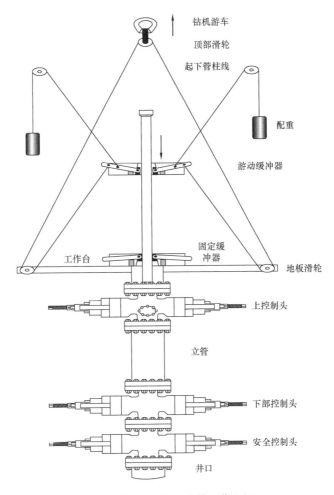

图 2 - 1 机械式气井带压作业机

（7）整合了欠平衡作业和带压作业,带压作业时可在可调整高度的工作篮（即钻井平台）中操作。

（8）举升机行程长,起下速度快。

（9）噪声被降到最低。

3. 模块化式带压作业机

模块化式带压作业机主要包括滑动底座、支撑架和扶梯架、桅杆式井架、游动转盘、卡瓦组,如图 2 - 3 所示。

1）带滑动系统的滑动底座

整个井架是立在由带销钉的带面结构、轨道和锁死装置组成的滑动底座上面的,该底座可供桅杆、防喷器机车及其他设备使用。

图 2 - 2 齿轮齿条式气井带压作业机

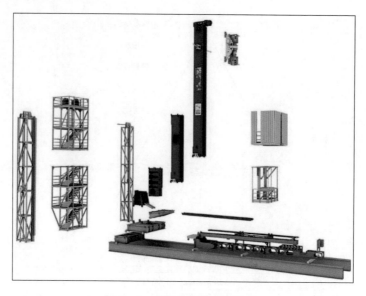

图 2-3 模块化式带压作业机

2）桅杆两边的支撑架和扶梯架

桅杆周围有三个架,位于两边的分别是两个支撑架,在正常操作时用于支撑桅杆,还有在安装时提升和倒入桅杆。

桅杆的不同部分可由液缸将其从水平位置转至垂直位置。桅杆部分也由液缸提升并带入支撑架上的轨道。

桅杆的三个部分采用销钉和液压缩紧螺栓连接。快速连接用于液压和控制电缆。

3）桅杆式井架

桅杆式井架设计能承受带液压驱动转盘的机车、辅助绞车、平衡绞车、立管的作用力及重量。

桅杆式井架设计在外部开了三个口（类似于 V 形门）,以方便提升钻杆/油管。

一体机是一个液压操作的举升单元,该单元加工成箱状,是包含液压马达、齿轮箱、刹车单元、驱动小齿轮和空转轮线路系统的机械室。桅杆部分包含齿轮导轨和机车导轨。齿轮导轨安装在架子背部的内侧和架子前部的外侧,用于主动式提升和放置齿轮部分。

举升系统拥有 6 套液压马达。轨道的每侧有三套,驱动机车上上下下。配置液压马达和相应的阀门总成来作为一套单个单元来驱动,改单元由控制阀和控制系统控制。

桅杆式井架具体参数见表 2-1。

表 2-1 桅杆式井架参数

描述	工作能力
安全工作载荷（举升）	150tf（300000lbf）
安全工作载荷（下压）	62.5tf（125000lbf）

续表

描述	工作能力
桅杆的整个长度	25.5m 距离防喷器层面
自由游动高度	16960mm
举升/下放速度	最大 1m/s
	150tf 载荷时最大 0.12m/s
刹车制动能力	6 套弹簧/液压圆盘刹车,故障防护,至少 1.8 倍制动载荷
液压驱动	6 套 135~150k 的液压马达
机械驱动	6 套机械加速车轮箱
	6 套举升齿轮,一套轨道保存系统
2 组边部横梁	6tf 的安全工作载荷

4）液压转盘

液压转盘由一个装配在机车内的机座组成。转盘的机架包括了齿轮密封、轴和钻井时旋转所需的在固定扭矩和速度下的上下卡瓦。当转盘工作时,液压水龙头的配置允许液压作用到上卡瓦和下卡瓦上,转盘转动是通过降低齿轮箱与液压马达配合来实现的,液压马达由相应阀门控制速度和扭矩极限值的调整,由操作手在司钻操作台来设定。转盘上装有载荷块来监测加载在上卡瓦和(或)下卡瓦上的载荷,还带有扭矩和转速传感器。

转盘特征参数见表 2-2。

表 2-2 转盘特征参数(150t)

描述	工作能力
安全工作载荷(举升)	150tf
功率	一套 740hp 的液压马达
转盘扭矩	0~15000ft·lbf
连续钻进扭矩	85r/min 时 8000ft·lbf
最大转速	100r/min(带水龙头冷却)
动力(输入)	400L/min
压力(输入)	350bar
最大管子尺寸	11in
适用管子尺寸	$7\frac{5}{8}$in,5in,$4\frac{1}{2}$in,$3\frac{1}{2}$in,$2\frac{7}{8}$in,$2\frac{3}{8}$in
下压卡瓦	15in 的通径

5）猫道

猫道将单根从单根存放轨道运送到工作篮上部平台上。工作篮设计允许猫道机械能三面运送单根。猫道机械由一个可调整式液压推拉板（在单根滑槽的尾部）组成，用于适用不同长度的单根。液压马达和齿轮箱驱动一个齿轮来使单根滑槽能送到钻台面，这也可调整，最大高度为6m。单根滑槽从地面送到工作篮高度大约需20s，下来也需20s。传感器指示单根滑槽是位于最高层位还是低层位。排管轨道适用于10×5in的钻杆，并包括一套管子轻弹系统将管子从管排架上弹到单根滑槽上，反之亦然。猫道传送管子的最大长度为15m。

4. 液压式气井带压作业机

1）举升机结构分类

可分为模块式气井带压作业机和整体式气井带压作业机，如图2-4和图2-5所示。

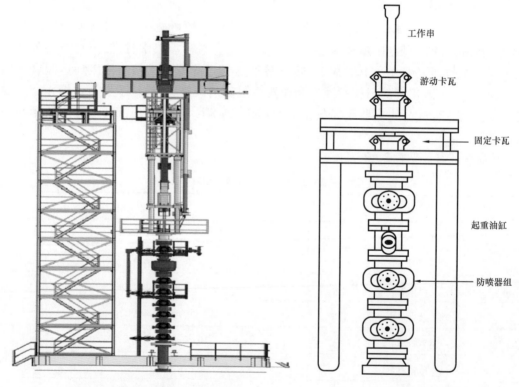

图2-4　模块式气井带压作业机　　　　图2-5　整体式气井带压作业机

模块式带压作业机主要用于高压井、海洋平台井施工作业，单个模块质量小于8t。模块式举升机液缸不光承受举升力或下压力，同时液压缸缸体承受整个作业载荷及部分设备重量，因此模块式液压缸壁厚较大。

整体式气井带压作业机主要用于中低压气井带压作业,运输、安装拆卸方便。整体式带压作业机固定卡瓦与工作防喷器连接,所有载荷作用在井口上,液缸只提供举升力或下压力,不受弯曲载荷,整体式结构液缸壁厚较小。因此,整体式气井带压作业机整体重量较轻。

2)作业方式

按照作业方式,气井带压作业机主要分为辅助式气井带压作业机和独立式气井带压作业机。辅助式气井带压作业机需要与修井机配合作业,独立式气井带压作业机可以独立完成施工作业,如图2-6和2-7所示,性能比较见表2-3。

图2-6　辅助式气井带压作业机配合修井机作业

图2-7　独立式气井带压作业机

表2-3　辅助式与独立式带压作业机对比

项目	辅助式设备	独立式设备
机动性	车载式设备,机动性和灵活性强,可随时进入施工现场	机动性、灵活性受限制
动力源	车辆自身液压动力源或独立动力源	配备独立动力源
装卸	安装、拆卸方便,不需要吊车,节省时间及费用	安装时间需要1~2天,需要吊车配合
整体性	整体式设备,如遇特殊工具串,在井口安装设备要进行整体调整	现场按照施工设计、井控要求进行重新装配,基本不受井下工具串限制
作业范围	带压起下油管、套管或衬管,带压钻水泥塞、桥塞或砂堵、酸化、压裂、打捞等修井和完井作业	欠平衡钻井、小井眼钻井、侧钻以及辅助设备能开展的所有带压作业
独立性	不能独立工作	可独立工作
施工场地	需与修井机或钻机配套使用,占地空间相对较大	占地少,适合场地受限制(如海洋平台)作业

3）提升能力

气井带压作业机根据液缸能提供的最大提升力(单位为 lbf),将气井带压作业机划分为10 个系列,见表 2-4。部分系列作业机如图 2-8 至图 2-12。

表 2-4　气井带压作业机划分系列

95K	120K	150K	170K	225K
240K	340K	420k	460K	600K

图 2-8　95K 小型气井带压作业机

图 2-9　150K 气井带压作业机

图 2-10　225K 气井带压作业机

图 2-11　340K 气井带压作业机

4）举升机冲程

气井带压作业机根据起下管柱行程的大小,可以将气井带压作业机分为长冲程和短冲程两种,如图 2-13 和图 2-14 所示。

图 2 - 12 600K 气井带压作业机

图 2 - 13 长冲程气井带压作业机

图 2 - 14 短冲程气井带压作业机

第二节 液压式带压作业装备组成

液压式气井带压作业机主要包括举升下压系统、环空密封系统、桅杆绞车系统和动力系统。施工过程中,举升下压系统、环空密封系统和桅杆绞车系统安装在一起。

一、举升下压系统

举升下压系统用于控制起下管柱,防止管柱落入井内或飞出井口,主要包括举升机液缸、游动横梁、移动卡瓦组、固定卡瓦组、上工作平台、下工作平台、转盘、液压钳吊臂。

1. 举升机液压缸

举升机液压缸为液压式气井带压作业机核心部件,实现快速上行、下放,同时承受管柱载荷。因此,举升机液缸具有强度高、扶正性能强的特点。举升机液缸包括双作用液压缸和中空液压缸两种。

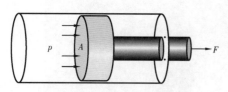

图 2 – 15 液压缸轴向推力示意图

1)基础理论

如图 2 – 15 和图 2 – 16 所示,为液压缸轴向推力和受力分析图。

$$F = pA$$

式中 F——力,N;

  p——压强,Pa;

  A——活塞面积,m^2。

$$A = \pi r^2 = \frac{\pi d^2}{4} = 0.7854d^2$$

式中 r——液压缸内径,m。

2)双作用液压缸

气井带压作业机一般采用双作用液压缸,理论上最大举升力为:

$$F = \pi r^2 = p \times \frac{\pi d^2}{4} = p \times 0.7854d^2$$

由于液压缸效率不同,实际最大举升力一般小于理论最大值,液压缸效率一般为 90% ~ 95%,因此,实际举升力为:

$$F = 0.7854pd^2\eta$$

式中 η——举升机液压缸效率。

同时影响液压缸实际举升力的因素还包括活塞端和活塞杆端密封件的摩擦力、回油压力及静态摩擦力等,统称为摩擦力,一般会损耗 25% 左右举升力。

最大下压力为 FD:

$$FD = p \times 0.7854(ID^2 - OD^2)\eta$$

式中 ID——液缸内径,m;

  OD——活塞杆外径,m。

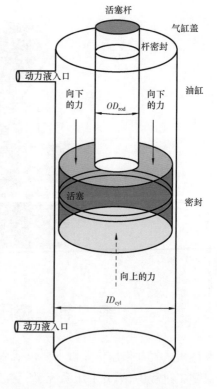

图 2 – 16 液压缸推力受力分析图

3）中空液压缸

中空液压缸活塞杆采用中空方式,内径较大,允许管柱及井下工具通过,一般采用单根液压缸形式,移动卡瓦安装在中空活塞杆上部,如图 2-17 所示。

2. 旋转系统

气井带压作业机转盘主要用于重管柱/轻管柱条件下,实现钻磨铣、带压倒扣等施工作业。

1）转盘分类及结构形式

转盘主要有 ZP420 型、ZP840 型、ZP1600 型和 ZP3000 型,转盘主要由液压马达、传动系统、旋转机构和游动横梁组成(图 2-18)。

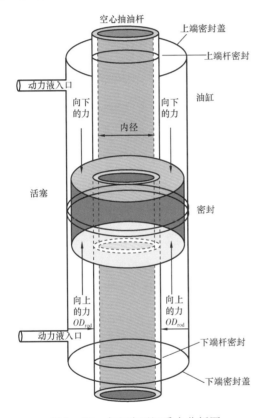

图 2-17　中空液压缸受力分析图

图 2-18　转盘照片

（1）ZP420 转盘。

ZP420 转盘适用于 170K 气井气井带压作业机。

① 主要技术参数:

通径为 180mm;

最大扭矩(连续)为 4200N·m;

最大瞬时转速为 100r/min;

泵排量为 140L;

设计有机械锁死装置,不使用转盘时锁死防止误操作伤人。

② 结构形式:

主动转盘主要包括游动横梁、传动系统和液压马达。游动横梁采用高强度板材,承受管柱重量及转盘扭矩;传动系统采用齿轮传动,黄油润滑。

图 2 - 19 所示为转盘结构图。

(2)ZP840 转盘。

ZP840 转盘适用于 240K 气井气井带压作业机(图 2 - 20)。

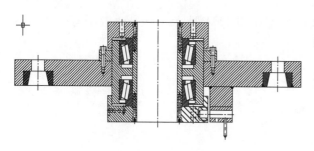

图 2 - 19　转盘结构图

图 2 - 20　ZP840 转盘照片

① 产品主要技术参数:

通径为 180mm;

最大扭矩(连续)为 8400N・m;

最大瞬时转速为 80r/min;

泵排量为 140L。

② 结构形式:

主动转盘主要包括游动横梁、传动系统和液压马达。游动横梁采用高强度板材,承受管柱重量及转盘扭矩;传动系统采用齿轮传动,黄油润滑。

(3)ZP1600 转盘。

ZP1600 转盘适用于和 225K 和 240K 气井气井带压作业机(图 2 - 21)。

① 产品主要技术参数:

通径为 180mm;

最大扭矩(连续)为 1600N・m;

最大瞬时转速为 80r/min;

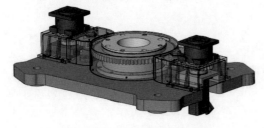

图 2 - 21　ZP1600 转盘结构图

泵排量为 380L;

设计有机械锁死装置,不使用转盘时锁死,防止误操作伤人;

配旋转密封系统;

配转盘制动器和制动系统;

配旋转卡瓦。

② 结构形式:

主动转盘主要包括游动横梁、传动系统和液压马达。游动横梁采用高强度板材,承受管柱重量及转盘扭矩;传动系统采用齿轮/链条传动,黄油润滑;液压马达采用 2 个 EA-TON10000 系列摆线马达。

(4) ZP3000 转盘。

ZP3000 转盘适用于和 340K 和 460K 气井气井带压作业机。

① 产品主要技术参数:

通径为 368mm;

最大扭矩(连续)为 3000N·m;

最大瞬时转速为 80r/min;

泵排量为 500L;

设计有机械锁死装置,不使用转盘时锁死,防止误操作伤人;

配旋转密封系统;

配转盘制动器和制动系统;

配旋转卡瓦。

② 结构形式:

主动转盘主要包括游动横梁、传动系统和液压马达。游动横梁采用高强度板材,承受管柱重量及转盘扭矩;传动系统采用齿轮/链条传动,油浴式润滑。

2) 旋转卡瓦

磨铣作业过程中,卡瓦不能够传递大扭矩,因此,需要专门配一套旋转卡盘,用于传递转盘扭矩。

3) 旋转卡盘

旋转卡盘按驱动形式分成两种,手动旋转卡盘和液压旋转盘,如图 2-22 和图 2-23 所示。手动旋转卡盘通过螺栓施加预紧力,从而传递转盘扭矩,该类旋转卡盘重量轻,加工方便,但传递扭矩小;液压旋转卡盘通过液压驱动施加预紧力,传递扭矩大,同时结构本身自带弹簧缓冲装置,利于倒扣和对扣等施工作业。

图 2-22　手动旋转卡盘　　　　　图 2-23　液压旋转卡盘

图 2-24　旋转筒

4）旋转筒

在钻磨作业过程中,常规转盘都需要将卡瓦管线卸掉后再使用转盘,操作不方便,且无法使用防顶卡瓦下压管柱。旋转筒(图 2-24)可以实现在不拆卡瓦管线和旋转卡盘管线的前提下进行钻磨作业,旋转筒安装在移动卡瓦与转盘之间,主要包括内筒和外筒,内筒加工 6 道油槽,外筒采用金属密封。旋转过程中,外筒保持静止,内筒随转盘旋转,移动卡瓦连接在内筒上,从而在旋转作业过程中无须拆卡瓦管线。旋转筒主要技术参数见表 2-5。

表 2-5　旋转筒主要技术参数

参数名称	参数值	参数名称	参数值
进油口	$1\,in \times 2$	最高转速	$136r/min$
回油口	$1\frac{1}{4}in \times 4$	最大载荷	$300000lbf$
最高工作压力	$1800psi(12.4MPa)$	最大扭矩	$22000ft \cdot lb(30422N \cdot m)$
通径	$7\frac{1}{16}in$、$11in$ 或 $14in$	最大漏失量	$15gal/min(56.775L/min,12.4MPa)$

3. 卡瓦系统

气井带压作业机按照功能包括承重卡瓦和防顶卡瓦。承重卡瓦用于重管柱状态起下钻作业,防顶卡瓦用于轻管柱状态起下钻作业;按照固定形式包括移动卡瓦组和固定卡瓦组,移动卡瓦组包括移动承重卡瓦和移动防顶卡瓦,固定卡瓦组包括固定承重卡瓦和固定防顶卡瓦。通过移动卡瓦和固定卡瓦倒换操作,实现起下管柱作业。卡瓦一般配有卡瓦互锁系统,防止卡瓦同时打开而造成事故发生。

1）利用卡瓦起下管柱流程

图 2-25 至图 2-27 所示分别为轻管柱状态、中和点状态和重管柱状态起管柱作业。

2）卡瓦分类

卡瓦分为 375 型(C)卡瓦、550 型卡瓦、565(CHD)型卡瓦,762 型卡瓦、F 型卡瓦、963 型卡瓦和 G 型卡瓦。卡瓦总成由卡瓦壳体、卡瓦座、连杆、卡瓦轴、摇臂、液缸组成。

(1) 375(C)型卡瓦。

375(C)型卡瓦如图 2-28 所示,适用于 170K 气井气井带压作业机,承重卡瓦和防顶卡瓦可互换。

产品主要技术参数如下:

最大载荷:75tf;

通径:180mm;

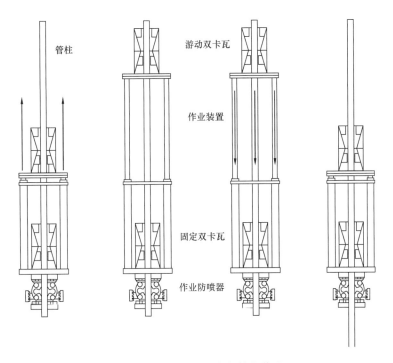

图 2-25 轻管柱状态起管柱作业

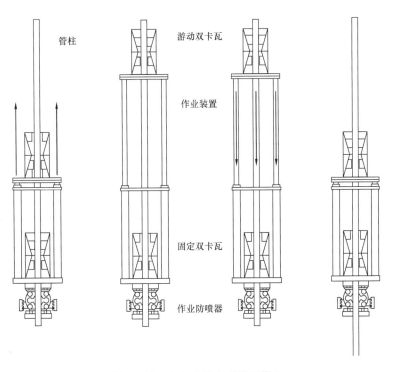

图 2-26 中和点状态起管柱作业

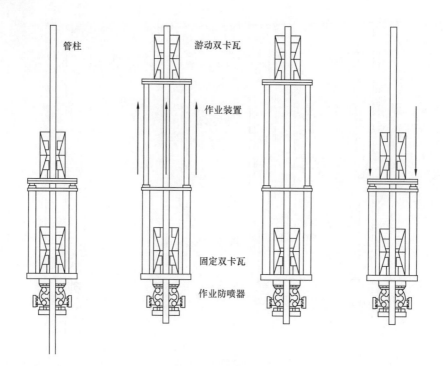

图 2 - 27　重管柱状态起管柱作业

总高度:422.5mm;

底座尺寸:ϕ395mm;

安装孔尺寸:ϕ38mm;

安装孔分度圆直径:ϕ318mm;

适用管径:1 ~ 5½in。

（2）550 型卡瓦。

550 型卡瓦如图 2 - 29 所示,适用于 225K 气井气井带压作业机,承重卡瓦和防顶卡瓦可互换。

图 2 - 28　375(C)型卡瓦

图 2 - 29　550 型卡瓦

产品主要技术参数如下:

最大载荷:106.5tf;

通径:180mm;

总高度:422.5mm;

底座尺寸:φ395mm;

安装孔尺寸:φ38mm;

安装孔分度圆直径:φ318mm;

适用管径:1～5½in;

带有侧门,方便大直径工具串通过。

(3) 565(CHD)型卡瓦。

565(CHD)型卡瓦适用于240K气井气井带压作业机,包括承重卡瓦和防顶卡瓦。

产品主要技术参数如下:

最大载荷:113tf;

通径:180mm;

承重卡瓦高度:270mm;

防顶卡瓦高度:457mm;

底座尺寸:475×325mm;

安装孔尺寸:φ35mm;

安装孔中心距:380～420mm;

适用管径:1～5½in。

(4) 762 型卡瓦。

762 型卡瓦适用于340K气井气井带压作业机,包括承重卡瓦和防顶卡瓦。

产品主要技术参数如下:

最大载荷:154tf;

通径:280mm;

承重卡瓦高度:270mm;

防顶卡瓦高度:457mm;

底座尺寸:475×325mm;

安装孔尺寸:φ35mm;

安装孔中心距:380～420mm;

适用管径:1～5½in。

(5) F 型卡瓦。

F 型卡瓦适用于340K气井气井带压作业机,包括承重卡瓦和防顶卡瓦。

产品主要技术参数如下:

最大载荷:113tf;

通径:180mm;

承重卡瓦高度:270mm;

防顶卡瓦高度:457mm;

底座尺寸:475×325mm;

安装孔尺寸:φ35mm;

安装孔中心距:380~420mm;

适用管径:1~5½in。

(6) G型卡瓦。

G型卡瓦适用于600K气井气井带压作业机,包括承重卡瓦和防顶卡瓦。

产品主要技术参数如下:

最大载荷:113tf;

通径:180mm;

承重卡瓦高度:270mm;

防顶卡瓦高度:457mm;

底座尺寸:475×325mm;

安装孔尺寸:φ35mm;

安装孔中心距:380~420mm;

适用管径:1~5½in。

二、环空密封系统

环空密封系统主要用于密封环空压力,根据不同压力,选择合适的环空密封系统起下管柱,见表2-6。环空密封系统一般包括自密封头、环形防喷器、闸板防喷器和平衡泄压系统。

表2-6 不同管柱环空密封组合

螺纹类型	工作压力,MPa		
	环形防喷器起下	环形防喷器和闸板防喷器	闸板防喷器和闸板防喷器
2⅜EUE	低于13.8	13.8~21	大于21
2⅞EUE	低于12.25	12.25~21	大于21
3½EUE	低于4	4~21	大于21

1. 自密封头

自密封头一般安装在环形防喷器上方、工作窗底部,用于低压密封环空压力,包括膨胀式自密封头和固定式自密封头两种。膨胀式自密封头通过压力,使橡胶件膨胀,密封在管柱上;固定式密封头在井下作用下,橡胶件上行,密封管柱,当接箍等通过时,橡胶件下行,内径变大,允许接箍通过。自密封头还可以防止落物落入井内,在起管柱过程中,也可以清洁管柱。

2. 环形防喷器

低压作业时,可以利用环形防喷器或配合闸板防喷器起下管柱;高压井作业时,环形防喷器起到保护人员的作用。

工作环形防喷器胶芯一般采用天然橡胶,同时配有缓冲蓄能器,提高胶芯使用寿命。

1)功用、结构和工作原理

当压力较低时,可以直接利用环形防喷器起下管柱,高压作业时,环形防喷器常关,防止井内流体窜出,保护操作人员。

目前带压作业设备工作环形防喷器均采用 Shaffer 球形胶芯环形防喷器,主要由壳体、顶盖、胶芯及活塞四大件组成,其工作原理是:

关闭时,高压油从壳体中部下油口进入活塞下部关闭腔,推动活塞上行,活塞推动胶芯,由于顶盖的限制,胶芯不能上行,只能被挤向中心,贮备在胶芯支撑筋之间的橡胶因此相互靠拢而被挤向井口中心,直至抱紧钻具或全封闭井口,实现封井的目的。

当需要打开井口时,操作液压控制系统换向阀换向,使高压油从壳体中部上油口进入活塞上部的开启腔,推动活塞下行;关闭腔泄压,作用在胶芯上的推挤力消除,胶芯在本身弹性力作用下逐渐复位,打开井口。

环形防喷器结构如图 2 – 30 所示。

2)环形防喷器胶芯

带压作业环形防喷器球形胶芯使用要求:带压作业环形胶芯与常规胶芯不同,要求更加严格,必须满足以下要求才能用于带压作业。

(1)密封性能。

① 恒井压试压:

a. 关闭环形防喷器,关闭压力 10. 5MPa;

b. 施加 3. 45MPa 的井压;

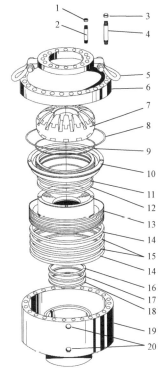

图 2 – 30 环形防喷器

1—法兰螺母;2—法兰螺栓;3—顶盖螺母;4—顶盖螺栓;
5—吊耳;6—顶盖;7—胶芯;8—压盖外侧液压油密封圈;
9—压盖外井筒密封圈;10—压盖;11—压盖内井筒密封圈;
12—压盖内侧液压油密封圈;13—活塞;14—耐磨带;
15—活塞外侧密封圈;16—活塞内侧井筒密封圈;
17—耐磨带;18—活塞内侧液压油密封圈;
19—壳体;20—堵头

c. 降低关闭压力直至出现泄漏；

d. 泄放井压并开启 BOP；

e. 重复 a~d 的操作 10 次，每次的井压增量 3.45MPa。确定胶芯是否可以密封。

② 恒关闭压力试验：

a. 施加 3.45MPa 的关闭压力；

b. 逐渐增大井压直至出现泄漏或井压等于 35MPa；

c. 泄放井压并开启环形防喷器；

d. 重复 a~c，每次将关闭压力增加 0.69MPa，直到关闭压力达到 35MPa。

（2）疲劳性能。

① 将外径 88.9mm 的试验心轴装到环形防喷器内，关闭环形防喷器，关闭压力 10.5MPa。

② 关闭和打开环形防喷器 6 次，第 7 次关闭环形防喷器，关闭压力 10.5MPa。

③ 施加 1.4~2.1MPa 的井压，保持 3min。然后将井压增加到 35MPa 并保持 3min，泄放井压，并打开环形防喷器。

④ 重复②至③步构成 1 个压力循环和 7 个功能循环。

⑤ 在每第 20 次压力循环时，开启环形防喷器，在开启活塞达到最大位置后测量胶芯的内径，然后每 5min 测量一次内径，直至恢复到环形防喷器通径。

⑥ 重复④至⑤步，直至胶芯出现泄漏或已完成 364 个开关循环（52 个压力循环）。

（3）承压起下钻寿命试验。

① 检测并记录环形防喷器胶芯的硬度。将环形防喷器安装到承压起下钻设备上，连接 BOP 的开启和关闭管线。连接高压试压泵到井口。

② 将蓄能器（至少 20L）连接到井口上，并将其预充至试验时将要采用井压的 75%，每条关闭管线和井压管线应至少配备一个带压力传感器的测试仪器，所有压力传感器应与可提供永久性记录的数据采集系统相连。

③ 使用外径 88.9mm 并带模拟 API18°台肩的 5in 钻杆接头的试验心轴。

④ 关闭环形防喷器，关闭压力 10.5MPa，施加 6.89MPa 的井压，降低关闭压力直至防喷器渗漏率小于 4L/min。

⑤ 使试验心轴以 600mm/s 的速度做往复运动，上下冲程 1500mm，每分钟往复运动 4 次。在承压起下钻过程中井压变化不应超过正负 10%，根据需要增加关闭压力以使泄漏保持在轻微的起润滑作用的水平。继续试验直到泄漏速率在 7MPa 的关闭压力下达到 4L/min 或完成 5000 次循环。

3）缓冲蓄能器结构及工作原理

缓冲蓄能器主要起压力补偿的作用，当管柱接箍通过环形防喷器时，会在液压系统中产生压力波动，将缓冲蓄能器安装在控制环形防喷器管路上，管路压力的波动会立即被吸收，从而减少环形防喷器胶芯的磨损，同时也会在过接箍后使胶芯迅速复位。缓冲蓄能器安装在环形防喷器的关闭口。

3. 闸板防喷器

工作闸板防喷器主要用于高压井起下管柱作业时,密封环空压力,一般包括2个闸板防喷器。常用工作闸板防喷器包括QRC型和CameronU型两种,QRC型闸板防喷器一般用于35MPa以下压力级别带压作业,CameronU型闸板防喷器一般用于35MPa以上压力级别带压作业。

图2-31　工作闸板实物图

工作闸板防喷器前密封一般采用硬度较高材质(图2-31),提高耐磨性能。

闸板防喷器之间通过平衡泄压四通连接,起下钻作业时,需确保闸板之间足够的空间,以便工具串通过。

1) QRC闸板防喷器

QRC闸板防喷器结构如图2-32所示。

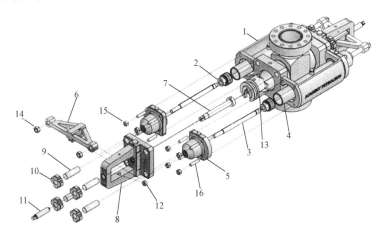

图2-32　QRC闸板防喷器结构示意图

1—壳体;2—活塞;3—活塞杆;4—液缸;5—液缸头;6—三角架;7—闸板轴;8—侧门;9—侧门螺栓;10—螺母;
11—锁紧轴;12—锁紧轴帽;13—闸板总成;14—1¼in螺母;15—1in螺母;16—1in螺栓

2) CameronU闸板防喷器

CameronU闸板防喷器结构如图2-33所示。

3) 耐磨填料

闸板防喷器填料主要分为两种,一种是garlok填料,另一种是UHWM填料。garlok较软,对卡瓦牙和管柱要求不高,一般用于35MPa以下防喷器;UHWM填料主要用于高压防喷器,耐磨性好,对管柱和卡瓦要求高。UHWM耐磨填料分为防旋转和普通两种类型,防旋转UHWM耐磨填料为矩形,使用过程中不会发生转动。普通UHWM耐磨填料为半圆形,通过螺钉固定(图2-34)。

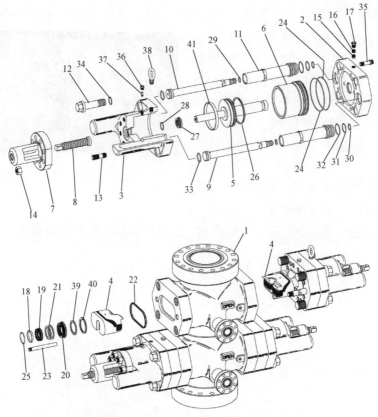

图 2-33 CameronU 闸板防喷器结构示意图

1—壳体;2—中间法兰;3—侧门;4—闸板总成;5—活塞;6—液缸;7—锁紧轴法兰;8—锁紧轴;9—活塞(更换闸板开);
10—活塞(更换闸板关);11—液缸(更换闸板);12—侧门螺栓;13—锁紧轴法兰螺栓;14—锁紧轴法兰螺母;15—单流阀;
16—内六角螺栓(注脂);17—二次密封脂;18,28—防尘圈;19—V 形密封圈;20—闸板轴密封圈;21—支撑环;
22—侧门密封;23—闸板总成导向销;24—液缸 O 形圈;25—中间法兰 O 形圈;26—活塞密封圈;27—活塞杆密封圈;
29—O 形圈(更换闸板活塞在壳体处);30—O 形圈(更换闸板活塞杆);31—O 形圈(更换闸板液缸在中间法兰处);
32—O 形圈(更换闸板液缸在侧门处);33—O 形圈(更换闸板活塞);34—O 形圈(侧门螺栓);
35—中间法兰到侧门螺栓;36—排气口;37—排气口堵头;38—提升孔;39—垫板;40—支撑环;41—活塞耐磨带

图 2-34 普通 UHWM 耐磨填料

4. 平衡泄压系统

安装在上下闸板之间,用于平衡/泄掉上下闸板之间的压力,达到接箍或工具串的目的。如图 2-35 所示,平衡泄压系统一般包括平衡泄压四通/短接、液压旋塞阀、手动旋塞阀及节流阀等。

1) 功用

平衡泄压系统主要用于倒工具串或管柱接箍时平衡或放掉上下工作闸板防喷器之间的压力(图 2-36)。当井压较低使用环形防喷器工作时,放压部分也可起到溢流井压保护人员的作用。

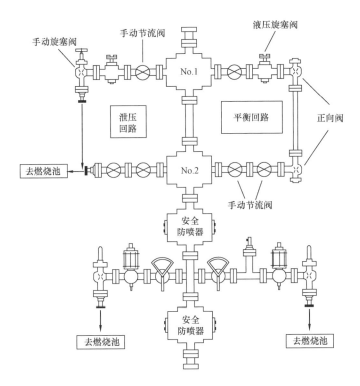

图 2-35 平衡泄压系统(一)

四通的作用:增加上下工作闸板之间的距离,来容纳尺寸较大的工具,另外也可以作为临时压井或节流口。

平衡阀和泄压阀的作用:平衡/放掉上下闸板之间(四通内)的压力,达到保护闸板防喷器胶件和工作人员的目的。

2)液控旋塞阀结构及工作原理

液动旋塞阀主要由驱动头和旋塞阀组成,驱动头采用活塞和蜗杆形式,压力油进入驱动头,驱动活塞上行或下降,从而带动蜗杆左旋或右旋90°,打开或关闭旋塞阀。不同压力和通径旋塞阀,选择相应的驱动头,以方便开关。

3)节流阀结构及工作原理

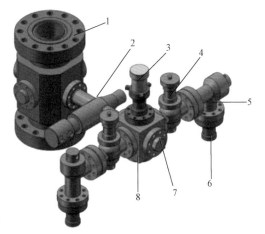

图 2-36 平衡泄压系统(二)
1—四通;2—手动旋塞阀;3—井筒压力传感器;
4—液动旋塞阀;5—节流阀六通;6—活接头法兰;
7—盲板法兰;8—六通

节流阀的控制各有不同,有固定式和可调式。固定节流阀的流量是固定不变的,可根据需要更换不同尺寸的节流嘴而得到不同的流量。可调式节流阀分为笼套式节流阀和碟片式节流阀。

笼套式节流阀,其阀为桶形,为整体硬质合金。阀座内圈镶硬质合金;阀盖与介质接触端焊有硬质合金,使之具有良好的耐磨性和抗腐蚀性。在阀的出口通道上嵌有尼龙的耐磨衬套,以保护阀体不受磨损。

碟片式节流阀,两个碟片采用高硬度碳化钨重叠保持密封,每个碟片加工一个半弧形通孔,通过调节两个半弧形孔的重合大小,调整节流孔大小。当半弧形孔完全分开,节流阀可以密封。

4）压力传感器结构及工作原理

一些设备井口压力通过管线直接连接到压力表,比较简单,不在此具体描述;对于高压气井带压作业,直接将高压气体引到操作台风险很大,因此一般会装压力传感器,压力传感器分为1:1和1:4两种。1:4压力传感器如图2-37所示。

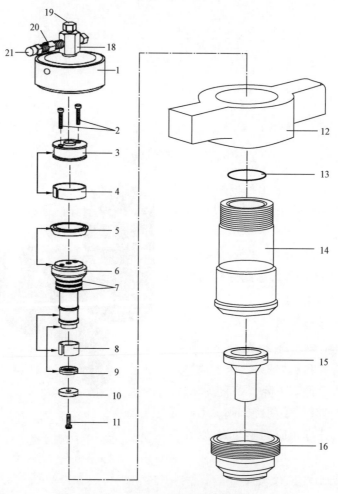

图2-37 压力传感器结构示意图

1—顶盖;2,11—螺栓;3—变径接头;4,8—耐磨带;5—上密封圈;6—活塞;7—弹簧垫片;9—下密封圈;
10—垫片;12—活接头(内);13—O形圈;14—活接头;15—隔离皮碗;16—活接头(外)

三、桅杆绞车系统

桅杆绞车系统主要用于起下单根或双根油管及悬挂水龙头等。

1. 桅杆

桅杆是绞车的安装载体,是起下管柱时的支撑臂,可以起下单根油管或工具,也可以悬吊水龙带和带压作业水龙头,替代吊车和修井机,独立完成作业(图2-38)。

桅杆主要包括基本臂、伸缩臂和加长臂,基本臂固定在设备上,伸缩臂沿基本臂伸缩,桅杆升降可以采用绞车钢丝升降。也可以采用液缸升降。采用绞车钢丝绳升降,基本臂上需要设计有机械锁死机构,当桅杆完全伸出后要用锁紧机构将其锁定,当要收回桅杆时要先打开锁紧机构,然后再操作桅杆收缩手柄。加长臂主要用于桅杆高度不够,在桅杆顶端加长。

2. 绞车

绞车用于起下油管、工具等,绞车分为平衡、普通两种工作模式。

绞车的平衡模式可实现所吊装重物悬停、与举升机随动等功能,保证在作业时所吊装重物随举升机同步上下运动,有效避免举升机与绞车速度不同而带来的不便,防止钢丝绳乱绳。

绞车的普通模式用于一般工况下,例如需要将油管、工具等物品起吊至操作平台,或将上述物品从操作平台下放至地面;平衡模式用于钻塞操作工况,绞车悬吊的水龙头、水龙带需要与举升机同步运动。

平衡模式阀组由主油路阀块和控制阀块两部分组成,主油路阀块安装在绞车马达油口处,控制阀块安装在绞车操作面板处(图2-39)。控制面板上同时为每台绞车布置了两块压力表,用于在平衡模式时显示绞车工作压力和制动器解锁压力。

图2-38　桅杆实物图

图2-39　绞车实物图

四、动力系统

动力源采用柴油机或电动机驱动液压系统(图2-40和图2-41),为主机提供液压动力,下面以柴油机驱动为例介绍。

图 2-40　柴油机驱动

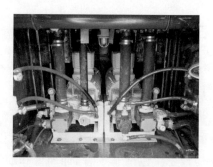

图 2-41　电动机驱动

1. 柴油机

柴油机为液压系统提供动力,根据不同使用情况选择不同功率的柴油机。同时根据现场防爆要求,可以选择防爆柴油机和非防爆柴油机。防爆柴油机主要采用机械喷油,气启动,采用机械式油门,不存在任何电产品,例如 CAT3406 系列。非防爆柴油机主要采用电喷方式,柴油机由 ECM 控制,例如 CATC 系列。常用柴油机型号及结构见表 2-7 和图 2-42。

表 2-7　常用柴油机型号参数

型号	功率,hp	最大转速,r/min
CATC12	385	2100
CATC13	440	2100
CATC15	540	2100
CAT3406C	250	1800
底特律 S50	350	1800
底特律 S60	450	2100
康明斯 QX15	600	2100

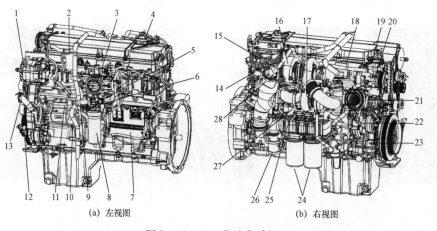

(a) 左视图　　　　　　　　　　(b) 右视图

图 2-42　C13 柴油发动机

1—交流发电机;2—废气净化滤芯;3—进气管汇;4—发动机线圈;5—燃油控制阀;6—柴油滤芯底壳;7—ECM;8—柴油滤芯;
9—柴油注入器;10—机油标尺;11—空气压缩机;12—柴油泵;13—机油加油口;14—排气管汇;15—废气排气管;
16—低压涡轮增压器;17—高压涡轮增压器;18—CGI;19—节温器;20—空气控制阀;21—预冷器;22—水泵;
23—机油泵;24—机油滤芯;25—CGI 冷却器;26—CGI 管线;27—机油冷却器;28—ARD

2. 离合器

离合器介于分动箱与发动机之间,用于保护液压泵和柴油机。冬季施工,可以空载启动,柴油机怠速状态预热,一旦柴油机预热完成,合上离合器加载。其结构如图 2 - 43 所示,技术规范见表 2 - 8。

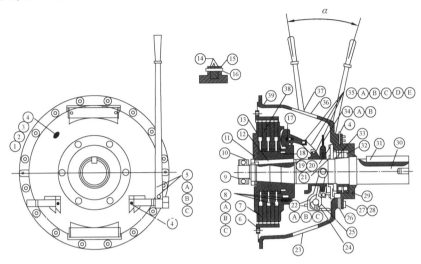

图 2 - 43　离合器

①接头;②垫片;③螺母;④油嘴;⑤手柄总成(Ⓐ手柄;Ⓑ螺栓;Ⓒ螺母);⑥齿圈;⑦摩擦盘;⑧浮动盘总成(Ⓐ浮动盘;Ⓑ调节弹簧;Ⓒ调节销);⑨双面密封深沟球轴承;⑩螺母;⑪锁紧垫片;⑫键;⑬连接盘;⑭弹簧垫圈;⑮开口销;⑯销轴;⑰指型连接杆;⑱调整套;⑲螺栓;⑳弹簧垫圈;㉑轴承盖;㉒拨叉总成(Ⓐ拨叉;Ⓑ螺栓;Ⓒ锁紧垫片);㉓名牌;㉔分离轴;㉕键;㉖堵塞;㉗螺栓;㉘弹簧垫圈;㉙轴承盒;㉚轴;㉛键;㉜轴承;㉝挡圈;㉞油管总成(Ⓐ弯头;Ⓑ油管);㉟滑动套总成(Ⓐ键;Ⓑ连接板;Ⓒ开口销;Ⓓ滑动套;Ⓔ卡环总成);㊱名牌;㊲螺栓;㊳中间齿盘;㊴离合器飞轮壳

表 2 - 8　离合器主要技术规范

型号	SAE 飞轮壳型号	最大输入扭矩 N·m	应用负载分级最大传递功率,kW			最大转速 r/min
		一级	一级	二级	三级	
C107	6,5,4	240	43	28	21	3200
C108	5,4,3	312	51	34	25	3100
C110	4,3,2	446	73	49	37	3400
SP111	3,2,1	613	95	63	48	3200
SP211	3,2,1	1226	190	128	95	3200
SP311	3,2	2200	286	188	141	3200
SP114	1,0	1085	145	93	70	2400
SP214	1,0	2170	289	188	142	2400
SP314	1,0	3255	434	279	210	2400
SP318	0	8137	698	468	345	1800

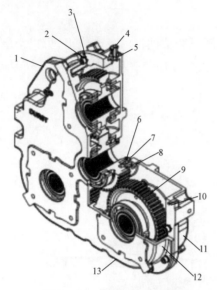

图 2-44 分动箱内部结构

1—油标尺；2—螺栓；3—垫片；4—排气口；5—接头；
6—轴承；7—密封圈；8—输入齿轮；9—输出齿轮；
10—销子；11—输入轴壳体；12—输出轴壳体；
13—泄油口

3. 分动箱

分动箱是将发动机的动力进行分配的装置，动力先由离合器传递到分动箱，再由分动箱传递到液压泵，带动液压泵工作。

分动箱包括分动箱壳体，设置在壳体内的带输入齿轮的动力输入轴、带输出齿轮的三个花键输出轴，如图 2-44 和图 2-45。

4. 液压泵

液压泵是液压系统的动力元件，是靠发动机或电动机驱动，从液压油箱中吸入油液，形成压力油排出，送到执行元件的一种装置。液压泵按结构分为齿轮泵、柱塞泵、叶片泵和螺杆泵。

气井带压作业机的液压系统属中低压系统，对压力要求不高；由于对安全性、可靠性的要求，多采用阀控系统，对变量无要求；又因其自身工况的特点，液压油存在被轻度污染的可能。因此，液压泵采用抗污染能力较强，自吸性好，排量大，输出平稳，效率较高，启动力矩小且价格适中的正容积式叶片泵和齿轮泵。

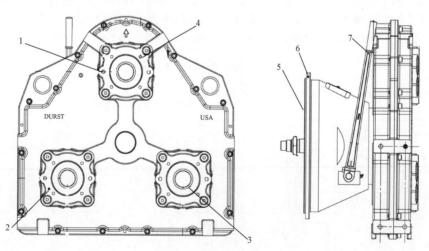

图 2-45 分动箱外部结构

1,4—泵法兰连接螺栓；2—泵垫；3—花键；5—离合器；6—飞轮壳；7—手柄

叶片泵排量计算如下：

$$Q = vAN_c$$

式中 Q——液压泵排量，L/s；

v——举升机液缸速度,mm/min;

A——举升机液缸活塞面积,cm^2;

N_c——液缸数量。

定子具有圆柱形内表面,定子和转子间存在偏心距 e,叶片装在转子槽中,并可在槽内滑动。当转子回转时,由于离心力的作用,使叶片紧靠在定子内壁。这样,在定子、转子、叶片和两侧配油盘间就形成了若干个密封的工作空间。当转子按逆时针方向回转时,叶片逐渐伸出,叶片间的空间逐渐增大,从吸油口吸油,这是吸油腔。叶片被定子内壁逐渐压进槽内,工作空间逐渐缩小,将油液从压油口压出,这就是压油腔。

在吸油腔和压油腔之间有一段封油区,把吸油腔和压油腔隔开。这种叶片泵每转一周,每个工作腔就完成一次吸油和压油,因此称为单作用叶片泵。转子不停地旋转,泵就不断地吸油和排油。

改变转子与定子的偏心量,即可改变泵的流量。偏心量越大,流量越大。若将转子与定子调成几乎是同心的,则流量接近于零。因此,单作用叶片泵大多为变量泵。

5. 蓄能器

为了适应防喷器这种突然且又断续工作的特点,采用了蓄能器,将能量蓄存起来,一旦急需即可马上将能量释放出来,带压作业设备常用的蓄能器是胶囊式蓄能器。

胶囊式蓄能器由胶囊分隔为胶囊内和胶囊与壳体间的两个腔室。其中胶囊内预充入7MPa + 0.7MPa 的氮气。蓄能器壳体下部有一个托盘,瓶内无压力油时,此盘在胶囊内氮气压力作用下下移,并和接头体锥面接触,封闭内腔,只有在向蓄能器内泵油时,才随压力增高而逐渐打开。

用泵将液压油从蓄能器下方的油口打入壳体与胶囊预充氮气后的小空间里,空间里的液压油随着打入油量的增多而升高,当油压高于预充的氮气压力时,挤压胶囊,使胶囊内氮气体积缩小,充入的油量越多,压力就越高,氮气体积越小,直到充到上限压力为止。当液压油从下部油口放出时,压力随缩放油量而下降,氮气随之膨胀,将油挤出,直到油压降到下限,开始重新补压。

根据规定,带压作业设备蓄能器的容积需要满足:在施工过程中一旦发动机发生故障,蓄能器的压力可以开关 2 个闸板防喷器一次,开关平衡泄压阀一次及开关 4 组卡瓦一次,压力仍高于 8.4MPa。

五、控制系统

控制系统包括举升下压系统控制回路、环空密封系统控制回路、桅杆绞车系统控制回路和动力系统控制回路,动力系统控制回路和环空密封系统控制回路均为常规控制回路,下文只介绍举升下压系统控制回路及桅杆绞车系统控制回路。

1. 举升下压系统控制回路

举升机下压系统控制基本回路包括举升机换向及调压回路、卡瓦开关控制回路、转盘换向及调压回路;特殊回路包括举升机差动控制回路、举升机制动控制回路、卡瓦互锁控制回路及反扭矩控制回路等,以下着重介绍特殊控制回路。

1）举升机差动控制回路

差动选择阀远程控制举升机换向阀(常用 HUSCO 阀),实现举升机快速上升,同时不影响举升机下降,差动选择阀为两位三通阀。

当处于差动回路时,塞腔和杆腔与压力油连通,因此,显示的举升力值大于实际举升力值。

(1)举升机上升。

差动回路先导阀处于差动位置,举升机先导阀处于上升位置,先导油直接进入工作模块的上升阀芯,先导压力上升,关闭进回油模块的主溢流阀/节流阀,同时先导油通过上升阀芯中间的节流孔进入液缸,上升阀芯前后产生压差,阀芯下行,主进油与液缸无杆腔连通,直到产生足够的力促使液缸开始上行,有杆腔部分液压油通过下降阀芯节流孔和阀芯进入差动先导回路,先导油产生压差推动阀芯下行,有杆腔与主进油连通,主进油通过下降阀芯,进入无杆腔,有杆腔回油直接进入无杆腔,提高举升机上行速度。

(2)举升机下降。

先导油通过单流阀和差动控制阀进入工作模块下降阀芯,先导压力增加,关闭进回油模块主溢流阀/节流阀,同时先导油通过阀芯的节流孔进入进回工作口,阀芯前后产生压差,推动阀芯向下移动,主进油进入液缸有杆腔,直到产生足够的力推动液缸开始下行,无杆腔部分液压油通过上升阀芯的节流孔、先导阀流回油箱,同时在节流孔、阀芯前后产生压差,推动阀芯向上移动,无杆腔与主回油连通。

2)举升机制动回路

举升机速度可通过控制手柄位置来调节,当上顶力过大或管柱过重,利用手柄难以控制举升机速度时,需要通过调速回路来控制举升机的速度。调速回路的基本原理是控制回路背压,包括两种方式:一种通过流量控制阀控制主换向阀的开度;另外一种外置阀组控制回路背压。

普通工况下,流量控制阀完全打开,先导油可以自由的双向通过,举升机的运动速度完全由先导阀的手柄操作幅度控制。

在重负载等特殊工况下,需要对举升机的提升或下降运动速度进行控制时,操作人员通过旋钮调节相应流量控制阀的开度,限制相应的先导油从先导阀流向主阀先导压力入口流量,由于这一节流作用产生的液阻力,先导油压力在流量控制阀前后存在一定的压差,即先导油压力相比于普通工况下有所降低。

由于主阀内部的特殊设计,先导油压力入口与二次压力口之间通过一阻尼孔相连通,先导油会持续地向二次压力口产生流动,故上述先导油压力在控制阀前后的压差在工作过程中会持续存在。同时,由于流量控制阀只控制单向的液压油流量,故回油侧先导油通过其相应的流量控制阀时流量不受影响。

较低先导压力使得主阀阀芯的开度也相应较小,从而限制了主阀提供给举升机液压油缸的液压油流量,达到了控制举升机运动速度的目的。

3)卡瓦互锁控制回路

(1)功能:

① 确保在任何时刻总是有一个卡瓦抱紧管柱。

② 防止操作失误造成的事故,提高带压作业的安全性。

③ 可以拓展为防喷器互锁系统,带压作业过程中始终保证至少一个工作防喷器处于关闭状态(图 2-46)。

（2）原理:

卡瓦互锁系统是通过一个液压先导阀组来实现逻辑控制功能,以控制承重卡瓦和防顶卡瓦的打开与关闭。在没有安装此系统前,无论是承重卡瓦还是防顶卡瓦,在操作手的误操作下都有可能被同时打开,因此,管柱有飞出井筒或是坠入井内的风险,卡瓦互锁系统可有效防止该现象发生。

图 2-46　卡瓦互锁控制阀

另外,在施工进行到某些阶段时,需要将一个或两个卡瓦对同时打开。这时,通过旁通控制阀,操作手可以将卡瓦互锁功能临时解除,待施工进入正常状态时,再恢复卡瓦互锁功能。

卡瓦分成两对,移动承重卡瓦和固定承重卡瓦为一对,移动防顶卡瓦和固定防顶卡瓦为另一对。该阀块主要控制卡瓦控制阀与卡瓦液压缸之间的油路。

工作原理:通过采集液压回路里的一个先导压力信号来打开或关闭一个单向阀,从而阻断或开放通向驱动卡瓦动作的液压缸的油路。油路阻断,则卡瓦就不能打开;油路开放,则卡瓦可以被打开。当成对卡瓦中的一个卡瓦处于打开位置时,先导压力信号控制单向阀阻断另一个卡瓦的油路使其不能打开;而当这个卡瓦处于关闭位置时,先到压力信号将打开单向阀从而开放另一个卡瓦的油路。

（3）特点:

① 液压控制,适应各种恶劣的现场施工环境,寿命长。

② 当带压作业施工进行到某些特定阶段时,需要将成对的卡瓦同时打开。这时,操作手可以通过操作位于控制台一侧的旁通阀组将卡瓦互锁装置进行旁通使其暂时失效,从而允许操作手将成对卡瓦同时打开。当施工回复正常时,将旁通阀组关闭,卡瓦互锁装置将继续发挥控制作用。

③ 为了防止操作手误操作时将旁通阀打开致使内锁失效,旁通阀组被安装在了一个带锁的控制箱内。为确保万无一失,正常施工时,可以将控制箱上锁,钥匙由施工监督保管。

卡瓦互锁流程图如图 2-47 所示。

4）转盘旋转密封控制系统

（1）结构。

旋转密封系统:转盘旋转过程中无须拆卸卡瓦管线。

配转盘制动器及液压控制系统:防止旋转作业过程中反扭矩造成转盘反转,同时可以缓慢释放掉反扭矩。

（2）工作原理。

① 移动卡瓦液缸增设先导单流阀。

当卡瓦液缸有杆缸或无杆缸,一边有压力时可以打开另一边的泄压通道;当两边都无压

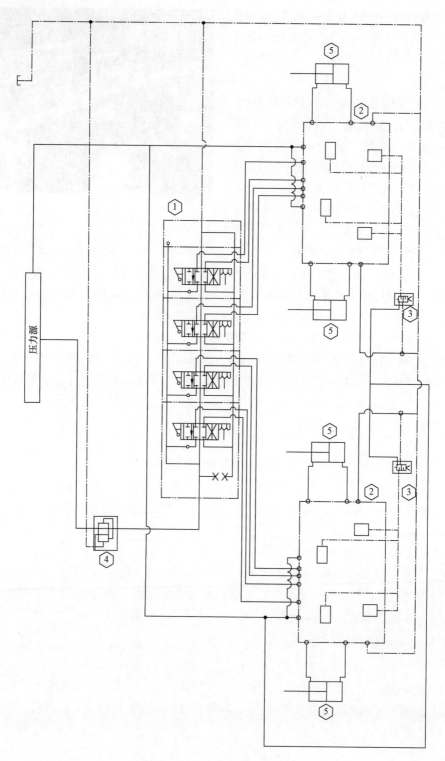

图 2-47 卡瓦互锁流程图

力时,进出油口同时关闭,保持了卡瓦的锁紧状态。其作用为:一是因旋转筒自漏(自润滑)的存在,增设先导单流阀可以避免由于旋转筒的漏失对卡瓦液缸的影响;二是当操作手柄回中位后,液压油不能泄压,保持卡瓦锁紧状态。

② 转盘控制回路。

制动器连接在马达上,先导压力通过二位三通阀控制制动器,一般采用二位三通球阀控制制动器。二位三通球阀处于左位时,先导压力油进入制动器,克服弹簧作用力,打开制动器,转盘正常旋转;当二位三通球阀处于右位时,先导压力被封堵,同时制动器压力口与油箱连通,在弹簧作用下制动器处于关闭状态,转盘不能旋转,钻磨作业过程中发生反扭矩,一旦转盘发生反转,制动器立即工作,防止转盘反转。制动器一般采用碟片式制动器,制动效果好。转盘控制回路如图 2 - 48 所示。

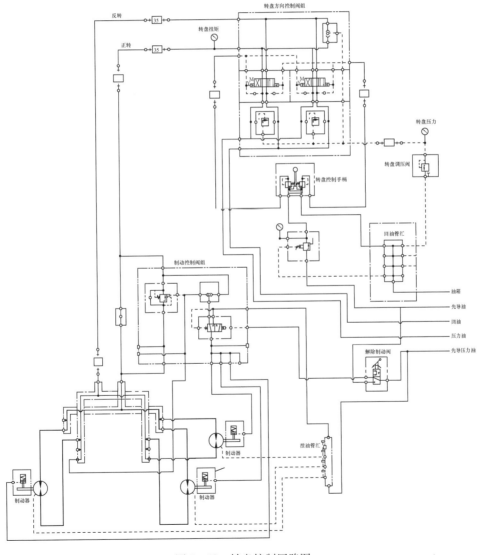

图 2 - 48　转盘控制回路图

2. 桅杆绞车系统控制回路

桅杆绞车系统控制回路包括桅杆升降控制回路和绞车控制回路。桅杆升降控制回路一般集成到绞车控制回路中,因此下文只介绍绞车控制回路。

绞车系统控制回路包括普通模式控制和平衡模式控制,平衡模式控制具备以下特点:

(1)绞车可以随举升机上行/下放,钢丝保持张紧状态。适合带压钻磨、打捞带压修井作业。

(2)一旦失去动力,绞车制动系统立即制动,防止管柱下落,造成伤害。

绞车控制系统回路图如图2-49所示。

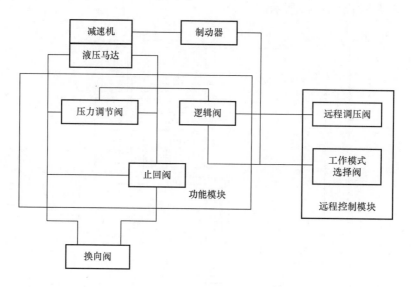

图2-49 绞车控制系统回路图

工作原理:工作模式选择阀处于关位时,逻辑阀切断压力调节阀先导压力控制口与远程调节阀的连接,使压力调节阀失效,绞车的工作压力由负载决定;工作模式选择阀处于开位时,先导压力解除掉制动力,同时逻辑阀连通压力调节阀,进而调整绞车的工作压力,通过调节压力,控制绞车拉力,实现随动功能;工作模式选择阀先导压力通过顺序阀取自散热器泵,保证动力源失效时,制动器立即工作,防止造成掉落等事故。

第三节　带压作业地面配套作业装备

一、数据采集系统

1. 功能

(1)工程计算:显示在屏幕上,一旦施工参数超过限值会自动报警。

（2）数据采集：采集、显示并存储气井带压作业机运转参数，可随时调取数据，为带压打捞等修井作业提供准确依据。

（3）故障诊断：一旦出现故障，显示相应故障信息，方便现场人员排查。

（4）视频监控：主要作业区域的视频监控。

2. 原理

控制箱采用人机交互界面加实体按键、拨动开关组成，提供数据管理、参数显示、策略制定等功能。PLC 控制系统中所有输入输出点以及其他智能装置。上位机与 PLC 通信采用 CAT - 5 以太网通用接口，PLC 与各个输入输出点之间采用直接连接的方式。报警包括声音和报警灯闪烁，包含常规作业中状态和报警状态灯。系统急停切断所有电磁阀并保持切断状态。

3. 控制点分析

（1）输入点：称重传感器、内部压力指示仪、压力变送器、供电保护开关、面板按钮等。

（2）输出点：信号指示灯、电磁阀、报警器等。

（3）通信单元包括：PLC、视频服务器、无线数据传输模块、压力保护模块。

（4）控制点包含数字量输入输出和模拟量输入输出。

4. 实时数据回显软件

实时数据回显软件通过工业平板电脑，将带压作业时的传感器数据和视频数据准确并实时地显示出来，该软件性能稳定可靠，显示界面简洁大方，显示数据准确实时、可读性强，同时警示醒目，不易误判。

1）摄像头视频显示

主界面上有视频回显区域，对外接摄像头进行实时视频显示，用户可以通过该视频画面了解设备关键部位的实时状态。同时还可以对不同的摄像头视频进行切换。

2）数据显示

（1）举升力和下压力。通过举升油缸的上下腔压力、截面积、正常/差动、2 缸/4 缸，来进行计算，并实时显示到显示屏上。

（2）转盘扭矩和转速。转盘转矩通过采集到的转盘压力传感器的信号进行计算，并在监控上实时显示。转盘转速通过接近开关采集到的频率信号进行计算，并在监控上实时显示。

（3）闸板防喷器开关位置。左右闸板各安装一个拉线传感器测量闸板位置，传感器拉线与闸板缸杆通过软轴进行传递。在监控画面上显示实时位置。

（4）环形防喷器开关。环形防喷器关闭腔和开启腔安装压力传感器，以显示环形开关状态，并在监控画面上显示。

（5）液压钳扭矩。在监控画面上显示并记录液压钳扭矩及上卸扣圈数。

（6）卡瓦载荷。通过 4 个载荷传感器，安装在举升机液缸与游动横梁连接处，测量实际载荷并在监控系统上显示。

（7）油管数据。作业前可以在监督房监控电脑上录入油管长度、质量数据，作业是通过工作模式选择和计数开关进行计算并显示剩余或下放油管数量，计算、提醒平衡点位置和最大无支撑长度。

5. 截屏功能

点击截屏按钮，软件将当前的界面保存成图像文件（图 2 – 50）。

二、智能四通

智能四通用于探测并直观显示即将起出井口的管柱外径的变化，帮助操作手准确掌握井下管柱的情况，避免因井下情况不明而造成的设备损坏或者引发井喷险情，提高作业效率和安全性（图 2 – 51）。

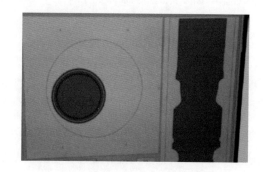

图 2 – 50　显示面板　　　　　　　　图 2 – 51　智能四通显示图

三、井控装置

井控装置是对气井控制溢流，防止井喷的关键装置，是实现气井安全作业的可靠保证，主要由防喷器、防喷器控制系统、井控管汇组成，如图 2 – 52 所示。

1. 闸板防喷器

闸板防喷器分单闸板、双闸板等结构形式，如图 2 – 53 和图 2 – 54 所示，其基本参数见表 2 – 9 至表 2 – 14。

2. 防喷器控制系统

防喷器控制系统主要由远程控制台、司钻控制台、报警系统及相互连接的空气管缆和液压管线组成，如图 2 – 55 所示。

司钻控制台、报警系统和液压管线基本参数见表 2 – 15。

3. 井控管汇

井控管汇包括节流管汇、压井管汇、防喷管线、放喷管线及相应管线、配件、压力表等。常用井控管汇基本参数见表 2 – 16 至表 2 – 18。

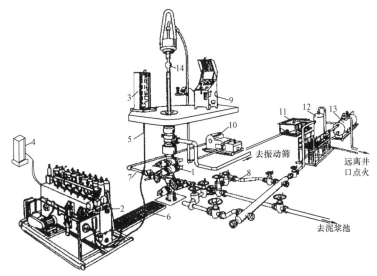

图 2-52　井控设备示意图

1—井口防喷器组;2—蓄能器装置;3 遥控装置;4—轴助遥控装置;5—气管束;6—管排架;7—压井管汇;8—节流管汇;
9—节流管汇液控箱;10—钻井泵;11—钻井液罐;12—钻井液气体分离器;13—除气器;14—方钻杆上球阀

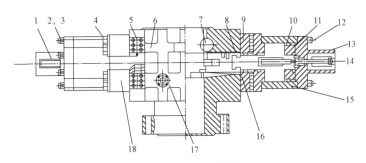

图 2-53　单闸板防喷器结构示意图

1—左缸盖;2,3—盖形螺母和液缸连接螺栓;4—侧门螺栓;5—铰链座;6—壳体;7—闸板总成;8—闸板轴;9—右侧门;
10—活塞密封圈;11—活塞;12—活塞螺帽;13—右缸盖;14—锁紧轴;15—液缸;16—侧门密封圈;17—油管座;18—左侧门

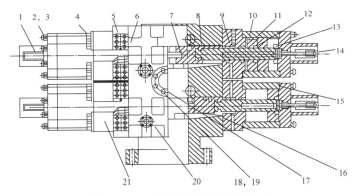

图 2-54　双闸板防喷器结构示意图

1—左缸盖;2,3—盖形螺母和液缸连接螺栓;4—侧门螺栓;5—铰链座;6—壳体;7—闸板总成;8—闸板轴;9—右侧门;
10—活塞密封圈;11—活塞;12—活塞锁帽;13—右缸盖;14—锁紧轴;15—液缸;16—侧门密封圈;17—盲法兰;
18,19—双头螺栓和螺母;20—油管座

表2-9 RSC型闸板防喷器规格及技术参数

型号	通径 mm	工作压力 MPa(psi)	强度试压 MPa(psi)	液控压力 MPa(psi)	活塞直径 mm	油缸开启腔 数量×容积(L)	油缸关闭腔 数量×容积(L)	锁紧方式	质量 kg	外形尺寸 mm 长	宽	高	连接方式 上端	下端
FZ35-14	346.1	14(2000)	28(4000)	8.4~10.5(1200~1500)	160	2×2.8	2×3.55	手动	1360	2400	720	335	栽丝	法兰
FZ54-14	539.8	14(2000)	21(3000)		250	2×11.65	2×13.65		4725	3206	1180	705	栽丝	法兰
2FZ54-14	539.8	14(2000)	21(3000)		250	4×11.65	4×13.65		8980	3206	1180	1155	栽丝	法兰
FZ18-21	179.4	21(3000)	42(6000)		160	2×1.6	2×2		798	1520	540	280	栽丝	栽丝
2FZ18-21	179.4	21(3000)	42(6000)		160	4×1.6	4×2		1660	1520	540	566	栽丝	栽丝
FZ23-21	228.6	21(3000)	42(6000)		140	2×1.96	2×2.36		820	1708	580	280	栽丝	法兰
2FZ23-21	228.6	21(3000)	42(6000)		140	4×1.96	4×2.36		1800	1726	595	700	栽丝	法兰
FZ28-21	279.4	21(3000)	42(6000)		220	2×5.2	2×6		1840	2070	675	690	栽丝	法兰
3FZ28-21	279.4	21(3000)	42(6000)		220	4×5.2	4×6		3560	2070	970	1070	栽丝	法兰
FZ28-21 (剪切闸板)	279.4	21(3000)	42(6000)		300	2×13	2×12.1		2143	2448	812	690	栽丝	法兰
2FZ28-21 (剪切闸板)	279.4	21(3000)	42(6000)		300	2×5.2(上腔) 2×13(下腔)	2×6(上腔) 2×12.1(下腔)		3865	2448	812	800	栽丝	法兰
FZ35-21	346.1	21(3000)	31.5(4500)		220	2×5.85	2×6.65		2020	2400	780	550	栽丝	法兰
2FZ35-21	346.1	21(3000)	31.5(4500)		220	4×5.85	4×6.65		3620	2400	879	790	栽丝	栽丝
FZ52-21	527.1	21(3000)	31.5(4500)		250	2×11.65	2×13.65		5365	3206	1180	1100	法兰	法兰
2FZ52-21	527.1	21(3000)	31.5(4500)		250	4×11.65	4×13.65		8980	3206	1180	1155	栽丝	法兰
FZ18-35	179.4	35(5000)	70(10000)		160	2×1.6	2×2		900	1520	540	450	栽丝	法兰
2FZ18-35	179.4	35(5000)	70(10000)		160	4×1.6	4×2		1660	1520	540	566	栽丝	栽丝
FZ23-35	228.6	35(5000)	70(10000)		220	2×4.4	2×5		1735	2072	760	560	栽丝	法兰
2FZ23-35	228.6	35(5000)	70(10000)		220	4×4.4	4×5		2912	2072	760	782	栽丝	栽丝

续表

型号	通径 mm	工作压力 MPa(psi)	强度试压 MPa(psi)	液控压力 MPa(psi)	活塞直径 mm	油缸开启腔 数量×容积(L)	油缸关闭腔 数量×容积(L)	锁紧方式	质量 kg	外形尺寸,mm 长	宽	高	连接方式 上端	下端
FZ28-35	279.4	35 (5000)	70 (10000)		220	2×5.15	2×5.9		2260	2110	780	660	栽丝	法兰
2FZ28-35	279.4	35 (5000)	70 (10000)		220	4×5.15	4×5.9		4250	2110	780	830	栽丝	栽丝
FZ35-35	346.1	35 (5000)	70 (10000)		250	2×8.25	2×8.95		4786	2400	920	710	栽丝	法兰
2FZ35-35	346.1	35 (5000)	70 (10000)		250	4×8.25	4×8.29		6150	2400	920	1360	法兰	法兰
FZ23-70	228.6	105 (15000)	105 (15000)		250	2×5.38	2×6.08		3350	1958	915	925	法兰	法兰
2FZ23-70	228.6	105 (15000)	105 (15000)		250	4×5.38	4×6.08		6080	1958	915	1345	法兰	法兰
FZ28-70	279.4	105 (15000)	105 (15000)	8.4~10.5 (1200~1500)	250	2×7	2×7.7	手动	4870	2250	1020	1040	法兰	法兰
2FZ28-70	279.4	105 (15000)	105 (15000)		250	4×7	4×7.7		7730	2250	1020	1470	栽丝	法兰
FZ35-70	346.1	105 (15000)	105 (15000)		340	2×14.7	2×16.6		6377	2670	1240	960	栽丝	法兰
2FZ35-70	346.1	105 (15000)	105 (15000)		340	4×14.7	4×16.6		11950	2670	1240	1485	法兰	法兰
FZ18-70	179.4	70 (1000)	105 (15000)		200	2×2.75	2×2.75		1179	2054	510	550	法兰	法兰
2FZ18-70	179.4	70 (1000)	105 (15000)		200	4×2.75	4×2.75		2177	2054	510	870	法兰	法兰
FZ18-105	179.4	105 (15000)	157.5 (22500)		250	2×7	2×7.5		2520	1976	690	858	栽丝	法兰
2FZ18-105	179.4	105 (15000)	157.5 (22500)		250	4×7	4×7.5		4590	1976	690	1278	栽丝	法兰
FZ35-35	346.1	35 (5000)	70 (10000)		340	2×10	2×11		4000	3380	856	680	法兰	法兰
2FZ35-35	346.1	35 (5000)	70 (10000)		340	4×10	4×11		6060	3380	856	1206	法兰	法兰
FZ35-105	346.1	105 (15000)	157.5 (22500)		340	37	42		8260	3065	1115	1053	栽丝	法兰
2FZ35-105	346.1	105 (15000)	157.5 (22500)		340	2×37	2×42		14930	3065	1115	1700	栽丝	法兰
FZ28-105	279.4	105 (15000)	157.5 (22500)		340	34	34		7500	2200	1030	910	栽丝	法兰
2FZ28-105	279.4	105 (15000)	157.5 (22500)		340	2×34	2×34		13500	2200	1030	1490	栽丝	法兰

注：RS—荣盛公司代号（汉语拼音第一个字母）；C—防喷器外壳为铸造；以上所列技术参数为基本型。

表2-10 宝鸡石油机械有限责任公司FZ型闸板防喷器技术参数

型号	通径 mm(in)	额定工作压力 MPa(psi)	壳体实验压力 MPa(psi)	推荐液控压力 MPa(psi)	活塞直径 mm(in)	开启油量 L	关闭油量 L	外形尺寸(长×宽×高),mm×mm×mm 单闸板 载丝式	单闸板 法兰式	双闸板 载丝式	双闸板 法兰式	质量,kg 单闸板 载丝式	单闸板 法兰式	双闸板 载丝式	双闸板 法兰式
FZ28-21	280(11)	21(3000)	42(6000)	8.4~10.5(1200~1500)	170(9)	2.8	3.18	2097×1060×430	2097×1060×720	2097×850×850	2097×850×1160	3030	3267	4211	4332
FZ35-21	346(13⅝)	21(3000)	42(6000)		220(9)	5.064	5.768	2476×1220×534	2476×1220×844	2476×1220×990	2476×1220×1300	3377	3505	6498	6754
FZ18-35	180(7¹⁄₁₆)	35(5000)	70(10000)		170(7)	3.6	4.3	1534×555×385	1534×555×727	1534×555×746	1534×555×1110	1050	1194	2100	2245
FZ28-35	280(11)	35(5000)	70(10000)		220(9)	4.9	5.6	2170×1167×480	2170×1167×870	2170×846×975	2170×846×1415	2181	3412	4932	6163
FZ35-35B	346(13⅝)	35(5000)	70(10000)		220(9)	5.064	5.768	2476×1220×495	2476×1220×890	2476×1220×990	2476×1220×1386	3333	3950	6697	7314
FZ28-37	28(11)	70(10000)	105(15000)		360(14³⁄₁₆)	14.8	16.8	2360×1145×570	2360×1145×1030	2376×1145×1124	2360×1145×1564	4200	4890	9508	9872
FZ35-70	346(13⅝)	70(10000)	105(15000)		360(14³⁄₁₆)	16.4	18.5	2690×1235×582	2690×1235×1138	2690×1235×1170	2690×1235×1726	6312	5728	12040	11456

表 2－11　上海第一石油机械厂闸板防喷器技术参数

规格型号	通径 mm (in)	工作压力 MPa	厂内试验压力 MPa	液控压力 MPa	油缸直径 mm	开启腔油路×油量 L	关闭腔油路×油量 L	闸板形式	端部连接形式		螺栓	密封垫环	闸板尺寸 mm(in)	外形尺寸,mm			质量 kg
									顶部	底部				长	宽	高	
FZ54－14	540($21\frac{1}{4}$)	14	21	8.4～10.5	250	2×11.74	2×11.74	HF	栽丝	法兰	M42×3	R73	全封 127(5),340($13\frac{5}{8}$)	3366	1205	7201310	55059950
FZ18－21	180($7\frac{1}{16}$)	21	42		150	2×1.64	2×1.64	H		法兰或栽丝	M30×3	R45	全封 60($2\frac{3}{8}$),73($2\frac{7}{8}$),89($3\frac{1}{2}$),114($4\frac{1}{2}$)	1392	525582	280705	7161519
FZ18－35	180($7\frac{1}{16}$)	35	70		170	2×1.64	2×1.64	H			M36×3	R46	全封 60($2\frac{3}{8}$),73($2\frac{7}{8}$),89($3\frac{1}{2}$),114($4\frac{1}{2}$)	1554	525582	280736	7561617
FZ23－352 FZ23－35	230(9)	35	70		220	2×5.24	2×5.24	F			M42×3	R50	全封 73($2\frac{7}{8}$),89($3\frac{1}{2}$),114($4\frac{1}{2}$),127(5),140($5\frac{1}{2}$)	2027	678760	560782	17353200
FZ28－352 FZ28－35	280(11)	35	70		220	2×5.24	2×5.24	S			M48×3	R54	全封 73($2\frac{7}{8}$),89($3\frac{1}{2}$),114($4\frac{1}{2}$),127(5),178(7)	2315	860	670860	27354990
FZ35－352 FZ35－35	346($13\frac{5}{8}$)	35	70		250	2×7.44	2×7.44	S	法兰或栽丝		M42×3	BX160	全封 73($2\frac{7}{8}$),89($3\frac{1}{2}$),127(5),140($5\frac{1}{2}$),178(7),245($9\frac{5}{8}$)	2468	736/952999/1214	735998	3304/33386020/6604
FZ28－702 FZ28－70	280(11)	70	105		250	2×6.64	2×6.64	H			M45×3	BX158	全封 60($2\frac{3}{8}$),73($2\frac{7}{8}$),89($3\frac{1}{2}$),127(5),140($5\frac{1}{2}$),178(7)	2335	986	820/11021060/1582	3724/41706238/7195
FZ35－702 FZ35－70	345($13\frac{5}{8}$)	70	105		355	2×19.94	2×19.94	S			M48×3	BX159	全封 73($2\frac{7}{8}$),89($3\frac{1}{2}$),127(5),140($5\frac{1}{2}$),178(7),245($9\frac{5}{8}$)	3274	1238	750/12751168/1450	723812590
FZ35－1052 FZ35－105	345($13\frac{5}{8}$)	105	140		355	2×19.94	2×19.94	H		法兰	M58×3	BX159	全封 73($2\frac{7}{8}$),89($3\frac{1}{2}$),127(5),140($5\frac{1}{2}$),178(7),245($9\frac{5}{8}$)	3074	1305	1640/19851420/1075	101039160

表 2-12 美国 Cameron 公司闸板防喷器技术参数

规格(通径×压力) in×MPa	通径,mm	长,mm	宽,mm	高,mm		闸板厚度 mm	质量 kg(lb)
				法兰	卡箍		
$7^1/_{16} \times 21$	179.4	2099	514.4	612.5	1038	139.7	1180 (2270)
$7^1/_{16} \times 35$	179.4	2099	514.4	695.3	1121	139.7	1271 (2361)
$7^1/_{16} \times 70$	179.4	2099	514.4	777.9	1235	139.7	1612 (2906)
$7^1/_{16} \times 105$	179.4	2099	514.4	809.6	1267	139.7	1725 (3065)
11×21	279.4	2765	638.2	739.8	1251	171.5	2405 (4495)
11×35	279.4	2765	638.2	873.1	1384	171.5	2542 (4631)
11×70	279.4	2765	638.2	908.1	1419	171.5	2906 (5130)
11×105	279.4	2813	737	1099	1734	234.95	4994 (8172)
$13^5/_8 \times 21$	346.1	3254	743	781.1	1340	190.5	3269 (6492)
$13^5/_8 \times 35$	346.1	3254	743	857.3	1416	190.5	3496 (6719)
$13^5/_8 \times 70$	346.1	3305	743	1061	1692	190.5	4676 (9354)
$13^5/_8 \times 105$	346.1	3664	1003	1130	1835	203.2	1076 (19636)
$16^3/_4 \times 21$	425.5	3696	908.1	1019	1679	234.95	6152 (11866)
$16^3/_4 \times 35$	425.5	3747	908.1	1095	1749	234.95	6174 (11867)
$18^3/_4 \times 70$	476.3	4623	1061	1422	2210	304.8	1249 (23903)
$20^3/_4 \times 21$	527.1	4220	977.9	1032	1676	203.2	6197 (11600)
$21^1/_4 \times 14$	539.8	4220	977.9	946.2	1597	203.2	6016 (11416)
$21^1/_4 \times 52.5$	539.8	4747	1181	—	—	342.9	1498 (28375)
$21^1/_4 \times 70$	539.8	4797	1181	—	—	342.9	1503 (28466)
$26^3/_4 \times 14$	679.5	4956	1175	1016	1670	203.2	9080 (17161)
$26^3/_4 \times 21$	679.5	5058	1175	1226	2000	203.2	1090 (20067)

表2-13　美国Sheffer LWS型闸板防喷器技术参数

工作压力 MPa	通径 mm(in)	油缸内径 mm	液压锁紧长度 mm	手动锁紧长度 mm	宽度 mm	高度，mm 单闸板 栽丝连接	单闸板 法兰连接	单闸板 卡箍连接	双闸板 栽丝连接	双闸板 法兰连接	双闸板 卡箍连接	质量，kg 单闸板 栽丝连接	单闸板 法兰连接	单闸板 卡箍连接	双闸板 栽丝连接	双闸板 法兰连接	双闸板 卡箍连接	关闭油量 L	开启油量 L	侧门螺栓 对边尺寸 mm	上紧扭矩 kN·m
70	179.4(7¹⁄₁₆)	355.6	—	1899	784.2	603.3	1013	—	1105	1514	—	2783	3026	2858	5405	5645	5478	19.87	16.5	55.56	482
70	103.2(4¹⁄₁₆)	152.4	—	1073	398.5	400.1	527.1	—	—	—	—	376.8	442.7	—	—	—	—	2.23	1.97	47.63	69
35	279.4(11)	215.9	—	2292	730.3	495.3	939.8	763.6	838.2	1283	1107	1884	2188	1880	3507	3807	3469	11.28	9.9	38.1	207
35	228.6(9)	215.9	—	2010	549.3	368.3	765.2	558.8	749.3	1154	963.6	1303	1466	1280	2611	2774	2588	9.67	8.59	41.28	207
35	179.4(7¹⁄₁₆)	165.1	—	1480	544.5	318	717.6	—	679.5	1016	—	628.9	719.6	—	1137	1229	—	5.49	4.47	31.75	127
35	103.2(4¹⁄₁₆)	152.4	—	1073	398.5	400.1	527.1	—	—	—	—	376.8	442.7	—	—	—	—	2.23	1.97	47.63	69
21	514.4(20¹⁄₄)	254	2975	—	1048	587.4	1057	898.5	1251	1721	1575	3545	3719	3422	6963	7464	6838	25.92	25.97	41.28	166
21	514.4(20¹⁄₄)	355.6	3356	—	1048							4570	5071	4447	9014	9514	8889	54.88	51.44	41.28	166
21	514.4(20¹⁄₄)	215.9	—	3238	1048							3381	3882	3258	6635	7135	6510	19.19	16.88	41.28	166
21	279.4(11)	165.1	—	1845	657.2	368.3	688.9	558.8	746.1	1067	936.6	960.7	1171	976.1	1860	2070	1875	6.59	5.49	31.75	126
14	539.8(21¹⁄₄)	254	2978	—	1048	587.4	958.9	879.5	1251	1622	1543	3471	3790	3529	6692	7210	6948	29.52	25.97	41.28	166
14	539.8(21¹⁄₄)	355.6	2259	—	1048							4497	4815	4555	8944	9262	8999	54.88	51.44	41.28	166
14	539.8(21¹⁄₄)	215.9	—	3238	1048							3307	3625	3369	6563	6880	6620	19.19	16.88	41.28	166

表2-14 美国 SchefferSL 型闸板防喷器技术参数

工作压力 MPa	通径 mm(in)	油缸内径 mm	长度 液压锁紧式	长度 手动锁紧式	宽度	高度单闸板 栽丝	高度单闸板 法兰	高度单闸板 卡箍	高度双闸板 栽丝	高度双闸板 法兰	高度双闸板 卡箍	质量单闸板 栽丝	质量单闸板 法兰	质量单闸板 卡箍	质量双闸板 栽丝	质量双闸板 法兰	质量双闸板 卡箍	关闭闸板油量 L	打开闸板油量 L	侧门螺栓对边尺寸 mm
105		355.6	3124	3625	1241	977.9	1638	—	1480	2140	—	11740	13189	—	19041	20489	—	43.75	39.82	
		355.6	2932	3435	1191	—	1448	—	1321	1917	—	9824	11193	—	15767	17139	—	35.58	30.66	
		254	2007	2007	765.2	581	997	—	930.3	1346	—	2610	2815	—	4358	4653	—	10.3	8.86	79.38
		355.6	2343	—	765.2	581	997	—	—	—	—	3136	3428	—	5607	5879	—			
70		355.6	3461	—	1370	1016	1765	—	1505	2254	—	14150	16927	14437	22112	24900	22415	60.75	52.46	
		355.6	3286	—	1445	938.2	1530	1319	1391	1983	1772	12014	13938	12310	20078	22014	20014	55.07	50	
		355.6	3232	—	1400	8509	1419	1257	1314	1883	1670	11710	12903	12061	18705	19881	19038	54.77	47.31	
		254	2769	3270	1041	771.2	1222	987.4	1168	1680	1445	6118	6944	6170	10683	11516	10742	40.05	39.82	
		254	2611	3118	3118	596.6	1089	—	1038	1530	—	5194	5764	5315	9312	9888	9893	35.77	26.5	79.38
35		254	3959	3594	1181	635	1105	985.9	1089	1559	1413	6406	7019	6674	11479	12098	11752	22.97	18.81	
		355.6	3007	—		—	—	—	—	—	—	—	—	—	—	—	—	44.51	40.39	
		254	2670	3308	892.2	438.2	847.7	743	863.6	1273	1168	3634	4079	3763	70925	7540	7224	20.59	16.88	
		355.6	2743	—		—	—	—	—	—	—	4147	4590	4152	8115	8562	8247	41.64	39.82	79.38
21		254	—	3308	892.2	438.2	777.9	—	863.6	1203	—	3608	3827	3598	7066	7289	7059	20.59	16.88	79.38

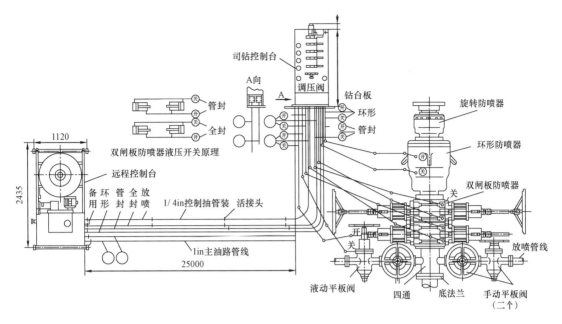

图 2－55　控制系统与防喷器安装示意图

表 2－15　防喷器控制系统——司钻控制台基本参数

型号	控制方式	控制数量	工作介质	工作压力，MPa	系统控制
SZQ014	气控	4	压缩空气	0.65～0.8	FKQ3204B/E
SZQ114	气控	4	压缩空气	0.65～0.8	FKQ3204G
SZQ115	气控	5	压缩空气	0.65～0.8	FKQ4005B
SZQ116	气控	6	压缩空气	0.65～0.8	FKQ6406/FKQ8006
SZQ117	气控	7	压缩空气	0.65～0.8	FKQ6407/FKQ8007FKQl2807

表 2－16　节流管汇技术参数表（一）

名称	节流管汇
型号	JG21,JG35,YJG35H,JG70,YJG70,YJG70E,YJG700,YJGl05
主通径×旁通径，mm×mm	103×103,103×80,103×65,103×52,80×80,80×65,80×52,65×52[①]
工作压力，MPa	21,35,70,105
工作温度，℃	29～121
工作介质	石油、钻井液(含 H_2S)
控制形式	双翼单联手动、双翼双联手动、双翼双联液动、三翼双联手动、三翼双联液动

① 由此可派生出各种符合油田需求的各种规格的管汇。

表 2 – 17　节流管汇技术参数表（二）

型号	YJ35	SYJ35	YJ70	HY70
名称	液动节流管汇	手动节流管汇	液动节流管汇	海上流动节流管汇
工作压力，MPa	35	35	70	70
主通径，mm	103	103	78	78
节流阀通径 mm	65（进） 41（出）	65	65（进） 41（出）	65（进） 41（出）
闸阀规格	65×35 103×35	65×35 103×35	78×70 52.4×70 79.4×35	78×70 52.4×70 79.4×35
单流阀规格，MPa	65×35	65×35	52.4×70	52.4×70
密封垫环	R27,R37,R39	R27,R37,R39	BX – 152 BX – 154 BX – 154	BX – 154 BX – 156 BX – 155
压力传感器型号	YPQ – 0l – Z/40	YPQ – 0l – Z/40	YPQ – 0l – Z/70	YPQ – 0l – Z/70
耐震压力表型号	YTN – 124（40MPa）	YTN – 124（40MPa）	YTN – 160（100MPa）	YTN – 160（100MPa）
进口法兰	6B×103 – 35 6B×52.4 – 70	6B×103 – 35 6B×103 – 35	6B×78 – 70 6B×103 – 35	6B×78 – 70 6B×52.4 – 70
出口法兰	6B×103 – 21 6B×103 – 21	6B×103 – 21 6B×103 – 21	6B×78 – 70 6B×79.4 – 35	6B×78 – 70 6B×79.4 – 35
控制方法	液动	手动	液动	液动
工作介质	水、钻井液、石油	水、钻井液、石油	水、钻井液、石油	水、钻井液、石油
工作温度，℃	– 29 ~ 121	– 29 ~ 121	– 29 ~ 121	– 29 ~ 12
外形尺寸（长×宽×高） mm × mm × mm	3350×2518×1935	3350×2318×1180	4694×2820×1660	5363×1000×5326
质量，kg	4530	4060	5586	

表 2 – 18　承德江钻石油机械有限责任公司压井管汇技术参数表

型号	YG – 21；YG – 35；YG – 70；YG – 70A
主通径×旁通径 in × in	$4\frac{1}{16}×4\frac{1}{8}$，$4\frac{1}{16}×4\frac{9}{16}$，$4\frac{1}{16}×4\frac{1}{16}$，$3\frac{1}{8}×3\frac{1}{8}$，$3\frac{1}{8}×2\frac{9}{16}$，$3\frac{1}{8}×2\frac{1}{16}$，$2\frac{9}{16}×2\frac{1}{16}$
工作压力，MPa	21，35，70
工作温度，℃	– 29 ~ 121
工作介质	钻井液（含 H_2S）
控制形式	单翼结构有主放空阀，双翼结构有主放空阀

四、工作窗

工作窗主要应用于复杂管柱，使管柱处于设备腔体内，对管柱上的工具、短节等进行检查、更换等操作,可按井下工具长度及外径来进行加工定制,确保起出的井下工具能完全进入工作窗内。工作窗参数见表 2－19。

表 2－19　工作窗参数

通径,mm	高度,m	额定载荷,tf	通径,mm	高度,m	额定载荷,tf
280	2,3	110	350	2,3	225

五、井口支撑

井口支撑主要用于支撑设备及作业管柱载荷,降低井口受力,分为滑移式井口支撑和常规井口支撑。

1. 概述

井口支撑主要是在钻井或修井作业过程中用于支撑井口井控设备,防止因设备过重而对井口套管等造成伤害。

技术要求如下:

(1) 井口支撑依靠中间双栽丝法兰连接升高短节后再与上下防喷器组相连。

(2) 支撑架总体最大承受载荷为带压作业机额定载荷的 1.2 倍。

(3) 支撑架高度可调,包括粗调和微调。

(4) 支撑架与底座分体运输,支撑架单体运输宽度不得大于 2350mm(短边),运输高度不得大于 2700mm。

(5) 四周设计可拆卸护栏。

(6) 加装伸缩爬梯(两级伸缩),与支撑架之间的连接形式设计为挂接。

2. 滑移式井口支撑

液压修井机滑移装置主要用于海洋平台或陆地平台井施工作业,既可承受设备、管柱载荷,同时,可以在井口之间滑动,无须拆装设备,可提高施工效率(图 2－56)。

1) 技术参数

额定载荷:460000lbf;

尺寸:5m×5m×6m;

模块质量:小于 5.5t。

图 2－57 所示为滑移式井口支撑立面结构参数图。

2) 安装步骤

(1) 安装爬行板(图 2－58)。

(2) 安装 X 方向滑动 H 型钢(图 2－59)。

(3) 安装 Y 方向固定 H 型钢(图 2－60)。

(4) 安装 Y 方向爬行板(图 2－61)。

(5) 安装 Y 方向移动 H 型钢(图 2－62)。

(6) 安装底部支撑(图 2－63)。

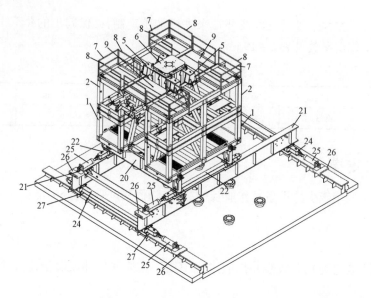

图 2-56 滑移式井口支撑示意图

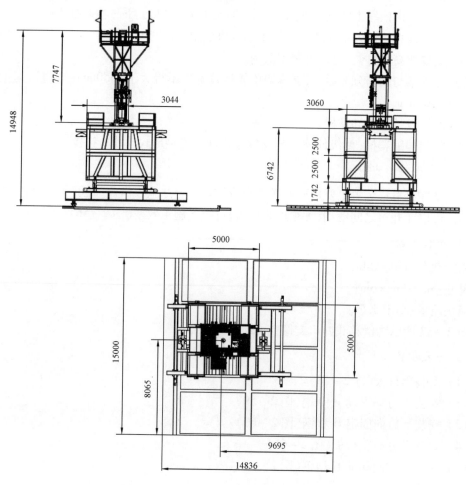

图 2-57 滑移式井口支撑立面结构参数图

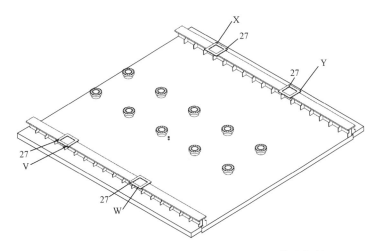

图 2-58 滑移式井口支撑安装步骤——安装爬行板

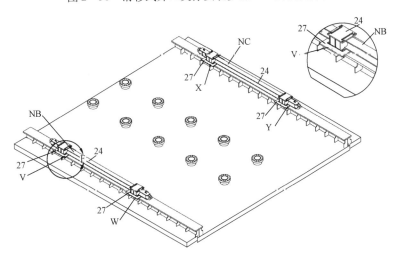

图 2-59 滑移式井口支撑安装步骤——安装 X 方向滑动 H 型钢

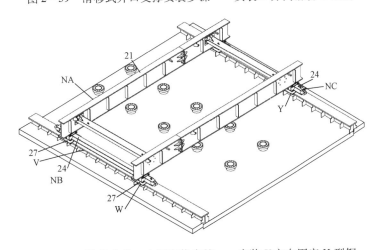

图 2-60 滑移式井口支撑安装步骤——安装 Y 方向固定 H 型钢

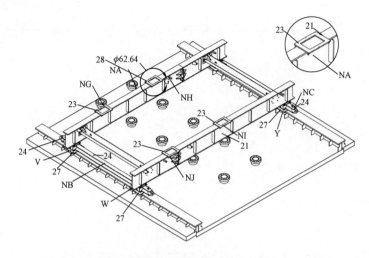

图 2-61　滑移式井口支撑安装步骤——安装 Y 方向爬行板

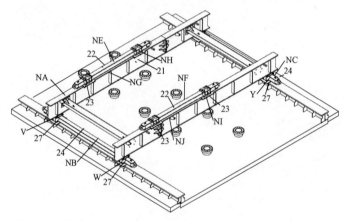

图 2-62　滑移式井口支撑安装步骤——安装 Y 方向移动 H 型钢

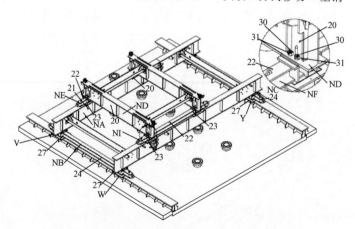

图 2-63　滑移式井口支撑安装步骤——安装底部支撑

（7）分别安装升高窗（图 2-64 和图 2-65）。

（8）安装液压修井机固定底板（图 2-66）。

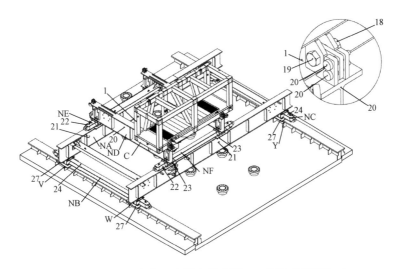

图 2 - 64 滑移式井口支撑安装步骤——安装升高窗(一)

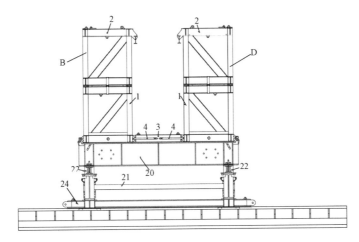

图 2 - 65 滑移式井口支撑安装步骤——安装升高窗(二)

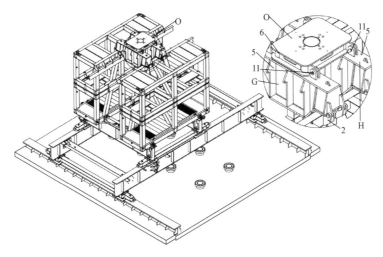

图 2 - 66 滑移式井口支撑安装步骤——安装液压修井机固定底板

（9）安装护栏（图2－67）。

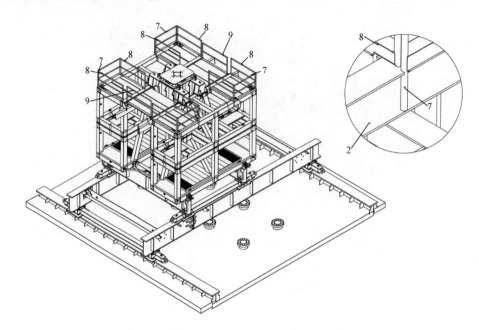

图2－67　滑移式井口支撑安装步骤——安装护栏

（10）安装 Y 方向爬行液缸（图2－68）。

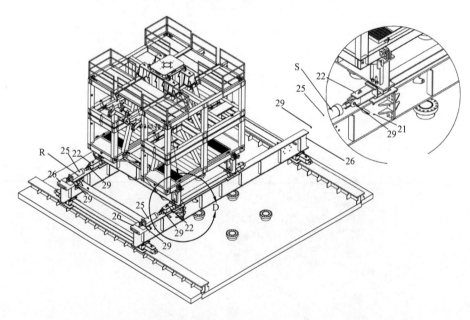

图2－68　滑移式井口支撑安装步骤——安装 Y 方向爬行液缸

（11）安装 X 方向爬行液缸（图2－69）。

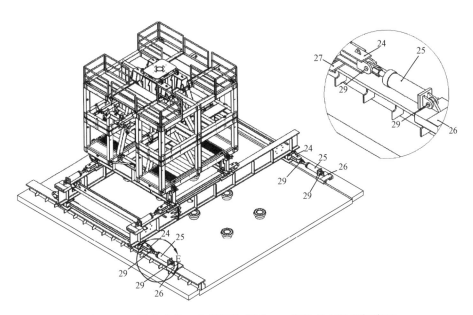

图 2 - 69　滑移式井口支撑安装步骤——安装 X 方向爬行液缸

3. 常规井口支撑

图 2 - 70 所示为常规井口支撑。

六、悬挂法兰/万能卡瓦

1. 悬挂法兰

悬挂法兰采用手动方式,不受管柱尺寸的限制,如图 2 - 71 所示。

2. 万能卡瓦

万能卡瓦安装在常规防喷器内,为液压控制(图 2 - 72)。

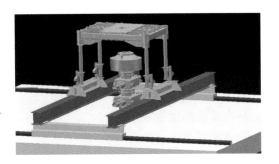

图 2 - 70　常规井口支撑

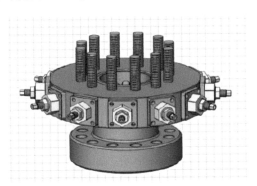

图 2 - 71　悬挂法兰

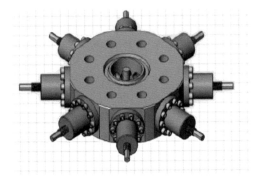

图 2 - 72　万能卡瓦

七、冷冻暂堵设备

将暂堵剂注入油套环形空间和油管内,采用冷冻介质将套管周围的温度保持在 -70℃ 左右,使暂堵剂与套管、油管紧密结合,形成冰冻桥塞,密封环形空间和油管内通道,封隔井内压力后进行更换井口主控阀作业(图2-73)。

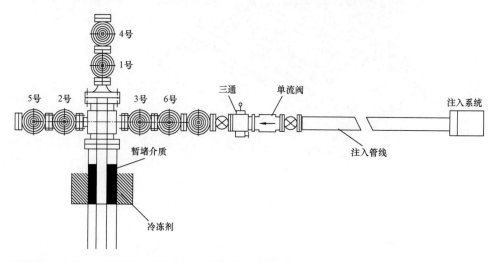

图2-73 暂堵更换井口闸阀施工示意图

主要技术参数如下:

额定暂堵剂注入压力为70MPa;

冷冻设备旋塞阀承压能力为105MPa;

冷冻最低温度为 -70℃;

冷冻桥塞承压能力为35MPa。

八、油管挂内背压阀(BPV)和哈威 VR 型单向背压阀(VR)堵头下入设备

带压更换采气(油)树阀门主要包括两种方式:一种是当井口采气(油)树或油管选挂器可以安装 BPV 或 VR 时,采用下入 BPV 或 VR 更换采气(油)树或油管四通阀门;当采气(油)树或油管选挂器不能安装 BPV 或 VR 时,采用不丢手换阀技术更换采气(油)树或油管四通阀门。

1. BPV 更换井口采气树阀门

1) 技术简介

采用专用换阀器阻断井下压力,机械锁定装置把换阀器牢牢锁定在井口上。通过切换机械锁定位置,在井口常压状态下安全地更换采气树阀阀门。在平衡压力状态下取出换阀器,恢复井口生产。BPV 及 BPV 投捞工具如图2-74所示。

2) 设备及原理介绍

背压阀送入(取出)工具,其工作原理是在机械和井内压力的作用下使背压阀送入和回收,在井内带有压力的情况下,背压阀穿过采油树,安装到油管挂内和从油管挂内收回。

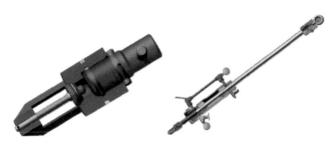

图 2 - 74　BPV 及 BPV 投捞工具

3）送入背压阀步骤

（1）首先准备齐全要使用的工具,用摩擦扳手将内杆从长外筒内拉出连接法兰150mm左右长度。

（2）将内杆端部的螺纹擦干净,将短节旋上到对准两者间的横销孔,穿上横销后拧入螺钉,将横销固定牢。

（3）将送入工具连接到短节上后,检查背压阀的密封圈有否损坏和里面的阀座动作是否灵活可靠,然后将阀顶部槽口对准送入工具中部突出的横销,用手推力将其套入悬挂到送入工具上,送入工具里的弹簧将钢球顶在背压阀的槽中,并测量从连接法兰端部到背压阀底部距离 L 做好记录。

（4）关闭采油树主阀或工作阀,开启采油树翼阀释放压力,卸开采油树顶部的法兰,测量上端到主阀或工作阀阀板上端距离 H,并做好记录。将送入（取出）工具的连接法兰按要求与采油树连接,将摩擦扳手扣到内杆上,向下用力反时针转内杆,使内杆下移 $L - H$ 距离,即背压阀到阀板上端,查看内杆上圆周刻度数值,做好记录。

（5）关闭工具管汇上的放泄阀,打开隔离阀,关闭采油树翼阀,缓缓开启采油树主阀或工作阀,待采油树和工具内压力与井内压力逐渐平衡后,完全开启阀门（此时工具上的压力表指示的压力为系统压力）。

（6）测量从采油树主阀或工作阀阀板上端到安装背压阀位置距离 S 并做好记录,反向扳转内杆使其下移 S 距离。当证实背压阀确已到位后,继续反向扳转内杆,将背压阀旋入油管挂内,开启采油树的侧翼阀,将采油树和工具内的压力放净,观察数分钟,如没有液体继续流出,则证明背压阀已将井底压力封住。

4）取出背压阀步骤

（1）将取出工具与短节连接好（操作与送入背压阀相似）。

（2）将工具安放到采油树顶（同送入背压阀）。将取出工具向下移动,到背压阀为止,继续反向旋转内杆,促使取出工具的螺纹旋入背压阀内,到达一定深度时,工具顶端即将背压阀的阀座顶开,这时井内压力即进入采油树和工具内,待压力平衡后,继续扳转内杆,将取出工具的螺纹全部上到底时,就会感觉到扳手的力矩增大,继续扳转内杆,可看到内杆随着转动而上升,证明背压阀正在从油管挂中卸扣,直到全部退出为止。

（3）用摩擦扳手向上提升内杆,检验背压阀是否完全地脱开油管挂,关闭工具管汇上的隔离阀,缓慢开启放泄阀,利用井内压力促使内杆上升(注意放泄阀不能开得过快,以防内杆急速上升冲顶),当内杆上升到足够高度时,关闭采油树主阀或工作阀,打开采油树侧翼阀,放泄上部采油树和工具内压力,拆开螺柱,扶正平稳地将取出工具提离采油树。

(4)将采油树顶部安装好,取下背压阀,擦洗干净并保养好,妥善保管以备后用。

2. VR 更换套管阀门

1)送入 VR 堵头步骤

(1)首先准备齐全要使用的工具,用摩擦扳手将内杆从长外筒内拉出连接法兰 40mm 左右长度。

(2)将送入工具连接到内杆上对准两者间的横销孔,穿上横销后拧入螺钉,将横销固定牢。

(3)检查 VR 堵头(图 2 - 75)有否损坏和里面的阀座动作是否灵活可靠,然后将 VR 堵头顶部槽口对准送入工具中部突出的横销,并套在送入工具上,送入工具里的弹簧将钢球顶在 VR 堵头的槽中,用摩擦扳手将内杆拉回到初始位置(此时 VR 堵超出连接法兰长约 150mm)。

(4)关闭油管四通侧翼平板阀,卸下平板阀顶部的螺纹法兰,将下入/取出工具的连接法兰按要求与平板阀连接(图 2 - 76)。

图 2 - 75　VR 堵头

图 2 - 76　下入/取出工具

(5)关闭工具上的泄压阀,打开平衡阀,缓缓开启平板阀,待压力平衡后(此时两压力表示值一致且不再变化),完全开启平板阀。

(6)将摩擦扳手扣到内杆上,向前用力顺时针扳转内杆,使内杆前移。当证实 VR 堵头确已到位后(刻度约 16in),继续顺时针扳转内杆,将 VR 堵头旋入油管四通内,确认旋紧后,开启泄压阀,将工具内的压力放净,观察数分钟后,如没有液体继续漏出,则证明 VR 堵头已封住。内杆前移也可借助于高压注塑枪来实现。方法是将高压注塑枪与泄压阀相接,打开泄压阀,关闭平衡阀,高压枪升压使内杆前移,当内杆不再前移且压力表差值较正常升高时,停止打压,关闭泄压阀,打开平衡阀,此时仍采用摩擦扳手将 VR 堵头上紧。

(7)将工具从 VR 堵头中取出,擦净,妥善保管。

2)取出 VR 堵头步骤

(1)将取出工具与内杆连接好(操作与送入 VR 堵头相似)。

（2）将工具安放到侧翼阀上（同送入 VR 堵头），关闭泄压阀，打开平衡阀，逆时针向前旋转内杆，促使取出工具的螺纹旋入 VR 堵内，到达一定深度时，工具顶部即将 VR 堵的阀座顶开，这时井内压力即进入工具内，待压力平衡后，继续逆时针扳转内杆，将取出工具的螺纹全部上到底时，就会感觉到扳手的力矩增大，继续扳转内杆，就会看到内杆随着转动而上升，证明 VR 堵头正从油管四通中卸扣，直到全部退出为止。

（3）用摩擦扳手向上提升内杆，检验 VR 堵头是否完全脱开油管四通，然后关闭工具上的平衡阀，缓慢开启泄压阀，利用井内压力，促使内杆上升（注意放泄阀不能开得过快，以防内杆急速上升冲顶），当内杆上升到底时，关闭平板阀，拆开螺柱，平稳地将工具取出。

（4）取下 VR 堵头，擦洗干净并保养好，妥善保管以备后用。

3. 不丢手更换主阀

1）设备及原理介绍

设备结构如图 2 - 77 所示，机械锁紧装置连接到固定连接板上，可实现堵塞器进行外锁定。堵塞器固定装置连接到固定双头螺栓上，转动旋转压头可实现堵塞器固定，从而完成整个不丢手带压更换采气（油）树主阀过程中将堵塞器固定，不会出现堵塞器飞出伤人情况。

2）换阀器规格

不丢手更换主阀换阀器规格见表 2 - 20。

3）不丢手更换主阀作业流程

（1）当需要更换主阀时，用过渡连接板和固定双头螺栓将机械锁紧装置连接好，同时将送进装置和堵塞器连接好。开启 1#闸阀，用送进装置将堵塞器送到位后，封胀堵塞器座封

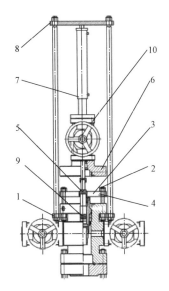

图 2 - 77　不丢手更换主阀设备结构图

1—固定连接板；2—固定双头螺栓；3—堵塞器固定装置；
4—固定下压板；5—旋转压头；6—上法兰；7—送进装置；
8—固定上压板；9—堵塞器；10—1#闸阀

阻断井底气流，将主阀移动到可以安装堵塞器固定装置的位置时，将堵塞器固定装置安装好，拧紧旋转压头顶紧堵塞器。

表 2 - 20　不丢手更换主阀换阀器规格

名称	型号	额定压力，MPa	工作温度，℃	适应工况
油管换阀器	$\phi 50mm$	35	$-18 \sim 80$	矿物油、水、天然气、二氧化碳
	$\phi 57mm$			
	$\phi 62mm$			
	$\phi 78mm$			
	$\phi 89mm$			

（2）拆除机械锁紧装置上的固定上压板,将旧四通上法兰和送进装置吊离。

（3）将新四通上法兰和送进装置安装好后,连接好机械锁紧装置上的固定上压板。

（4）松开固定下压板,并拆除堵塞器固定装置,待主阀安装好后,拆卸固定连接板和固定双头螺栓。解封堵塞器,用送进装置将堵塞器退出1#闸阀阀板以上,关闭1#闸阀,放空1#闸阀阀板以外余气,从而完成更换四通上法兰的全过程。

4. 不丢手更换套管阀

1）设备及原理介绍

见图2-78所示,不丢手更换套管阀装置主要由送进装置、堵塞器、取安装置和机械锁紧装置构成。送进装置由送进液缸、传送杆、卡套、密封支架和送进压板构成。送进压板通过卡套将传送杆固定在送进液缸上,通过送进液缸的轴向移动,将换阀器送到预定位置。高压油从传送杆内注入堵塞器内,胶筒胀开隔绝上下气流,卡瓦张开卡在管壁上。堵塞器和传送杆用锁紧装置将其锁后,放空堵塞器外的余气,拆卸需要更换的主控阀和四通之间的连接螺栓,用液压系统控制取安装置将套管主阀往外平移出来,用堵塞器固定装置将堵塞器固定住,松开机械锁紧装置和送进压板,将传动杆从堵塞器上拆卸掉,取出送进装置和套管主阀。新套管主阀安装和送进装置连接后,送进装置安装到被取出的位置上,将传动杆连接到堵塞器上,安装好锁紧装置后退出堵塞器固定装置,用液压系统驱动取出装置将新阀平移到位,拧紧新阀和四通的连接螺栓,卸掉堵塞阀器内的油压,恢复堵塞器,并通过液压系统控制送进液缸将堵塞器退出,关闭新套管主阀,放空余气后取出拆卸装置。

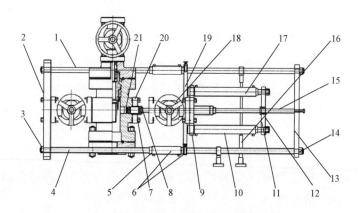

图2-78 不丢手更换套管阀装置图

1—机械锁紧装置;2—锁紧支架;3—连接螺母;4—锁紧螺杆;5—移动液缸;6—取安装置;7—连接螺栓;8—旋压接头;
9—密封支架;10—送进液缸;11—送进压板;12—卡套;13—锁紧压板;14—锁紧螺帽;15—传送杆;16—锁紧支腿;
17—送进装置;18—阀门;19—移动支架;20—堵塞器固定装置;21—堵塞器

2）换阀器规格

不丢手更换套管阀换阀器规格见表2-21。

表 2 – 21　不丢手更换套管阀换阀器规格

名称	型号	额定压力,MPa	工作温度,℃	适应工况
套管换阀器	ϕ50mm	35	– 18 ~ 80	矿物油、水、天然气、二氧化碳
	ϕ55mm			
	ϕ60mm			
	ϕ65mm			

3）不丢手更换套管阀步骤

（1）当需要更换旧四通上法兰,用过渡连接板和固定双头螺栓将机械锁紧装置连接好,同时将送进装置和堵塞器连接好。开启1#闸阀,用送进装置将堵塞器送到位后,封胀堵塞器座封阻断井底气流,将四通上法兰移动到可以安装堵塞器固定装置的位置时,将堵塞器固定装置安装好,拧紧旋转压头顶紧堵塞器。

（2）然后拆除机械锁紧装置上的固定上压板,将旧四通上法兰和送进装置吊离。

（3）将新四通上法兰和送进装置安装好后,连接好机械锁紧装置上的固定上压板。

（4）松开固定下压板,并拆除堵塞器固定装置,待四通上法兰安装好后,拆卸固定连接板和固定双头螺栓。解封堵塞器,用送进装置将堵塞器退出1#闸阀阀板以上,放空1#闸阀阀板以外余气,从而完成更换四通上法兰的全过程。

九、带压钻孔设备

液压/手动驱动的带压钻孔设备,最高工作压力为105MPa,主要应用于带压钻油管、管线及各种压力容器,泄掉密闭腔室内压力,或建立通道,配合冷冻等其他施工作业。设备分为钻孔设备和动力系统两部分。动力系统采用橇装,为钻孔设备提供液压动力,控制马达扭矩和转速。钻孔设备用于钻孔,钻孔设备及配件装于铝制工具箱内,设备采用半自动化（手动）控制。

1. 带压钻孔设备参数

最大工作压力:105MPa;

最大行程:110cm;

钻头尺寸:6.35 ~ 65mm;

中心轴最大转速:130r/min;

驱动方式:手动（马达）驱动;

进尺方式:手动（液缸）;

最大扭矩:1800N・m。

2. 带压钻孔设备操作方式

带压钻孔设备可以采用手动和半自动方式进行操作。

（1）带压钻孔设备可以采用手动方式操作换向阀和调压阀实现液压钻孔全过程。

（2）带压钻孔设备也可以采用PLC半自动控制进行操作,通过PLC控制带压钻孔设备进尺、转速、扭矩和钻头位置,一旦钻通,需要手动将钻头收回。

第四节　带压作业装备的维护保养

一、日常检查

在不压井作业机操作期间,设备的许多方面需要检查维修,以加拿大 SNUBCO 公司生产的 150K 带压作业装备为例。

1. 卡瓦

连接设备卡瓦系统的所有枢纽点每天都要润滑,卡瓦碗内托筒底部和锥部都必须保持清洁和润滑,卡牙状况必须检查确认过度的磨损没有造成破碎牙和片状牙,卡瓦牙的锯齿应当尖而不平滑;托筒入碗的冲程应该每月丈量一次,确保卡瓦碗或滑动托筒锥部没有发生过度磨损,当托筒进入卡瓦碗,而且油管在托筒里时,托筒后部合适的盈余应当超过其本身盈余的 1/2in,如果托筒入碗大于这个数值,卡瓦碗需要做表面处理或更换托筒。观察液压缸内外有无渗漏,如果都有,则要修理。对卡瓦系统施加的最大液压工作压力推荐 600psi,超过这个值会有剪断卡瓦传动系统组件的风险。

2. 被动旋转盘

旋转轴承套的外部有黄油嘴,轴承需要按周加极压黄油。设备维修时,偶尔打开轴承旋转它,使轴承上的黄油均匀分配。轴承套一年进行一次拆卸、清洗、检查。

3. 举升机液缸

液缸为内径 6in、外径 3.5in 的杆。卸掉固定帽螺钉,摘下固定板,压盖可以整体拔出,密封压盖很容易更换。上压盖是双层防尘密封圈结构。液缸顶上有一个钢盖,卸掉后漏出黄油嘴。建议按标准加注黄油。不要加黄油过多,防止损坏密封圈。用手持黄油枪泵 1~3 次就足够了。液缸通过两个大的细长螺纹栓接到游动头上。安装前这些螺栓的螺纹需要清洗并用油轻微润滑。安装时,游动头上的锥体和液缸上的配套锥体要清洁,并用抗磨润滑。

4. 环形防喷器

环形防喷器正常的氮气预充压力大约 350psi,理想的氮压应当是用于开动防喷器的液体封闭压力的一半。大致来说再预充 350psi 也可以,因为新设备的正常封闭压力为 500~700psi。一旦液压封闭压力开始超过 800~1000psi,防喷器的密封元件应当更换。

5. 上闸板防喷器

防喷器置关位,卸掉 8 个锤式锁紧螺母,闸板块放入。一旦卸掉锁紧螺母,防喷器置开位,液压装置将开门使闸板块能够从轴心上卸下来。防喷器内腔应保证清洁,没有刮痕和凹坑。检查闸板轴有无损坏,闸板轴密封抓环到位并且完好。清洗检查门封,确认没有损坏。清洗检查闸板块表面、弹性前端和后封,如果闸板块和弹性前端有损伤,必须修好后再装到防喷器上;闸板块放到闸板轴上,确认闸板块后部的导引销完全坐到闸板轴上;否则会在关闭防喷器时导致毁坏。一旦闸板块入位,在其外面打满黄油。关闭前在门封上套一个小黄油罩。慢慢关上防喷器,闸板块完全进入防喷器中心,门眼与锁紧螺栓刚好成直线。压实防喷器封闭侧,把锤式锁紧螺母安到门栓上。交叉锤打门,确认完全关紧。防喷器即可准备试压。

6. 放空/平衡四通

四通是两个闸板防喷器之间的隔离室。其旋塞阀必须用高压黄油枪打入专用的重黄油。这些阀每下大约 30 根管柱就应打黄油,使其作业时不涩不沾。如果可能,防喷器组应放压,高压黄油枪接到旋塞阀本体的按钮式黄油嘴上。泵油时,不断地开关活动旋塞阀。

7. 下闸板防喷器

下闸板防喷器底部为旋转法兰,这样就简化了不压井作业机与修井机的校直。防喷器置关位,拿掉 8 个锤式锁紧螺母,闸板块放入。一旦卸掉锁紧螺栓,防喷器置开位,液压装置将开门使闸板块足以从闸板轴上拆下来。防喷器内腔保证清洁,无刮擦、无凹坑。检查闸板轴有无损伤,保证闸板轴密封抓环到位并完好。清洗、检查门封确认没有损坏。清洗并检查闸板块外表面、弹性前端和后封,如果闸板块和弹性材料有损伤,一定要修好后才能往防喷器上安装。一旦闸板块放到闸板轴上,确认闸板块后部的导引销完全坐到闸板轴上;否则关闭时,会导致防喷器受损。闸板块到位,即用黄油涂满闸板块表面。关防喷器前,在门封上放一个黄油罩。慢慢关上防喷器,闸板块完全进入,这时门眼刚好与锁紧螺栓成直线。防喷器关闭一侧完全加压,把锤式锁紧螺母安到门栓上。交叉锤打门,使门与防喷器本体完全闭合。防喷器即可准备试压。

二、周期检查

设备应当按周期进行检查。

1. 防喷器

在正常日常维修的同时,推荐以三年为一个周期,对设备防喷器进行彻底的拆卸检查。全部弹性材料应该更换,所有暴露于井眼下的组件应该进行硬度测试。完成检查与重装,进行存档压力测试。确认更换新的防硫钢圈,防喷器方可准备装到举升机上。

2. 卡瓦总成

卡瓦碗和托筒依照 OEM 说明书进行年检。卡瓦碗应该进行全方位的非破坏性实验,确认没有明显破裂。

3. 提升索套和硬件

用于固定和提升设备的所有组件应该按其最大值做拉力测试。记录测试情况并存档。吊耳和伸缩杆也应做非破坏性实验并记录结果。

4. 主举升结构拉紧螺栓

在运输和使用期间,举升机体可以承受低负载。设备的螺栓系统应进行合适紧固度的年检。螺栓应按照接合件的尺寸和级别用适合的扭矩上紧。

5. 平衡管线

25mm 平衡管线应该每年进行一次清洗、检查和压力实验。所有弹性密封应该用合适类型的 O 形圈更换(Viton 或防硫类配件)。记录压力测试结果并存档。

6. 旋塞阀与挡板

放空与平衡阀全部拆卸检查磨损至少每年一次。更换所有弹性材料。检查阀件密封表面的磨损标记,如果明显,应进行更换。维修完成后,试压并记录结果。拆下装在旋塞阀外面的挡板检查内部。更换过度磨损的组件。

7. 法兰短节

设备的所有法兰短节每三年进行一次备案压力实验。钢圈槽及法兰短节内部状况应检查磨损与破坏情况。

三、动力源的使用及维护保养

1. 柴油机

要按照厂家提供的保养手册进行保养,表 2 – 22 为柴油机推荐的日常保养(但不局限于)。柴油机是整个动力系统的核心,良好的保养可以延长柴油机的使用寿命。

表 2 – 22　柴油机保养卡

序号	内容
	检查内容
1	检查防冻液及冷却系统是否渗漏
2	检查空气滤芯
3	检查风扇皮带、发电机皮带
4	检查电瓶电压
5	更换发动机机油及机油滤芯(250h)
6	放掉柴油箱内积水
7	检查发动机管线是否损坏、磨损
8	检查排气系统是否腐蚀
9	更换柴油油水分离器、一级滤芯和二级滤芯(250h)
10	检查风扇
11	检查液压油吸油滤芯和回油滤芯
12	检查所有液压管线是否损坏、磨损
13	检查所有快速接头是否渗漏
14	检查蓄能器氮气压力

序号	内容
	测试内容(启动发动机,检查发动机油门)
1	检查发动机紧急熄火
2	检查空气压缩机是否工作正常
3	检查进气关断是否工作正常
4	记录机油压力和柴油压力
5	顺序依次关闭旁通阀,检查液压泵工作是否正常
6	测试溢流阀工作是否正常(调节设置压力)
7	检查液压管线是否渗漏(含吸油管线和高压管线)
8	检查气路管线是否渗漏
9	检查蓄能器低压报警是否正常
10	检查散热器是否工作正常

2. 离合器

(1)机械式离合器用 NLGI#2 锂基润滑脂来进行润滑。在安装前要对主轴轴承、滑动套总成及分离轴进行润滑。在使用润滑油时润滑油不要超过密封面。尽管出厂前这些部位已经加了润滑油,但这一步将保证所有运转零件在首次使用前得到充分的润滑。

(2)在正常的使用过程中每工作 20h 需用润滑油枪通过油嘴给离合装置(滑动套总成)加润滑油 1 次。

(3)同样的在每工作 100h 用油枪通过油嘴给主轴承(圆锥滚子轴承)和分离轴加润滑油 1 次。注意:双面密封深沟球轴承,不需要润滑。

3. 分动箱使用及维护保养

(1)日常检查齿轮油油位,不足需要添加。

(2)第一次使用,500h 或三个月更换齿轮油。

(3)正常使用时,1000h 或 6 个月更换齿轮油。

(4)更换齿轮油时,要保证齿轮油温度适宜,这样可以将齿轮油全部放掉。

4. 液压泵

(1)维护保养:

① 每季度清洗一次过滤器,每月向两端轴承注二硫化铜润滑脂一次。

② 安全阀和压力表每年检验一次。

(2)检修制度:

① 运行 6 个月进行一次小修。检查、修理或更换易损件,如 O 形密封圈、密封件、轴承、叶片及传动螺栓等。检测接地位置,检验安全回流阀。

② 运行 12 月进行一次中修,除小修项目外,对泵的所有转动部件进行全面检查和修理,检验压力表。

③ 运行36个月进行一次大修,除小修及中修项目外,对泵进行全面检查和修理,对泵外壳进行除锈喷漆处理。

5. 储能器维护保养

(1)每周检查蓄能器氮气压力。

(2)每年对蓄能器进行探伤检测。

参 考 文 献

向招祥,张宏峰,袁龙,等,2019.带压作业预置工具的研制与应用[J].化学工程与装备(3):100 – 102,127.

杨令瑞,谢正凯,韩烈祥,等,2015.气井带压作业技术装备升级换代之路——现场试验进展[J].石油科技论坛,34(1):18 – 21,35.

邹伟明,2020.带压作业装备和工具技术的应用分析[J].化学工程与装备(2):67 – 68.

Otis H C,1933. Process and apparatus for inserting tubing in wells:US, US1894912 A[P].

第三章　气井带压作业油管内压力控制工具及工艺

油管内压力控制是指在带压作业过程中,采取机械堵塞或化学堵塞的方式控制油管内流体外泄的技术。进行带压作业的第一步就是通过投放油管堵塞器控制油管内压力。而管柱内压力密封仅仅只有堵塞器一道防线,因此堵塞器的可靠性是保障带压作业安全的关键。

第一节　油管堵塞工具设计理念

一、承受正反双向压力时的受力分析

针对堵塞器管柱在井筒内环空液面不同位置进行力学分析,如图 3-1 所示。

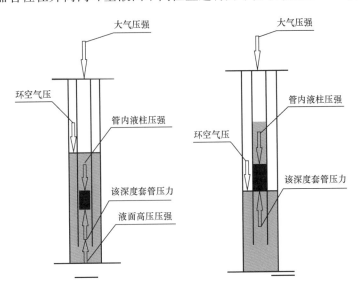

(a) 堵塞器在井筒环空液面以下　　　　(b) 堵塞器高度与井筒环空液面相平

图 3-1　堵塞器管柱在井筒内环空液面不同位置力学分析

(1) 堵塞器在井筒环空液面以下[图 3-1(a)]。

$$p_上 = p_气 + p_内$$
$$p_下 = p_C + p_环 + \rho g(L_1 + L_3) \qquad\qquad (3-1)$$

式中　$p_上$——堵塞器上部压强,MPa;

　　　$p_下$——堵塞器下部受压强,MPa;

　　　$p_气$——大气压强,MPa;

　　　$p_环$——环空气压,MPa;

　　　p_C——该深度套管压力,MPa;

　　　L_1,L_3——分别对应环空液柱高度和堵塞器高度,m。

堵塞器稳固坐封的力学条件:

$$|p_上 - p_下|A < F_坐封 + G \tag{3-2}$$

式中　G——堵塞器浮重,N;

　　　$F_坐封$——卡瓦坐封力,N;

　　　A——油管横截面积,m^2。

(2)堵塞器高度与井筒环空液面相平,如图3-1(b)所示。

(3)堵塞器高度在井筒环空液面以上。忽略大气压强、环空气压以及堵塞器浮重的影响,堵塞器在管柱内的受力情况可简化为:

$$\sum F = p_C A + \rho g(L_1 - L_2 - L_3) \tag{3-3}$$

式中　p_C——该深度套管压力,MPa;

　　　A——油管横截面积,m^2;

　　　L_1,L_2 和 L_3——分别对应环空液柱高度、油管内液柱高度和堵塞器高度,m。

随着管柱的起出,环空液柱高度(L_1)逐渐减小,油管内液柱高度(L_2)先不变,但伴随管柱起出井口后变小,堵塞器高度(L_3)逐渐增加,则合力越来越小,当合力为负数时,堵塞器不再承受上顶力。当合力大于卡瓦坐封力时,则堵塞器失效。

一般在堵塞器稳固坐封时卡瓦坐封力足以克服该合力$\sum F$,但是当油管腐蚀、结垢或者油管长期受拉变形,圆度不够,坐封不稳时,在带压起下管柱引起的油管的振动及井内压力波动会导致堵塞器失效;此外,如果环空动液面位置较高(L_1 较大),低压气井(p_C 较小),井内上顶压力较低,导致合力大于卡瓦坐封力,则堵塞器失效。

二、带压作业堵塞工具选用原则

油管内堵塞失效是带压作业最大的风险,在挪威石油标准化组织 NOR-SOKD-010《钻井和油井作业过程中的井完整性》"带压作业"部分、加拿大行业推荐做法 IRP 15《带压作业推荐做法》都运用了井完整性、井屏障这一理念,对完井管柱、工作管柱的内堵塞进行了要求。

图3-2 是 NOK-SOKD-OIO 带压下入工作管柱的可接受井屏障图。NOR-SOKD-002《修井设备系统要求》对带压作业内堵塞方面有如下要求:

(1)工作管柱上至少安装2个背压阀(BPV)。

(2)工作现场至少有4个背压阀(BPV)备用。

（3）背压阀结构上应能满足投球和飞镖通过的要求。

（4）对不同管径的工作筒至少配备一个泵通式堵塞器。

（5）现场最少有两个全通径旋塞备用,并配备好转换接头。

表3-1为带压起下工作管柱背压阀屏障元件验收标准表。

通常,下部钻具组合（BHA）以上的单流阀（CV）、背压阀（BPV）等能够泵送流体的堵塞器放在管柱底部,作为管柱内堵塞井控一级屏障,坐放短节等允许起下的堵塞器作为管柱内堵塞井控二级屏障,剪切/全封、剪切/密封防喷器作为井控三级屏障。典型内堵塞屏障配置如图3-3所示。表3-2是加拿大行业推荐做法 IRP 15—2015 推荐的油管内堵塞最低要求。

鉴于国内油水井井下管柱结构复杂,包括注水器和配水器等工具,且完井油管普遍没有安装可以专门坐放堵塞器的工作筒（油管的堵塞器只能坐在没有机械阻挡位置的油管本体上）,同时油管内壁易形成坑蚀,影响堵塞工具密封效果,坐封不牢固甚至落井,会给带压作业带来极大的井控风险。借鉴国外油管内堵塞屏障设置规范,对油管内压力控制工具的选取和数量设置、压力级别、温度与材质、检验和验证等方面做如下推荐。

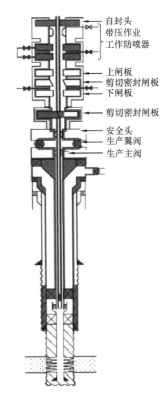

图3-2 带压下入工作管柱的可接受井屏障图

表3-1 带压起下工作管柱背压阀屏障元件验收标准表

项目	验收标准
描述	本部分包括一个配有双活瓣式背压阀的阀体,可将其安装到工作管柱的端部
功能	带压作业背压阀的作用是防止地层流体意外地流入强行起下管柱
设计、结构和选择	带压作业背压阀应能够承受所有预期的井下作用力和各种状况; 工作压力应等于最大操作压力; 带压作业背压阀应配备双密封,给强行起下管柱接头提供内外密封; 应做好准备,通过强行起下背压阀把投球打入井内; 两个背压阀都要在开井前安装到井底钻具组合（BHA）或工作管柱内
初次测试和验证	连接到强行起下钻管柱之前,应进行高低压测试,在每次下井前进行负压测试
使用	强行起下背压阀直接连接到强行起下钻管柱底端,在BHA之上
监控	定期负压测试
常见井屏障	无

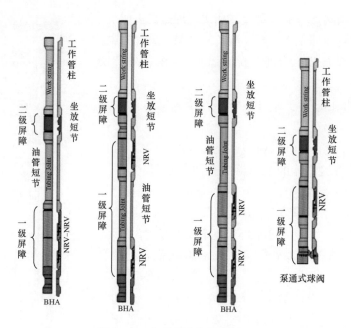

图 3 – 3　典型内堵塞屏障配置

表 3 – 2　油管堵塞器和破裂盘推荐做法（IRP 15—2015）

条件	油管盲堵	单堵塞器+防滑装置	单个永久式桥塞	双堵塞器+防滑装置	两个永久式桥塞	两个浮阀	井下关断阀（1/4圈）	定压破裂盘和组合破裂盘
不含硫,压差小于14MPa	×	×	×			×	×	×
含硫,压差大于14MPa,且 H_2S 含量小于500mg/L	×	×	×			×		×
不含硫,压差介于14~21MPa	×	×	×			×	×	×
含硫,压差介于14~21MPa,且 H_2S 含量小于500mg/L	×	×	×			×		×
在下面所有情况下,要求作业前须签认								
含硫,压差小于21MPa,且 H_2S 含量大于500mg/L	×			×	×	×		× ×
不含硫,压差大于21MPa	×			×	×	×		× ×
H_2S 含硫,压差大于21MPa,且 H_2S 含量小于500mg/L	×			×	×	×		× ×
含硫,压差大于21MPa,且 H_2S 含量大于500mg/L	×			×	×	×		× ×

注：×—单破裂盘；××—双破裂盘。

1. 油管内压力控制工具的选取原则

（1）在井下管柱带有坐放接头且完好情况下，优先选取与坐放接头匹配的堵塞器。

（2）井下管柱无坐放接头或者共同失效时，优先选取钢丝桥塞或电缆桥塞。

（3）若采用两个桥塞堵塞，两个桥塞的坐封位置距离应大于3m。

（4）新下入的完井管柱优先选用油管盲堵工具或破裂盘，宜下入坐放接头。

（5）对水平井或大斜度井应在管柱底部筛管以上和造斜点以上位置处各下入至少一个坐放接头。

（6）工作管柱宜选取两个单流阀作为油管内压力控制工具，单流阀应能满足下部工具通径需要。

2. 油管内堵塞屏障的数量

油管内堵塞屏障的数量应结合井底压力和硫化氢含量来确定，可以参照表3-2执行。

3. 油管内压力控制工具的工作压差

应根据管柱内通径、井内压力、温度和流体性质及工艺要求选择油管内压力控制工具，油管内压力控制工具的工作压差不低于最大井底压力的1.1倍。

4. 油管内压力控制工具的适应温度与材质

油管内压力控制工具的耐温级别必须大于井底最高温度，材质必须满足井筒作业介质的需要。对含硫化氢井，油管内压力控制工具的金属材质应符合NACE MR 0175或GB/T 20972.2　2008《石油天然气工业　油气开采中用于含硫化氢环境的材料 第2部分：抗开裂碳钢、低合金钢和铸铁》的要求，密封胶筒必须能抗硫化氢腐蚀。

5. 油管内堵塞屏障的检验和验证

地面安装的堵塞工具应进行低压试压和高压试压。下井前堵塞工具应自下而上进行清水试压，应先做1.4~2.1MPa的低压试压，稳压10min，压力不降为合格；再用1.1倍于预计井底压力的测试压力对油管堵塞器进行试压，稳定10min，压降小于0.7MPa为合格。所有的压力测试都应有记录。井下管柱内堵塞时，应采用逐级泄压检验堵塞器坐封可靠性。逐级泄掉油管内压力，观察油管压力是否上升，每次观察15min，直至油管压力降到0，若油管压力不上升，油管封堵合格；若油管堵塞失效，应分析原因，起出堵塞器，重新堵塞作业，直至合格油管内堵塞后，为降低堵塞器上下压差，可向油管内灌入一定量的阻燃液体，使堵塞器工作压差在其额定压差的70%以内。

油管内压力控制风险级别高，是一旦失效最难以控制的风险，可能会对作业人员造成严重危害，因此在选用油管内压力控制工具时应确保这些工具制造商具有生产资质，并具有第三方认证的检测报告，工具安装方式必须正确，同时确保工具适用于制造商提供的公差范围。使用非原始制造商提供的工具时必须提供合格证明，并经过风险评估和检测合格。要求钢丝电缆作业单位具有压力控制设备上的经验或人员接受过相关培训，对井下完井设备有实际工作经验以及有全程质量控制标准方面的经验。

第二节　油管内压力控制工具

油管内压力控制是带压作业核心技术内容之一,贯穿于带压作业每一过程。其目的是保证在带压作业过程中有效地控制井内流体不从油管外泄。为实现这一目的所采用的相应技术和方法,称为油管内压力控制技术。油管内压力控制工具是指能够实现隔离井内压力,防止井内流体从管柱内外泄的井下工具的统称。油管内压力控制工具形式多样,种类繁多,按解封方式分为不可打捞式和可打捞式,按与管柱连接方式分为预置式和投放式。任何类型的油管内压力控制工具都由锁定装置、密封装置和止退装置组成,只是不同类型其结构形式不同。

一、不可打捞式油管堵塞工具

不可打捞式油管内压力控制工具通过钢丝投送、电缆投送和液压泵送等方式下到管柱预定位置形成油管内永久堵塞,不能再打捞回收。

1. 滑块式油管堵塞器

滑块式油管堵塞器适用于井内管柱底部有缩径工具且管柱不卡的井,光管柱完井的油水井或管柱断脱的井不建议使用。滑块式油管堵塞器主要由反扣安全接头、皮碗和滑块等部件构成,如图3-4所示。

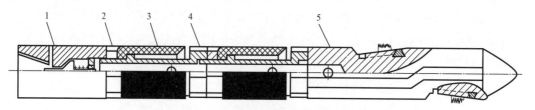

图3-4　滑块式油管堵塞器结构示意图

1—反扣安全接头;2—皮碗压盖;3—密封皮碗;4—密封皮碗接头;5—滑块本体

1) 工作原理

堵塞器通过投掷或工具下入井内预定位置后,打开井口阀门,皮碗在其上下压差作用下发生膨胀,封堵油管柱;同时堵塞器在井内压力作用下,滑块卡瓦牙沿轨道发生径向运动,轨道对滑块的径向力迫使卡瓦咬入管柱内壁,实现带堵塞器锁定油管。

2) 适用范围及技术参数

该类堵塞器适用于管柱内通径顺畅且管柱不卡的井,具体技术参数见表3-3。

表3-3　滑块式油管柱塞器技术参数表

外径,mm	坐封压差,MPa	密封压力,MPa	工作温度,℃	适应油管,mm	适应井别
56	≥5	≤21	≤120	73	油水井
70	≥5	≤21	≤120	89	油水井

2. 电缆桥塞

电缆桥塞适用于油井、气井和水井的油管内压力控制。由剪切筒、过渡连杆、销钉、坐封压套、中心杆、棘轮锁环、一体式卡瓦牙、锥体和胶筒等组成,如图 3 – 5 所示。

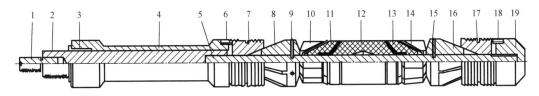

图 3 – 5　电缆桥塞结构示意图

1—剪切筒;2—过渡连杆;3—固定销钉;4—坐封压套;5—中心杆;6—上棘轮锁环;7—上一体式卡瓦牙;8—上锥体;
9—上坐封销钉;10—上保护背圈;11—上胶碟;12—胶筒;13—下胶碟;14—下保护背圈;15—下坐封销钉;
16—下锥体;17—下一体式卡瓦牙;18—下棘轮锁环;19—背帽

1)工作原理

利用电缆作业将做工具和电缆塞下放到井内预定位置;地面控制坐封工具工作,对过渡连杆产生一个拉力;过渡连杆的拉力迫使中心杆上移,坐封压套挤压一体式卡瓦牙和胶筒,密封并锁定油管。当坐工具的拉力大于剪切筒的剪切强度时,剪切筒剪断,实现丢手。

2)适用范围及技术参数

该类堵塞器适用于 2in,2½in,3½in 和 4½in 管柱的油井、气井和水井堵塞,具体技术参数见表 3 – 4。

表 3 – 4　电缆桥塞技术参数

桥塞规格 mm	坐封拉力 kN	密封油管内径,mm		密封压力 MPa	工作温度 ℃
		最小	最大		
37.28	35	40.89	50.67	50	
44.45		48.38	61.97		
48.41	53	54.76	70.23	50	148
55.55		60.32	76.20		
57.93		62.00	84.91		
63.50	111	73.02	88.90		
69.85		80.94	99.56		

二、可打捞式油管内压力控制工具

1. 可回收式油管桥塞

可回收式油管桥塞适用于油井、气井和水井的带压作业配合拖动压裂、丢手更换油管主控阀门和带压作业油管堵塞等需要建立油管通道的工艺施工。主要由连接头、打捞颈、上下中心杆、解封锥套、止退体、卡瓦牙总成和密封胶件等组成,如图 3 – 6 所示。

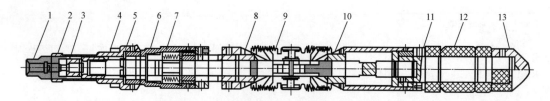

图 3 – 6　可回收式油管桥塞结构示意图

1—连接头；2—打捞颈；3—剪钉；4—上中心杆；5—剪环；6—解封锥套；7—止退体；8—上锥体；9—卡瓦牙总成；

10—下椎体；11—下中心杆；12—密封胶件；13—锁帽

1）工作原理

油管桥塞需要与相对应的坐封工具配套。当连接头受到坐封工具产生的拉力时，上中心杆移动，是解封锥套下移至坐封位置，同时，带动下中心杆运动，依次引起剪环剪断、胶筒压缩、卡瓦牙总成扩展张进而使油管桥塞密封并锚定油管；随着坐封工具拉力的不断增加，剪钉被拉断，实现丢手。

2）适用范围及技术参数

可回收式油管桥塞技术参数见表 3 – 5。

表 3 – 5　可回收式油管桥塞技术参数

桥塞规格 mm	坐封拉力 kN	密封油管内径,mm		密封压力 MPa	解封拉力 kN	工作温度 ℃
		最小	最大			
42		50	62			
50	53	62	76	50	0.5	12
60		62	76			

2. 双向卡瓦钢丝桥塞

双向卡瓦钢丝桥塞不仅用于油井、水井和气井的油管堵塞，还可用于带压作业配合拖动压裂和带压丢手更换油管主控阀。主要由投放式打捞颈、防顶卡瓦牙、密封胶筒、坐封弹簧、调节螺帽等部分构成，如图 3 – 7 所示。

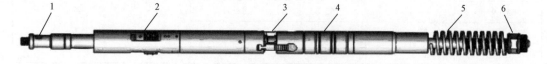

图 3 – 7　双向卡瓦钢丝桥塞示意图

1—投放打捞颈；2—防掉卡瓦牙；3—防顶卡瓦牙；4—密封胶筒；5—坐封（解封）弹簧；6—调节螺帽

1）工作原理

采用钢丝作业将钢丝桥塞下入井内预定位置，上提钢丝利用惯性将丢手头甩开，坐封预紧弹簧打开；在弹簧弹力作用下，依次胀开防掉卡瓦牙、撑开防顶卡瓦牙、压缩密封胶筒，使堵塞器密封并锚定油管。

2）适用范围及技术参数

双向卡瓦钢丝桥塞适用于油井、水井和气井的压力控制作业,具体参数见表3-6。

表3-6　双向卡瓦钢丝桥塞技术参数

规格,mm	坐封压力,MPa	密封压力,MPa	工作温度,℃	适应油管,mm	适应井别
39	≥300	≤21	≤120	50	油气水井
46	≥300	≤21	≤120	60	油气水井
57	≥300	≤21	≤120	73	油气水井
70	≥300	≤21	≤120	89	油气水井

3. 工作筒堵塞器

工作筒堵塞器适用于在井下管柱中预装工作筒或循环滑套的油井和气井(图3-8)。用于钢丝作业将堵塞器总成投放到井下预置的工作筒内,进行油管内压力控制。

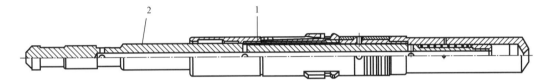

图3-8　工作筒堵塞器整体结构示意图

1—锁紧心轴;2—堵塞心轴

1）工作原理

工作筒堵塞器用于钢丝作业,将堵塞器总成投放到井下预置的工作筒内(图3-9和图3-10)。

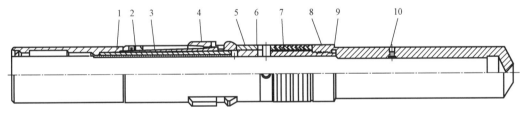

图3-9　工作筒堵塞器锁紧心轴结构示意图

1—打捞颈;2—膨胀套;3—异形弹簧片;4—键块;5—套罩;6—密封填料衬套;
7—密封填料;8—下接头;9—密封圈;10—旁通孔

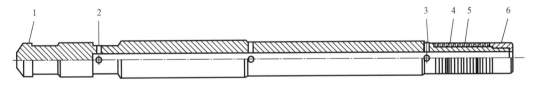

图3-10　堵塞心轴结构示意图

1—打捞颈;2,3—压力平衡孔;4—密封圈;5—隔环;6—插杆护帽

2）适应规范及技术参数

表 3 – 7　工作筒堵塞器适应规范及技术参数

规格,mm	锁紧心轴鱼腔规格,mm	心轴鱼顶规格,mm	承压级别,MPa	适应油管,mm
47.62	35.05			60
58.75	45.97	34.92	70	73
69.85	58.67			89
71.45	58.67			89

4. 可取式油管桥塞

以 2⅞in 可取式油管桥塞为例介绍基本结构和工作原理,其结构如图 3 – 11 所示。

图 3 – 11　2⅞in 可取式油管桥塞结构图

1）工作原理

（1）卡瓦坐封:将卡瓦下到指定位置后,通过上提下放的方式可以实现 1 次坐封 2 次不坐封轨道的变化,进而完成下卡瓦的坐封,然后通过震击完成胶筒及上卡瓦的坐封,最后通过震击实现丢手。

（2）平衡压力:保持桥塞上部压力大于桥塞下部压力,下入平衡杆,通过震击完成桥塞上下的压力平衡。

（3）卡瓦解封:下入打捞工具,通过震击方式完成上卡瓦解封,通过拉力保持完成胶筒解封,通过上提方式完成下卡瓦解封,进而将桥塞提出井口。

2）适用范围

适用范围相比油管堵塞器和尾管堵,油管桥塞的适用性更强,如果要使用油管堵塞器,必须此前在井内下入一个与油管相连的坐落短节方可实施,尾管堵则只能完成下管柱时对尾管尾部的封堵,而可取式桥塞则可以通过不同下入方式完成对各类油管的带压封堵,并且可以在封堵后完成修井、更换管柱、验漏、数据采集等多项作业。

3）特点

（1）上下双卡瓦式设计,能有效防止桥塞在油管内发生位移。

（2）采用机械坐封、机械泄压、机械打捞的方式使作业更简单。

（3）可以通过钢丝、电缆、连续油管、钻杆等多种下入方式完成工具下入。

（4）胶筒膨胀率较高,可以完成一个范围内各种材质 2⅞in 油管内的安全坐封。

（5）整个桥塞可反复使用并配有标准备件,大大降低了更换桥塞的成本。

（6）机械式平衡压力设计及解封设计可以实现简单安全的解封。

5. 钢丝投捞自平衡堵塞器

1）结构

钢丝投捞自平衡堵塞器由和尚头、中心杆、密封钢球、内塞堵和导向头构成,结构如图 3 – 12 所示。

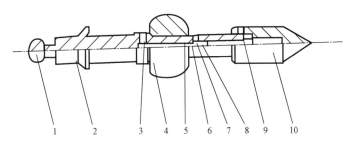

图 3 – 12　钢丝投捞自平衡堵塞器结构图

1—和尚头;2—中心杆;3—上传压孔;4—密封钢球;5—密封圈;6—内塞堵;
7—下传压孔;8—销钉;9—防脱扣销钉;10—导向头

（1）和尚头。和尚头是和中心杆上端的实心圆球,钢丝作业其他工具串(例如加重杆)的下端有特定的部位与其相连,从而实现钢丝与自平衡堵塞器的连接。

（2）中心杆。中心杆由与和尚头相接的实心圆杆和带有螺纹的厚壁圆筒两部分组成,厚壁圆筒上端凸起处对称开两个上传压孔;厚壁圆筒下端对称开两个下传压孔。

（3）密封钢球。密封钢球为打孔钢球,密封钢球穿入中心杆且能在中心杆上传压孔的凸起和导向头间上下移动。密封钢球的下部与球座内壁挤压后可以实现金属密封。

（4）塞堵和销钉。塞堵通过销钉安装在中心杆厚壁圆筒处,将下传压孔堵塞。

2）工作原理

设定自平衡堵塞器的内堵塞销钉剪切压力值大于封隔器坐封压力值,当堵塞器密封钢球存在上下压差,钢丝无法将堵塞器提离球座时,通过油管内打压剪断中心杆内堵塞销钉,内塞堵下行,沟通密封钢球上下传压孔,平衡密封钢球上下压差。

3）技术参数

目前已制作出可满足多种尺寸油管和封隔器坐封要求的钢丝投捞自平衡堵塞器的尺寸。

6. 电控油管堵塞器

由于带压作业机井口防喷装置可以实现油管与套管之间环形空间的压力控制,所以带压作业的关键技术是实现油管内压力控制。而油管堵塞器是实现油管内压力控制的专用工具。油管堵塞器能够有效控制井下压力实现油管内腔封堵必须具备两个条件:一是堵塞器能投放到油管预定位置并能实现可靠锚定;二是胶筒能长时间可靠密封。目前现场应用较多的水力投送胀封堵塞器存在投放位置不确定以及封堵效果差等问题,其他常规油管堵塞器存在坐封动力不足、坐封力不能沿胶筒周向均匀分布而导致胶筒不能均匀胀封的缺点。

为此,研制了新型电控油管堵塞器。室内试验与现场应用结果表明,该电控油管堵塞器能较好地解决常规堵塞器所面临的上述问题,为带压作业现场提供了有力的技术支持。

电控油管堵塞器主要由投放接头、剪断销钉、电池组、电动机、丝杠、中心杆、卡瓦、胶筒、推动头和导锥等零部件构成,其结构如图 3-13 所示。

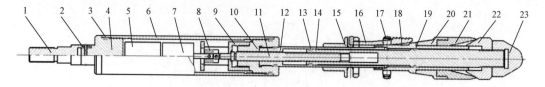

图 3-13　电控油管堵塞器结构示意图

1—投放接头;2—剪断销钉;3,13,19—密封圈;4—动力仓上盖;5—电池组;6—动力仓外壳;7—电动机;
8—电动机与丝杠连接轴;9—丝杠座;10—动力仓下盖;11—丝杠;12—丝杠外套;14—中心杆;
15—卡瓦支架;16—卡瓦;17—固定环;18—卡瓦座;20—胶筒座;21—胶筒;22—推动头;23—导锥

1)工作原理

通过试井车的试井钢丝或电缆将电控油管堵塞器投送到预定位置,向上提拉钢丝,在钢丝牵引作用下卡瓦座和胶筒座向上运动,此时卡瓦在重力作用下有保持向下滑动的趋势。由滑块捞矛原理可知:卡瓦与卡瓦座和胶筒座锥面之间的相对运动迫使卡瓦沿径向吃进油管内壁实现锚定;在地面预设好的电控系统定时发出指令驱动电动机工作,在电动机的驱动下,丝杠通过中心杆带动推动头上行,从而撑开胶筒实现油管内腔封闭;继续向上提拉钢丝,当向上拉力达到设定值时剪断销钉将被剪断,投放接头随钢丝提出井口,投放堵塞器作业完成。当堵塞器随油管起出后,在地面通过遥控开关启动电动机使其反向转动,此时推动头向下运动,胶筒逐步恢复初始状态,从而可以顺利将堵塞器从油管内取出。

2)技术创新点

(1)新型电控油管堵塞器在利用钢丝精准投送的基础上,采用井下耐高温电动机作为胶筒坐封动力源,通过丝杠机构将电动机产生的扭矩转变为强大而均匀的轴向推力,并将此推力传递给推动头,驱动推动头挤压胶筒实现高强度周向均匀坐封,从而达到高强度精确投堵的目的。

(2)将胶筒和推动头之间原有的"挤压式"密封形式改进为"挤压式 + 楔入式"密封形式,从而较大程度地改善坐封力不够或胶筒压缩量不够导致的密封失效。此外,该堵塞器的结构有利于胶筒更换以便于堵塞器重复使用,同时施工人员可根据现场油管结垢厚度,在现场随时更换不同外径的胶筒。

(3)该堵塞器可通过钢丝提拉剪断销钉实现丢手,同时也设计了震击器丢手工具,从而进一步提高了丢手的可靠性。

7. 撞击式管端堵塞器

目前带压作业下采气管柱时,管柱最下端通常安装一个管端堵塞器进行堵塞,以密封油管内通道。待下完采气管柱后,需要打掉堵塞器,打开油管采气通道。常用的打掉堵塞器的方式有两种：一是管内泵注清水憋压方式，堵塞器打开后油管内的清水会全部灌入井筒，使得套管内的液面高度增加，对于一些排通后压力较低的气井，可能会造成二次压井和二次气举排液；二是管内泵注氮气憋压的方式，堵塞器打开后不会有液体二次压井的现象发生，但是氮气作业成本较高，会增加额外施工成本。鉴于上述技术现状，设计了一种新型撞击式管端堵塞器，堵塞通道的开启通过向管内投送撞击工具自由下落撞击开启，无需用泵车憋压开启，具有操作简单、方便、高效，综合作业成本低的特点。该工具可用于气井直井和定向井带压下常规采气管柱作业。

撞击式管端堵塞器主要由本体、侧孔塞、底塞和撞击棒等组成，结构如图 3 – 14 所示。

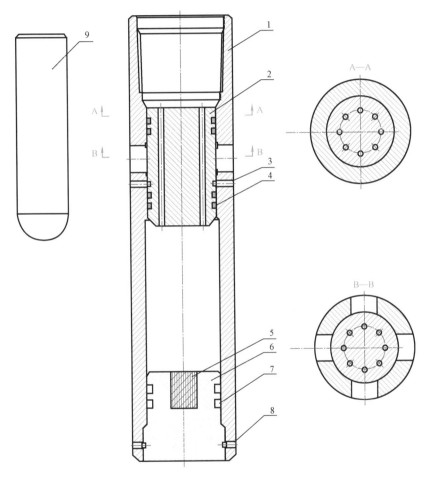

图 3 – 14　控击式管端堵塞器结构示意图
1—本体；2—撞击棒；3—侧孔塞；4,7—密封件；5—底塞；6—底塞本体；8—限位销钉

在带压作业下采气管柱时，将该新型撞击式管端堵塞器与管柱最下端连接，对管柱下端口进行封堵。堵塞器随管柱一起入井，当采气管柱下到设计位置，进行后续的采气作业时，向管柱内投入撞击棒，撞击棒在没有液体的采气管柱内自由下落加速，蓄积很大的动能，快速撞向堵塞器的侧孔塞。根据能量守恒定理，高速撞击会使侧孔塞获得比较大的向下推力，

剪断剪钉,推动侧孔塞向下落入堵塞器的底塞之上。侧孔塞被撞击掉落之后,会连同撞击棒一起落入堵塞器4个侧孔之下的空腔内。这种情况下堵塞器本体上的4个侧孔是完全开启状态,可以正常通过4个侧孔排液采气。堵塞器本体上的4个侧孔排液采气的过程中,会有液态水被携带落入容纳侧孔塞和撞击棒的空腔内,液态水溶解底塞上镶嵌的固体酸块,固体酸块的溶解增加液态水溶液中的氯根浓度和酸性,加速溶解消除掉材质为可溶合金的底塞,使得侧孔塞和撞击棒最终掉落至人工井底,采气管柱管端的主通道就会完全打开,可进行正常的生产作业。

如果出现撞击棒没有撞开侧孔塞的异常情况,则可以通过向管柱内小排量泵注液体,液体通过侧孔塞的通孔作用在堵塞器底塞上,进行憋压打掉底塞。再提高泵注排量,利用节流压差打掉侧孔塞,完全开启堵塞器的主通道和侧孔通道,可保证气井正常的生产作业。

三、预置式油管内压力控制工具

1. 管式泵泵下定压滑套

管式泵泵下定压滑套适用于油井带压下泵作业过程中密封管式泵以上的管柱,由支撑连杆和滑套体等组成(图3-15)。

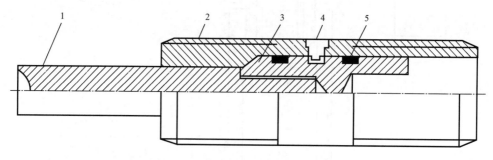

图3-15 管式泵泵下定压滑套示意图

1—支撑连杆;2—滑套;3—滑套体;4—剪断销钉;5—O形密封圈

1)工作原理

泵下定压滑套在下井前,上端与管式抽油泵连接,并通过调节支撑连杆的支撑长度将固定阀支撑离开阀座,形成油管向泵下的压力传递通道;定压滑套的下端通过油管接箍与尾管连接。在抽油泵下井过程中,由定压滑套的滑套体的密封作用,组织井内流体从油管喷出,确保下泵过程的井控安全。在抽油泵的活塞进入泵筒前,油管打压8MPa,剪断销钉剪断,滑套体连同支撑连杆掉入泵下的尾管内,形成生产通道;失去支撑的固定阀落到阀座上,使抽油泵处于工作状态。

2)适用范围及技术参数

管式泵泵下定压滑套适用于油井带压下泵作业过程中密封管式泵以上的管柱,可不改变抽油泵的结构,确保间定阀密封,技术参数见表3-8。

表3-8　管式泵泵下定压滑套技术参数

规格,mm	连杆规格	滑套规格,mm	承压级别,MPa	适应油管,mm	适应井别
73	25	50	70	73	油井、气井、水井

3）使用方法与注意事项

（1）在下泵前,应对尾管进行通管,确保滑套体能落入尾管内。

（2）调节支撑连杆的支撑长度适合,确保固定阀离开阀座。

（3）设置剪断销钉的剪断压力应小于8MPa,避免工作保力过高造成泵管柱落。

（4）稠油井作业慎用泵下定压滑套。

2. 泵下笔式开关

泵下笔式开关主要用于油井带压下泵施工。在下泵施工时,将其连接在抽油泵的底部,既有泵下阀的功能,又可完成管柱内部堵塞。泵下笔式开关是由上接头、泄压阀、阀球、销钉、中心管、外套、弹簧和下接头等部件组成(图3-16)。

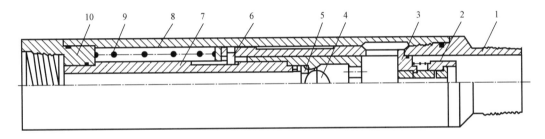

图3-16　泵下笔式开关套示意图

1—上接头;2—泄压阀;3—主体;4—阀球;5—阀座;6—销钉;7—中心管;8—外套;9—弹簧;10—下接头

1）工作原理

销钉在中心轨道长槽的上端位置,主体在弹簧和井内压力作用下开关处于关闭状态。当销钉位于短轨道时,在弹簧推力的作用下开关被打开。

2）适用范围及技术参数

泵下笔式开关适用于ϕ56mm及以下管式泵抽油井的带压作业,具体技术参数见表3-9。

表3-9　泵下笔式开关技术参数

规格,mm	承压级别,MPa	工作温度,℃	油管规格,mm
73	70	120	73

3）使用方法与注意事项

在下泵前,卸下泵上原来的同定阀. 将泵下开关安装在泵筒下面。下泵作业时,开关处于关闭状态,销钉在中心管轨道长槽的上端位置,主体在弹簧和井内压力作用下,密封压力通道。下抽油杆调防冲距时,碰泵下压泄压阀,打开泄压孔,泄掉球阀与主体之间腔内的压力的同时,主体下行,销钉沿轨道下行至下死点;当上据柱塞时,主体在弹簧推力的作用下上行,销钉通过换向进入轨道短槽上行至上死点,开关被打开。与此同时泄压孔关闭,开关内的阀作为泵的固定阀工作。检泵作业时,碰泵后起抽油杆,这时销钉由轨道的短槽通过换向后进入轨道长槽上端,又一次关闭油流通道,从而实现带起抽油杆和油管。

3. 预置工作筒

预置工作筒是连接在井下生产管柱上的一种辅助性完井工具,不能孤立工作,可与配套的下井堵塞器配合,为油管内压力控制工具提供锁定的台阶和密封工作段。主要是由锁定台阶和密封段等组成(图3-17)。

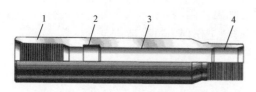

图3-17 预制工作筒内部结构示意图

1—上接头;2—锁定台阶;3—密封段;4—下接头

1)工作筒类型

(1)依据工作筒内部键槽数量分为 M 型、X 型和 R 型三种类型。

M 型只用一个键槽,X 型有两个键槽,R 型有三个键槽,带"N"表示不可通过式(No-go),如图3-18所示。R 型工作筒的壁厚比 X 型厚,因此 R 型工作筒用于厚壁油管,而 X 型工作筒适应于标准油管。

(2)按工作筒定位方式分为选择型和非通过型两种类型(图3-19)。选择型工作筒特点是键槽为90°,且工作筒内径一致,没有缩径部分。同一规格的坐入工具可以通过它。因此,在同一井下管柱上可以下入多级同一规格的工作筒。

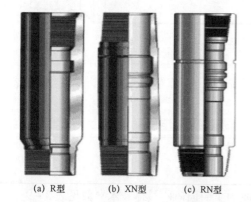

(a) R型　　(b) XN型　　(c) RN型

图3-18 非通过型工作筒结构示意图

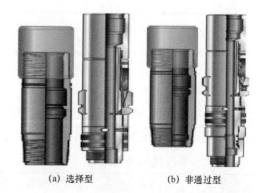

(a) 选择型　　(b) 非通过型

图3-19 选择型和非通过型工作筒内部结构示意图

非通过型工作筒的键槽为45°,且上、下部位的内径不一致,存在缩径部分。同一规格的工具通不过其缩径部位,可以防止工具落井,如图3-19(b)所示。因此,在下井管柱中,只能下一个非通过型工作筒,作为单级接头或多级通过型接头的最后一级接头。

2)技术参数

X 型和 R 型工作筒技术参数见表3-10。

3)使用方法与注意事项

(1)选取的工作筒规格和螺纹类型应与下井油管规格和螺纹类型一致。

表3－10　X型和R型工作筒技术参数

油管规格 mm	外径,mm		密封孔径,mm		内通径,mm		承压级别	
	X型	R型	X型	R型	XN型	RN型	X型	R型
48	55.9	63.5	38	34.9	36.7	31.8	70	105
60	69.8	77.8	45.4	43.4	45.4	39.6		
73	83.8	93.7	58.7	53.9	56	49.1		
89	101.6	114	69.8	65	66.9	59.1		

（2）按设计要求,随完井管柱下入井内。

（3）需要进行油管内压力控制作业时,钢丝作业下入与之匹配的工作筒堵塞器。

4. 破裂盘堵头

破裂盘堵头安装在井下封隔器下部或油管柱的尾部,用于油井、气井和水井带压作业完井管柱的油管内压力控制。根据破裂盘数量的不同破裂盘堵头分为单级破裂盘堵头和双级破裂盘堵头两种（图3－20和图3－21）。

图3－20　单级破裂盘堵头结构示意图

1—上接头;2—破裂盘;3—破裂盘外壳;4—下接头

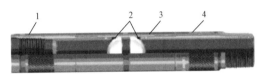

图3－21　双级破裂盘堵头结构示意图

1—上接头;2—破裂盘;3—破裂盘外壳;4—下接头

单级破裂盘堵头内部只安装有一个凸面向下的破裂盘,如图3－20所示。这种结构决定破裂盘凸面可以承受井内70MPa的压力,但能承受其上部压力作用或尖状物体对凹面的冲击力。当破裂盘上下压差达到6.9MPa时,或者受到尖状物体对凹面底部冲击时,破裂盘就会发生破裂。双级破裂盘堵头的内部安装有凸面向背的两个破裂盘（图3－21）,两个破裂盘之间的距离为12.7mm,破裂盘最薄面到凸面顶部距离范围是50.8～76.2mm。由于球冠状破裂盘的凸面具有分解正压力的作用,双级破裂盘堵头其上、下均可以承受70MPa的高压作用。当在凸面顶部受到专用冲击工具冲击时,由于应力集中,使破裂盘破碎。表3－11为破裂盘堵头技术参数。

表3－11　破裂盘堵头技术参数

油管规格 mm	外径,mm		工具内径,mm		底部承压,MPa		顶部承压,MPa	
	单级	双级	单级	双级	单级	双级	单级	双级
31.8	52.3	52.3	35.1	35.1	69		6.9	69
52.4	59.1	59.1	42.5	42.5				
60.3	77.7	77.7	49.4	49.4				
73	93.2	93.2	62	62				
88.9	108	108	76	76				
114.3	146	146	101.6	101.6				

5. 液体堵塞

液体堵塞器由基液和交联液两部分组成,能利用胶体自身强度及胶体与井壁的黏结力在井筒中形成一定的抗压差性能,从而起到封隔地层压力的作用。常规不压井作业方式采用开关阀封堵油管内来自井下的压力,但长期作业的油管内通径可能变形、被异物堵塞或者由于长时间不工作而使开关阀失效。近年来,国内开展了采用"液体堵塞器"(冻胶)来代替油管开关阀的实验研究,并将其形象的命名为"万能堵塞器"(SmartPar – ker)。经过多年实践,目前已形成纯气体欠平衡钻完井液体堵塞器应用技术、充气泥浆欠平衡钻完井液体堵塞器应用技术、高压油井欠平衡钻完井液体堵塞器应用技术。

1) 工作原理

"液体堵塞器"技术,采用一种化学智能胶体充当堵塞器,利用胶体自身强度及胶体与井壁的黏结力在井筒中形成一定的抗压差性能,隔离上下流体,并将地层压力封隔,实现对储层的保护。带压作业结束后液体堵塞器能够破胶液化,实现残液的全部返排。液体堵塞器作业方式包括欠平衡钻完井、环空封堵、油管内封堵、浅层封堵。该技术的施工工艺简单,作业成本较低,是实现带压作业的一种更好的技术手段。

2) 配方研制

(1) 丙烯酰胺单体含量对成胶性能的影响。液体堵塞器由基液和交联剂溶液组成,具体组成为丙烯酰胺单体 2%、淀粉 5%、交联剂(MEA)0.133%、交联剂(MEB)5%、功能助剂 6.5% 和引发剂 0.0025%,在 80℃ 条件下,丙烯酰胺单体含量对成胶时间和液体堵塞器强度的影响:随着丙烯酰胺单体含量的增大,成胶时间变化不显著,液体堵塞器本体强度增大。为维持柔韧性、黏度以及强度的平衡,并综合考虑成本,丙烯酰胺用量确定为 2% ~4%。

(2) 交联剂 MEA 含量对成胶性能的影响。交联剂的分子链含有大量的活性基团,如羧基和酰胺基,这些活性基团为交联反应提供了基础。将实验室自制的两种符合工艺安全和环保要求的交联剂 MEA + MEB 进行复合交联,在 80℃ 条件下,交联剂 MEA 用量对成胶时间和液体堵塞器体系强度的影响:随着交联剂 MEA 用量的增大,液体堵塞器强度增大,成胶时间缩短;当交联剂 MEA 加量过大时会过度交联,使得液体堵塞器内部溶剂量降低,液体堵塞器的韧性减弱,脆化性能增强,故交联剂 MEA 最佳用量确定为 0.025% ~0.5%。

(3) 液体堵塞器材料的破胶性能。筛选并配制了一种符合工艺安全和环保要求的破胶剂。取 40g 块状液体堵塞器材料放置于 60mL 配制好的不同质量分数的破胶剂溶液中,并于 80℃ 水浴温度下加热,静置观察(表 3 – 12)。经与破胶剂溶液接触后,液体堵塞器可完全液化为流体状,最终黏度低至 42mPa·s,且破胶剂溶液的质量分数越高破胶时间越短,可实现有效返排。

3) 性能评价

主要包括流变测定、成胶时间可控性评价、材料微观结构表征、热稳定性评价、本体强度测试、黏附性能测试、承压性能评价。

表 3 – 12　破胶剂浓度对液体堵塞器破胶性能的影响

破胶剂质量分数,%	破胶时间,h	黏度,mPa·s
8	8	45
12	4	43
16	2	42

6. 修井用内防喷工具

1) 结构形式

(1) 止回阀按其结构形式分为 5 种,其名称和代号应符合表 3 – 13 的规定。

表 3 – 13　止回阀结构形式及代号

名称	代号	名称	代号
箭形止回阀	FJ	投入式止回阀	FT
球形止回阀	FQ	钻具浮阀(或称浮式止回阀)	FZF
碟形止回阀	FD		

(2) 型号表示方法。

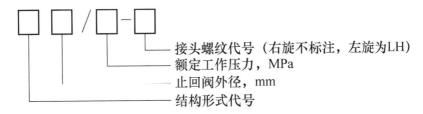

接头螺纹代号（右旋不标注，左旋为LH）
额定工作压力，MPa
止回阀外径，mm
结构形式代号

示例:外径为 168.3mm,额定工作压力为 70MPa,接头螺纹代号为 NC50 的箭形止回阀,其型号表示为 FJ168/70 – NC50。

2) 箭形止回阀

箭形止回阀与钻杆接头连接。箭形止回阀可分为上接头与阀体组合式和整体式两种,分别如图 3 – 22 和图 3 – 23 所示,其主要尺寸宜符合表 3 – 14 的规定。

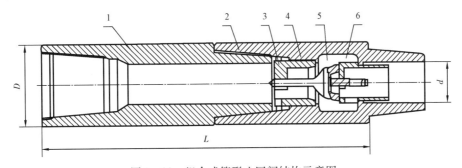

图 3 – 22　组合式箭形止回阀结构示意图
1—上接头;2—阀体;3—密封盒;4—密封圈;5—密封箭;6—下座

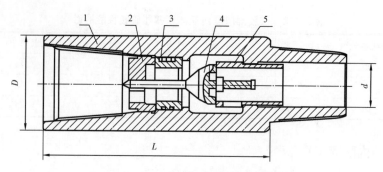

图 3 – 23　整体式箭形止回阀结构示意图

1—阀体;2—压帽;3—密封盒;4—密封箭;5—下座

表 3 – 14　箭形止回阀主要尺寸

型号	$D \pm 0.5$, mm	内径 d[①] mm	总长 L[①] mm
FJ86/35 – NC26	85.7(3⅜)	35	400
FJ86/70 – NC26		33	
FJ105/35 – NC31	104.8(4⅛)	46	410
FJ105/70 – NC31		44	
FJ121/35 – NC38	120.7(4¾)	58	440
FJ121/70 – NC38		56	
FJ140/35 – NC40	139.7(5½)	58	440
FJ140/70 – NC40		56	
FJ152/35 – NC46	152.4(6)	72	470
FJ152/70 – NC46		70	
FJ168/35 – NC50	168.3(6⅝)	85	490
FJ168/70 – NC50		83	
FJ178/35 – 5½FH	177.8(7)	85	500
FJ178/70 – 5½FH		83	
FJ203/35 – 6⅝FH	203.2(8)	85	520
FJ203/70 – 6⅝FH		83	
FJ229/35 – 7⅝REG	228.6(9)	85	570
FJ229/70 – 7⅝REG		83	

① 仅供参考,实际尺寸及公差可由制造商确定。

注:括号中数据单位为 in。

3) 球形止回阀

球形止回阀与钻杆接头相连。球形止回阀的阀体为上、下接头组合式或整体式,如图 3 – 24 所示。其主要尺寸宜符合表 3 – 15 的规定。

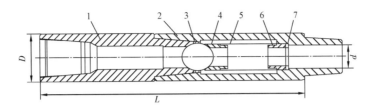

图 3 – 24　球形止回阀结构示意图

1—上接头;2—下接头;3—密封球;4—球座;5—弹簧;6—弹簧座;7—调节垫片

表 3 – 15　球形止回阀主要尺寸

型号	$D \pm 0.5$, mm	内径 d[①] mm	总长 L[①] mm
FQ86/35 – NC26	85.7(3⅜)	38	500
FQ86/70 – NC26		36	
FQ105/35 – NC31	104.8(4⅛)	48	530
FQ105/70 – NC31		46	
FQ121/35 – NC38	120.7(4¾)	58	540
FQ121/70 – NC38		56	
FQ127/35 – NC38	127.0(5)	58	540
FQ127/70 – NC38		56	
FQ140/35 – NC40	139.7(5½)	58	550
FQ140/70 – NC40		56	
FQ152/35 – NC46	152.4(6)	72	560
FQ152/70 – NC46		70	
FQ168/35 – NC50	168.3(6⅝)	85	570
FQ168/70 – NC50		83	
FQ178/35 – 5½FH	177.8(7)	85	620
FQ178/70 – 5½FH		83	
FQ203/35 – 6⅝FH	203.2(8)	85	700
FQ203/70 – 6⅝FH		83	

① 仅供参考,实际尺寸及公差可由制造商确定。

注:括号中数据单位为 in。

4）碟形止回阀

碟形止回阀(图 3 – 25)与钻杆接头连接,其主要尺寸宜符合表 3 – 16 的规定。

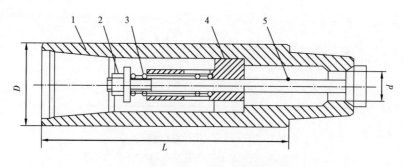

图 3-25 碟形止回阀结构示意图

1—阀体;2—调节压帽;3—弹簧;4—扶正套;5—阀瓣

表 3-16 碟形止回阀主要尺寸

型号	$D \pm 0.5$, mm	内径 d[①] mm	总长 L[①] mm
FD86/35 - NC26	85.7($3\frac{3}{8}$)	36	270
FD86/70 - NC26		34	
FD105/35 - NC31	104.8($4\frac{1}{8}$)	46	300
FD105/70 - NC31		44	
FD121/35 - NC38	120.7($4\frac{3}{4}$)	58	350
FD121/70 - NC38		56	
FD140/35 - NC40	139.7($5\frac{1}{2}$)	58	350
FD140/70 - NC40		56	
FD152/35 - NC46	152.4(6)	70	380
FD152/70 - NC46		68	
FD168/35 - NC50	168.3($6\frac{5}{8}$)	80	400
FD168/70 - NC50		78	
FD178/35 - $5\frac{1}{2}$FH	177.8(7)	80	450
FD178/70 - $5\frac{1}{2}$FH		78	
FD203/35 - $6\frac{5}{8}$FH	203.2(8)	80	500
FD203/70 - $6\frac{5}{8}$FH		78	

① 仅供参考,实际尺寸及公差可由制造商确定。

注:括号中数据单位为 in。

5)投入式止回阀

投入式止回阀(图 3-26 至图 3-28)与钻杆接头相连,其主要尺寸宜符合表 3-17 的规定。

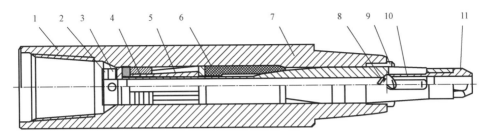

图 3-26　投入式止回阀结构示意图

1—联顶接头;2—爪盘螺母;3—紧定螺钉;4—卡爪;5—卡爪体;6—筒形密封圈;

7—阀体;8—钢球;9—止动环;10—弹簧;11—尖形接头

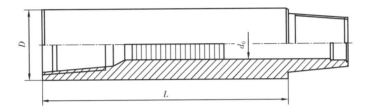

图 3-27　投入式止回阀联顶接头结构示意图

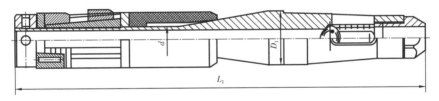

图 3-28　投入式止回阀阀芯组件结构示意图

表 3-17　投入式止回阀主要尺寸

型号	投入式止回阀联顶接头			投入式止回阀阀芯组件		
	$D \pm 0.5$,mm	$d_0^{①}$ mm	$L^{①}$ mm	$D_1^{①}$ mm	$d^{①}$ mm	$L_1^{①}$ mm
FT86/35-NC26	85.7(3⅜)	35	300	33	10	400
FT86/70-NC26					8	
FT105/35-NC31	104.8(4⅛)	38	300	36	12	450
FT105/70-NC31					10	
FT121/35-NC38	120.7(4¾)	56	310	54	19	480
FT121/70-NC38					17	
FT140/35-NC40	139.7(5½)	56	300	54	19	480
FT140/70-NC40					17	
FT152/35-NC46	152.4(6)	60	320	58	24	500
FT152/70-NC46					22	

型号	投入式止回阀联顶接头			投入式止回阀阀芯组件		
	$D \pm 0.5$, mm	$d_0^{①}$ mm	$L^{①}$ mm	$D_1^{①}$ mm	$d^{①}$ mm	$L_1^{①}$ mm
FT168/35 – NC50	168.3(6⅝)	70	350	68	28.5	530
FT168/70 – NC50					25	
FT178/35 – 5½FH	177.8(7)	70	350	68	28.5	530
FT178/70 – 5½FH					25	
FT203/35 – 6⅝FH	203.2(8)	78	400	76	32	550
FT203/70 – 6⅝FH					29	

① 仅供参考,实际尺寸及公差可由制造商确定。

注:括号中数据单位为 in。

6) 钻具浮阀

钻具浮阀分为 A 型和 B 型两种。A 型钻具浮阀下端与钻头转换接头连接,上端与钻铤或钻具稳定器连接。B 型钻具浮阀下端与钻头相连,上端与钻铤或钻具稳定器连接。钻具浮阀壳体(或阀体)(图 3 – 29 和图 3 – 30)的主要尺寸宜符合表 3 – 18 的规定。内浮阀槽(图 3 – 31)的主要尺寸应符合表 3 – 19 的规定。

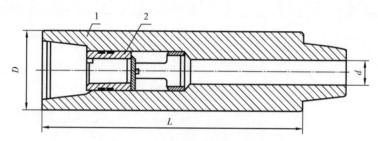

图 3 – 29 A 型钻具浮阀结构示意图

1—阀体;2—浮阀芯组件

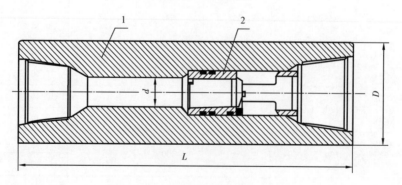

图 3 – 30 B 型钻具浮阀结构示意图

1—阀体;2—浮阀芯组件

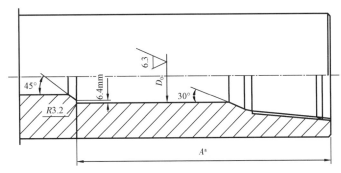

$$A^a = L_1（浮阀芯组件的长度）+ 钻杆接头外螺纹锥体长度 + 6.4mm$$

图 3 - 31　阀体内浮阀槽（A 型钻具浮阀的上端和 B 型钻具浮阀的下端）结构示意图

表 3 - 18　钻具浮阀主要尺寸

型号	水眼 d[①]	阀体 $D \times L$[①]	上端接头	下端接头	浮阀芯型号	
	mm	mm × mm	螺纹代号	螺纹代号	A 型钻具浮阀	B 型钻具浮阀
FZF121/70 - NC38 × NC38	38.1	121 × 610	NC38	NC38	3F	1F - 2R
FZF121/70 - NC38 × 3½REG	38.1	121 × 610	NC38	3½REG		
FZF165/70 - NC46 × 4½REG	65.0	165 × 610	NC46	4½REG	4R	3½IF
FZF165/70 - NC50 × 4½REG	65.0	165 × 610	NC50	4½REG		
FZF165/70 - NC50 × NC50	71.4	165 × 610	NC50	NC50		
FZF178/70 - NC50 × NC50	71.4	178 × 610	NC50	NC50		
FZF203/70 - 6⅝REG × 6⅝REG	71.4	203 × 915	6⅝REG	6⅝REG	5F - 6R	
FZF203/70 - 7⅝REG × 6⅝REG	71.4	203 × 915	7⅝REG	6⅝REG		
FZF229/70 - 7⅝REG × 6⅝REG	76.2	229 × 915	7⅝REG	6⅝REG		
FZF229/70 - 7⅝REG × 7⅝REG	76.2	229 × 915	7⅝REG	7⅝REG		
FZF241/70 - 7⅝REG × 6⅝REG	76.2	241 × 915	7⅝REG	6⅝REG		
FZF241/70 - 7⅝REG × 7⅝REG	76.2	241 × 915	7⅝REG	7⅝REG		
FZF279/70 - 7⅝REG × 8⅝REG	80.0	279 × 915	7⅝REG	8⅝REG		

① 仅供参考,实际尺寸及公差可由制造商确定。

表 3 - 19　阀体内浮阀槽主要尺寸

浮阀芯型号	浮阀芯组件的直径 D_1 mm	浮阀槽的直径 $D_0 + 0.4$ mm	浮阀芯组件的长度 L_1 mm	API 钻杆接头内螺纹阀体内浮阀槽深度 $A \pm 1.6$ mm	
3F	71.44	72.23	254	3½FH	355.60
3½F	79.38	80.17	254	3½IF	361.95
4R	88.11	88.90	211.14	4½REG	325.44
				NC44	331.79

浮阀芯型号	浮阀芯组件的 直径 D_1 mm	浮阀槽的直径 $D_0 + 0.4$ mm	浮阀芯组件的 长度 L_1 mm	API 钻杆接头内螺纹阀体内 浮阀槽深度 $A \pm 1.6$ mm	
5F – 6R	121.44	122.24	298.45	$5\frac{1}{2}$IF	431.80
				$5\frac{1}{2}$FH	431.80
				NC61	444.50
				$6\frac{5}{8}$REG	431.80
				$7\frac{5}{8}$REG	438.15
				$8\frac{5}{8}$REG	441.33

第三节　油管堵塞工具投堵施工工艺

带压作业的关键技术是实现井下压力控制,带压作业机井口防喷装置可以实现油管与套管之间环形空间的压力控制,因此油管内腔的压力控制成为带压作业关键技术中的关键。油管堵塞器是实现油管内腔封堵的专用工具,油管堵塞器能够有效控制油管内腔压力必须具备两个条件:一是堵塞器投放到油管预定位置时能够实现锚定,防止堵塞器上下窜动;二是密封有效可靠,长时间封堵不泄漏。

一、钢丝作业

钢丝作业就是通过缠绕在绞车上的钢丝利用机械的上下提放达到对井下工具进行操作的目的。由于钢丝作业的设备简单、价格便宜、重量轻、操作简单、适用范围广和易于下井等特点,在投堵作业中应用广泛。

1. 地面设备

钢丝和电缆作业的地面设备的种类基本相同。如图 3 – 32 所示,钢丝作业井口设备主要由绞车、井口连接头、防喷阀、防喷管、井口密封系统、滑轮和指重系统组成。

1)绞车

绞车是用滚筒缠绕钢丝、电缆或钢丝绳以提升或下放悬挂物的收放设备。绞车具有通用性高、结构紧凑、体积小、重量轻、绕绳量大、起重大、使用转移方便等特点被广泛应用于油田钻井、完井和修井作业等各行各业。

绞车主要技术指标有额定负载、支持负载、绳速和容绳量等。液压绞车以液压油作为其工作介质,通过液压泵驱动液压油液内部的压力来传递动力,通过液压油压力驱动液压马达运转,从而驱动滚筒转动,从而实现悬挂物的收放。液压绞车具有安全性好、起动扭矩大、低速稳定性好、噪声小、操作可靠、过载保护、冲击防护、防爆等特点。

绞车按照滚筒形式分为单滚筒和和双滚筒。大庆油田石油专用设备有限公司 2019 年单滚筒试井车在产产品见表 3 – 20。

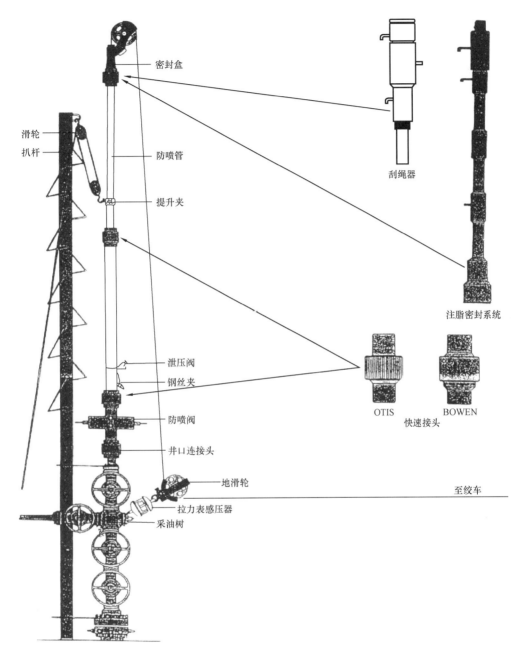

图 3 - 32　钢丝电缆作业井口设备结构示意图

表 3 - 20　大庆油田石油专用设备有限公司 2019 年单滚筒试井车在产产品

型号	DQJ5052TSJ	DQJ5060TSJ	DQJ5072TSJ	DQJ5073TSJ
技术特征	侧出丝 3500m	侧出丝 3500m	后出丝 5000m	侧出丝 3500m
钢丝电缆直径,mm	钢丝 2.4	钢丝 2.4	钢丝 2.8	钢丝 2.4
最大拉力,tf	1	1	1.2	1

型号	DQJ5052TSJ	DQJ5060TSJ	DQJ5072TSJ	DQJ5073TSJ
底盘型号	CA1086P40K2L3BE5A84 解放(国五)	QL1100A8KAY 庆铃(国五)	QL1100A8KAY 庆铃(国五)	东风特汽(国六) EQ6600ZT6D1
驱动	4×2	4×2	4×2	4×2
准乘人数,人	3	3	3	4
轮胎直径,mm	800	780	780	
轮胎型号	7.50R16LT	235/75R17.514PR	235/75R17.514PR	8R19.5
轴距,mm	3900	3815	3815	3300
底盘总质量,kg	8280	10000	10000	
整备质量,kg	2970	3180	3180	
发动机型号	大柴 CA4DD1 – 15E5	重庆 4HK1 – TC51	重庆 4HK1 – TC51	潍柴 WP4.1NQ170E61
发动机最大净 功率(转速) kW(r/min)	110(3200)	140(2600)	140(2600)	
整备质量,kg	5185	5455	6855	6540

以 DQJ5052TSJ 单滚筒试井车为例,结构如图 3 – 33 所示,由取力器、传动轴、泵、马达以及与绞车配套的排丝装置、深度指示装置和张力指示装置等部件组成。

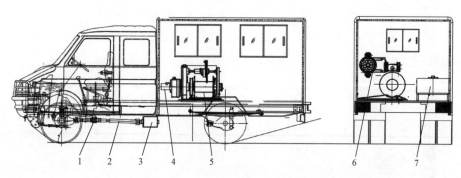

图 3 – 33　单滚筒试井车结构示意图

1—取力器;2—传动轴;3—泵;4—马达;5—滚筒;6—计量轮;7—液压油箱

大庆油田石油专用设备有限公司 2019 年单滚筒试井车在产产品见表 3 – 21。

表 3 –21　大庆油田石油专用设备有限公司 2019 年单滚筒试井车在产产品

型号	DQJ5075TSJ	DQJ5082TSJ	DQJ5071TSJ
技术特征	同轴双滚筒后出丝 3000m	同轴双滚筒后出丝 3000m	同轴双滚筒后出丝 3000m
钢丝电缆直径,mm	钢丝 2.4,电缆 3.2/3.5	钢丝 2.4,电缆 3.2/3.5	钢丝 2.4,电缆 3.2/3.5

型号	DQJ5075TSJ	DQJ5082TSJ	DQJ5071TSJ
最大拉力,tf	1	1	1
底盘型号	EQ6600ZT6D 东风特汽(国六)	CA2080P40K1L2T5E5A84 解放(国五)	EQ6672ZTV
驱动	4×4	4×4	4×4
准乘人数,人	4	3	4
轮胎直径,mm		840	
轮胎型号	8R19.5	8.25R16LT	11R18
轴距,mm	3300	3900	3650
底盘总质量,kg		8280	
整备质量,kg		3720	5900
发动机型号	潍柴WP4.1NQ170E61	大柴CA4DD1-15E5	WP4.1Q160E50
发动机最大净功率/(转速) kW(r/min)		110(3200)	
整备质量,kg	7040	7455	6940

以 DQJ5071TSJ 双滚筒试井车为例,结构如图 3 - 34 所示,车辆配备双滚筒,具有钢丝及电缆测试能力。该设备由取力器、传动轴、泵、马达以及与绞车配套的排丝装置、深度指示装置和张力指示装置等部件组成。

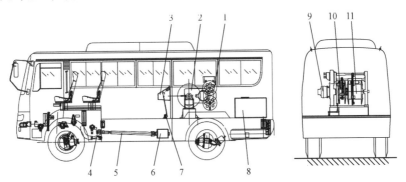

图 3 - 34　双滚筒试井车结构示意图

1—测量头;2—主机;3—操作台;4—取力器;5—传动轴;6—泵;7—刹车手柄;
8—液压油箱;9—马达;10—小滚筒(钢丝);11—大滚筒(电缆)

2) 试井钢丝

(1) 钢丝种类。

目前使用的钢丝种类较多,主要是根据材质分类,不同材质的钢丝耐腐蚀能力和破断拉力不同,其目的为满足不同井况的作业需求。

API 9A 和 UHT 纯碳钢钢丝是使用最广泛并且最便宜的钢丝,API 9A 和 UHT 钢丝,在含氯化物的环境中可以抗腐蚀,但是如果没有适当的保养会有生锈现象。API 9A 和 UHT 在含 H_2O 和 CO_2 环境中工作将会严重脆化。API 9A 在缓腐剂的配合下,可以用于 2~3mg/kg 的 H_2S 环境和 2%~3% 的 CO_2 环境中工作。但是即使有缓腐剂的配合,也不建议 UHT 钢丝在任何存在 H_2S 和 CO_2 的环境中工作。

不锈钢材质的 304 型钢丝可以在 H_2O 和 CO_2 含量为 30% 的环境中工作,但是在氯化物存在的环境中容易受到应力腐蚀。

316 型材质的不锈钢钢丝同样可以像 304 型钢丝一样在含量为 30% 的 CO_2 和 H_2O 环境中工作,同时可以在耐氯离子浓度为 2%~3% 环境中工作。

现最常使用的钢丝直径为 0.108in 和 0.125in 两种,API 9A 规范中给出了最常用的低碳钢钢丝的技术参数,见表 3-22。

表 3-22 API 9A 低碳钢钢丝参数

参数			不同公称直径对应的数据	
			0.108in ± 0.001in (2.74mm ± 0.03mm)	0.125in ± 0.001in (3.175mm ± 0.03mm)
破断强度	最小	lbf	2100	2900
		kN	9.38	23.05
	最大	lbf	2560	3600
		kN	11.38	16
塑性极限		lbf	1279	1435
		kN	5.69	6.38
10in 破断时延伸量	最大	lbf	1.5	1.5
		kN	3	3
推荐的滑轮最小直径		in	13.0	15
		mm	330	381

① 普通试井钢丝。普通试井钢丝的技术指标见表 3-23。

表 3-23 普通试井钢丝技术指标

钢丝直径 mm	截面积 mm²	钢丝线重 kg/km	钢丝长度 m/kg	抗拉极限 kN	弯曲折断次数
1.6	2.01	15.8	63.29	3.63~4.31	≥13
1.8	2.54	20.0	50.00	4.41~5.20	≥10
2.0	3.14	24.7	40.49	5.49~6.37	≥9
2.2	3.80	29.9	33.44	6.28~7.45	≥8
2.4	4.52	38.4	26.04	7.94~9.32	≥7

② 不锈试井钢丝。油气井筒内除石油和天然气外还含有大量的硫化氢、二氧化碳、氯化物及有机硫化物等强腐蚀介质。钢丝在井筒内停留时间过长,极易造成腐蚀断裂。选用不锈试井钢丝能很好地解决钢丝腐蚀断裂问题,为油气井的连续测量和监控提供可靠的保证。

不锈试井钢丝通常由特种合金材料制作而成,抗腐蚀性好,适用于含硫化氢、二氧化碳、氯化物及有机硫化物等强腐蚀介质的井下作业。常用型号有 D659,D660,AISI316,AL-LOY28,25－6Mo,27－7Mo,MP35N 和 Supa75 等。

由于深井、斜井和含腐蚀介质井的需要,很多厂家制造了性能高于 API 标准的钢丝。表 3－24 为 Bridon 公司生产的钢丝规格及最小破断强度。

表 3－24　Bridon 公司生产的钢丝规格及最小破断强度

材质	最小破断强度			
	公称直径 0.108in(2.74mm)		公称直径 0.125in(3.175mm)	
	lbf	kN	lbf	kN
Bright	2120	9.43		
UHT	2700	12.1		
304 不锈钢	2100	9.34	2799	
316 不锈钢	1850	8.25		
18－18－2 不锈钢	1720	7.65		
Supa50 特殊合金钢	1990	8.85		
Supa60 特殊合金钢	1720	7.65		
Supa70 特殊合金钢	2100	9.34		

在含硫化氢环境中工作,推荐使用不锈钢或特殊合金钢钢丝。表 3－25 为各种类型钢丝防腐性能表。

表 3－25　各种类型钢丝防腐性能表

钢丝材质	规范	相对 API 的强度	防腐性能
Bridon	API 9A	API 9A	差
UHT	厂家	高 25%	差
304 不锈钢	厂家	API 9A	好
316 不锈钢	厂家	低 10%	好于 304 不锈钢
18－18－2 不锈钢	厂家	低 10%～15%	好于 304 不锈钢
Supa50 特殊合金钢	厂家	低 15%～10%	好于 18－18－2 不锈钢
Supa60 特殊合金钢	厂家	低 15%～20%	非常好
Supa70 特殊合金钢	厂家	高 5%	非常好

当工作拉力需要公称直径大于 2.74mm(0.108in)的钢丝时,常选用大直径的钢丝或钢丝绳进行作业。钢丝或钢丝绳一般有下列几种尺寸:钢丝有 0.125in 和 0.165in 两种;钢丝绳有 5/32in,3/16in,7/32in,1/4in 和 5/16in 几种。表 3-26 为钢丝破断最大拉力值。

表 3-26　钢丝破断最大拉力值

钢丝直径	碳钢		不锈钢		
in	API 9A	UHT	304S. S	316S. S	Supa75
0.108	2100	2700	2100	2000	2000
0.125	2800	3600	2700	2500	2500

厂家推荐安全负荷为:60%,即:2100lbf 的安全负荷为 1260lbf;2700lbf 的安全负荷为 1620lbf。

(2)钢丝尺寸和材料的选择。

钢丝的选择取决于其工作环境,包括钢丝强度和井况。钢丝作业现场的钢丝工作拉力应该保持在钢丝的屈服拉力以内,保证钢丝在作业时处于弹性范围内,不会出现塑性变形而破坏。原则上,钢丝的破断拉力不会大于屈服拉力的 35%,因此,所选钢丝的破断拉力要大于其工作拉力 35%。

一般情况下,钢丝的总负荷为工具和钢丝的重量及其在井下和密封盒的摩擦力的总和,但是,快速震击产生的负荷会大大超过静止负荷。钢丝的疲劳和腐蚀也会减少其所能承受的负荷。

井中腐蚀物质的类型和含量以及钢丝在井内停留的时间对钢丝的工作拉力会产生重大影响。另外,钢丝滑轮的直径大小也对钢丝的屈服拉力和拉力产生很大的影响。

钢丝的尺寸不是越大越好。尺寸大,由于钢丝自身在井下的重量增大会使其地面可用拉力减少,需用较大直径滑轮下放钢丝;如果滑轮过小,钢丝在滑轮处非常易于疲劳而破裂,不利于工具下井,需要增加加重杆重量,在斜井中的摩擦力也会增大,从而减少了可用拉力。表 3-27 中为普通试井钢丝技术指标。

表 3-27　普通试井钢丝技术指标

钢丝直径 mm	截面积 mm²	钢丝线重 kg/km	钢丝长度 m/kg	抗拉极限 kN	弯曲折断次数
1.6	2.01	15.8	63.29	3.63~4.31	≥13
1.8	2.54	20.0	50.00	4.41~5.20	≥10
2.0	3.14	24.7	40.49	5.49~6.37	≥9
2.2	3.80	29.9	33.44	6.28~7.45	≥8
2.4	4.52	38.4	26.04	7.94~9.32	≥7

不锈钢丝种类较多,表 3-28 中为国内生产的不锈钢丝主要技术指标。

表 3 – 28 国内生产的不锈钢丝主要技术指标

钢丝直径 mm	允许偏差 mm	质量 kg/km	D659		D660	
			抗拉强度 MPa	弯曲次数 次	抗拉强度 MPa	弯曲次数 次
1.8		20				
2.0		25				
2.2		30				
2.4		36				
2.5	±0.05	39	≥1370	≥4	≥1470	≥4
2.6		42				
2.8		49				
3.0		56				
3.2		64				

国外生产常用试井钢丝的直径范围通常为 0.066in, 0.072in, 0.082in, 0.092in, 0.108in 和 0.125in。钢丝缠绕在绞车滚筒上,必须具有较好的弯曲性能或缠绕韧性。钢丝长度一般根据用户要求订制,原则是钢丝长度应大于测试井的最深井深,并留有一定的安全余量。国外生产试井钢丝规格和对应绞车滚筒直径要求见表 3 – 29。

表 3 – 29 试井钢丝规格和绞车滚筒直径

钢丝直径		直径允许偏差		滚筒直径	
in	mm	in	mm	in	mm
0.066	1.69	±0.001	±0.0254	11 ~ 12	280 ~ 305
0.072	1.83	±0.001	±0.0254	12 ~ 13	305 ~ 330
0.082	2.08	±0.001	±0.0254	14 ~ 15.5	356 ~ 395
0.092	2.34	±0.001	±0.0254	16 ~ 17.5	406 ~ 445
0.105	2.67	±0.001	±0.0254	19.5 ~ 20.5	495 ~ 520
0.108	2.74	±0.001	±0.0254	20 ~ 21.5	508 ~ 546
0.125	3.18	±0.001	±0.0254	24.5 ~ 26.5	622 ~ 673

不锈试井钢丝机械性能见表 3 – 30 至表 3 – 32。钢丝的工作拉力应该保持在钢丝屈服拉力以内,保证钢丝作业时处于弹性范围内,不会出现塑性变形而破坏。为安全起见,现场测试时钢丝拉力应控制在钢丝最小破断拉力的 60% 以内。

表 3 – 30 直径 0.108in 不锈钢丝的最小拉断负载

材质	最小拉断负载,lbf	建议的安全工作负载,lbf
AISI316	1880	1125
Alloy28	1910	1145

材质	最小拉断负载,lbf	建议的安全工作负载,lbf
25 – 6Mo	2050	1230
27 – 7Mo	2075	1245
MP35N	2090	1254

表 3 – 31 MP35N 防硫钢丝破断力参数

直径		破断力		线质量	
mm	in	N	lbf	kg/1000m	lb/1000ft
2.083	0.082	5398	1214	27.3	18.31
2.337	0.092	6805	1530	34.4	23.05
2.667	0.105	8851	1990	44.8	30.02
2.743	0.108	9365	2105	47.4	31.76
3.175	0.125	12545	2820	63.4	42.55
3.556	0.140	15740	3541	79.6	53.37
3.810	0.150	18064	4061	91.4	61.27

表 3 – 32 不同不锈钢丝最小抗拉强度

尺寸/型号	最小抗拉强度,lbf					
	AISI316	XM19	Alloy28	GD31Mo	25 – 6Mo	MP35N
0.082in	1100	1190	1140		1175	1200
0.092in	1400	1500	1430	1550	1475	1510
0.108in	1880	2085	1910	2030	2050	2090
0.125in	2500	2740	2500	2560	2510	2820

3）试压设备

气动试压泵用于石油化工工程的防喷器和阀门等,原理是气动试压装置的工作。气动试压泵是根据气动试压装置的工作原理研制而成的一种试压装置（图 3 – 35）。

它是使用压缩空气为动力源,以气动泵为压力源,输出液压力与气源压力成比例。通过对气源压力的调整,便能得到相应的液压力。当气压力与液压力平衡时,气动泵便停止充压,输出液压力也就稳定在预调的压力上,通过控制进气量大小,从而控制升压速度。因而具有防爆、输出压力可调、升压速度可控、体积小、重量轻、操作简单、性能可靠和适用范围广等

图 3 – 35 气动试压泵

特点。它特别适用于油田钻采工程的防喷设备、阀门、管道、连接件、压力容器等受压设备的高压和超高压试压检验。同时也适合科研和检验部门作检测工具。

气动试压泵种类繁多,现以 HTX – 7300 系列为例加以说明,与其他气压泵相比较,AZ 泵运动件及密封件更少,从而减少了维护工作。

技术参数:

(1)驱动气压范围为 0.1 ~ 0.69MPa,且输出压力和驱动气压成正比。

(2)最大耗气量为 $1m^3/min$。

(3)压力测试范围为 10 ~ 500MPa,根据客户实际需求,选择相对应的压力。

(4)工作介质为水或油。

试油泵型号规格表见表 3 – 33。

表 3 – 33 试压泵型号规格表

产品系列	产品型号	最大工作压力,MPa	最大排量,L/min	质量,kg
HTX – 7300	HTX – 7300 – 7	6.9	23	23
	HTX – 7300 – 13	13	11 6	23
	HTX – 7300 – 21	21	7.3	23
	HTX – 7300 – 40	40	3.5	23
	HTX – 7300 – 58	58	3.0	23
	HTX – 7300 – 70	70	2.0	23
	HTX – 7300 – 95	95	1.5	23
	HTX – 7300 – 120	120	1.1	23
	HTX – 7300 – 160	160	1.6	23
	HTX – 7300 – 220	220	1.1	23
	HTX – 7300 – 310	310	0.75	23

4)化学注入设备

在高压气井或高油气比的油井中进行钢丝作业时,钢丝有极大的可能会在防喷盒和防喷管处被水分子形成的水化物结蜡或脏物聚集、冻住(泄漏)。这时应采取外部直接用水化解(轻冻),或注入乙二醇的方法解冻、解堵。

(1)化学注入设备。

化学注入设备主要有化学注入短节,如图 3 – 36 所示。注油器安装在防喷盒与防喷管之间,主要用于在高压气井或高油气比的油井中进行钢丝作业,上提起钢丝时,给钢丝注入润滑油以润滑钢丝,并减少因防喷盒泄漏而结冰的事故,易于钢丝向上运行。另外,还可用专业注入泵注入防冻剂等化学药剂。随着技术的进步,现化学注入装置已集成于防喷盒上。

图 3 – 36 注入短节

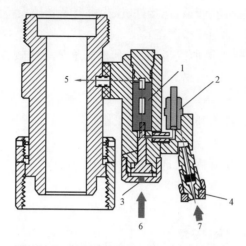

图 3 - 37　70MPa 化学注入短节工作原理图
1—双阀单向阀;2—导流阀;3—液压接头;4—注入接头;
5—主体;6—液压流向;7—化学药剂流向

5)防喷装置

钢丝防喷装置,又名井口防喷装置。在钢丝作业技术中,它承担着密封井口压力使得井下介质不外溢且同时钢丝能够顺畅通过的功能,其重要性不言而喻,无可替代。依据钢丝防喷装置各部件的具体功能,大致可以分为防喷盒、防喷管、防喷器与变扣法兰等;另外,根据压力等级、内径尺寸和材质可分为不同型号与类型。

(1)防喷盒。

防喷盒的用途是进行钢丝作业时密封井内压力,让钢丝自由通过但高压液体和气体不通过的防喷装置。其基本构造如图 3 - 38所示,分为普通防喷盒和液压防喷盒。

①普通防喷盒。普通防喷盒也可称为手动控制防喷盒,通过手动拧紧密封圈压紧螺帽的力起到密封井内高压气体或液体的作用,其本体上部装了一个能 360°旋转(可使滑轮能自动对准绞车的方向)的带护板的滑轮,滑轮能保证钢丝进入顶部密封压盖的中心。滑轮护罩一方面可以防止正常钢丝作业时钢丝跳槽,另一方面当钢丝从地面突

(2)工作原理。

将液压管线与注入接头 4 连接,采用注入泵泵注,化学药剂泵入流经注入接头 4、导流阀 2,到达双阀单向阀 1,当化学药剂压力高于井口压力或防喷装置内压力时,化学药剂打开双阀单向阀 1 进入化学注入短节主体5 内;当化学药剂压力低于井口压力时,双阀单流阀关闭,如图 3 - 37 所示。

若遇紧急情况时,将液压管线与液压接头 3 和手压泵连接,通过手加泵加压可打开双阀单向阀进行维护和泄压处理,当双阀单流阀失效,可关闭导流阀 2。

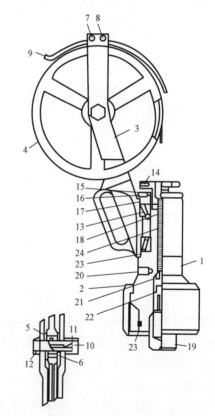

图 3 - 38　防喷盒结构示意图

1—防喷盒主体;2—活接头盖;3—滑轮支架;4—滑轮片;
5—滑轮轴承;6—支撑轴承;7,8—滑轮引导板固定螺栓;
9—滑轮引导盖板;10—黄油嘴;11,12—六方螺母;
13—滚柱轴承;14—密封圈压紧螺帽;15,16—滑轮架定位
圈及定位螺母;17—油封圈;18—密封圈上法兰;
19—防喷塞限位器;20—螺栓;21—下法兰;
22—防喷塞;23—O 形密封圈;24—密封圈

然断裂落井时,滑轮护板有可能将钢丝头抓住。防喷盒滑轮直径主要有 304mm 和 392mm (12in 和 16in)两种,前者用于 2.74mm(0.108in)及其以下直径的钢丝,后者用于 3.175mm (0.125in)及其以上直径的钢丝。

防喷盒内部的防喷滑动塞(底托)上端抵在带螺纹的密封套上,钢丝断裂落井时,井内高压流体会使滑动塞利用本身的胶皮变形可自动将井内流体封住。井内压力越高,滑动塞的形变越大,密封效果越好。还可通过密封盒上的泄压阀放掉压力后,就可以在带压情况下,更换上部密封圈。

通过上部的密封圈压帽可以调整压帽对钢丝的松紧度,并利用压帽上的小量油杯开口,滴落机油介质用以润滑钢丝的同时又防止胶皮密封圈的磨损。

② 液压防喷盒。液压防喷盒主要由主体、活塞、铜塞、胶皮、密封圈所组成,当手压泵向密封盒送液压油或机油时,活塞向下移动,推动铜塞压紧橡胶密封圈,密封井内压力。

只需将手动防喷盒(图 3-39)上的密封圈压帽卸下,装上液控密封圈压帽(图 3-40)即可变成液压防喷盒,实现从地面通过手压泵和液压软管很便捷地调节密封圈的松紧,不受高度限制。

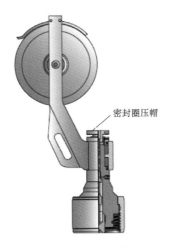

图 3-39　手动防喷盒

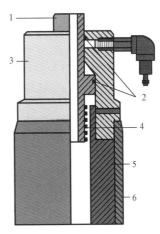

图 3-40　液控密封压帽结构示意图

1—活塞;2—O 形密封圈;3—外壳;4—弹簧;
5—防喷盒内体;6—防喷盒本体

（2）防喷管。

防喷管带有快速连接头和 O 形密封圈,能够手动快速连接或拆卸,O 形密封圈可以保证手动上扣后密封井内压力,承受标准压力值,选用特制管材,在符合压力标准内,井下工具串在防喷管内进出生产管柱作业。防喷管下部连接防喷器,上部连防喷盒或电缆注脂密封系统。防喷管的长度一般为单根 2.4m(8ft)和单根 1.2m(4ft),每次作业需要使用多根(节)防喷管串联组装到一起,其组装长度应大于井下工具串的最大长度。

防喷管一般可分两种类型:上防喷管和下防喷管。

上防喷管只容纳绳帽、加重杆和震击器等,内径小且无放空设置。

下防喷管需要容纳井下工具(装置),如投、捞堵塞器等特殊工具时,所投工具要进入防喷管内,所以下防喷管内径要求大些。下防喷管设置有放压(空)装置,用于防喷管泄压,标准的下防喷管必装有两个泄压阀接口,如图 3 – 41 所示。

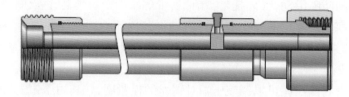

图 3 –41 防喷管结构示意图

防喷管系统还有两个重要辅助设备,即防掉器和捕捉器。

防掉器安装在防喷管以下,起下钢丝或电缆时,它们可从防掉器的叉形瓣片中间的槽通过。工具串由井底进入井口后,工具串把瓣片顶起成竖状,工具串完全通过后,在弹簧力的作用下,瓣片倒落成水平状,把工具串挡在防喷管内,这时,工具串不会因任何故障落井。

捕捉器用于抓住井下工具串顶部打捞颈,防止误操作至工具上顶拉断,便于钢丝作业,捕捉后,用手压泵打压便可推动内衬套可释放工具串绳帽。

(3)防喷器。

防喷器(BOP)(图 3 –42)与井口连接头或采油树的顶部相连接。当钢丝或钢丝绳或电缆在井下时,关闭防喷器即可在不剪断钢丝、钢丝绳或电缆的情况下密封防喷器以下井内压力,释放防喷器上部压力后就可进行防喷器以上设备的操作和维修。该防喷器能密封钢丝、钢丝绳或电缆周围,但不损坏钢丝、钢丝绳或电缆。

BOP 两边的活塞总成前端部分各有一个软胶皮作用是密封,不损伤钢丝以及各有一个钢丝导向板,活塞总成在外部的机械或液压作用下,逐渐向中心靠拢。井中钢丝在导向板的作用下,由在一侧的钢丝被带回到中心位置,并在不损伤钢丝的情况下,将钢丝夹在两个活塞总成中心,并把井内压力封住,防止泄漏与外喷。如图 3 –43 所示为 BOP 开关。

(a) BOP开启状态

(b) BOP闭合状态

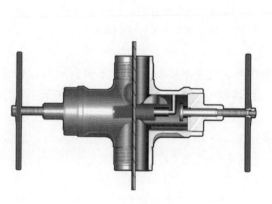

图 3 –42 防喷器(BOP)

图 3 –43 BOP 开关

钢丝作业和电缆作业的密封闸板略有不同。钢丝的密封闸板外边是平的,如图 3-44 所示;而电缆或钢丝绳的密封闸板的外边有半圆槽,如图 3-45 所示,两个闸板相对组成一个圆,抱紧电缆,从而达到密封作用。

图 3-44　钢丝闸板　　　　　　　　　　图 3-45　电缆闸板

防喷器内有一个平衡阀。当防喷器关闭并且上防喷管内没有压力时,要直接打开防喷器是非常困难且易于损坏防喷器丝扣的,因此,需要先打开平衡阀,将井内压力通过平衡阀引向上防喷管内,等防喷器上下压力平衡后,再打开防喷器,最后再关闭平衡阀装置。

为了操作方便和安全,除手动防喷器外还有液压控制的防喷器,如钢丝双翼液压防喷器(图 3-46)和电缆双翼液压防喷器(图 3-47),可用通过手压泵打压进行开关操作。

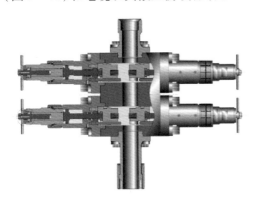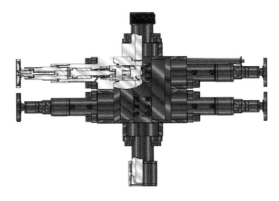

图 3-46　钢丝双翼液压防喷器　　　　　　图 3-47　电缆双翼液压防喷器

6)钢丝作业工具

在钢丝作业技术中,钢丝工具承担着连接、旋转、配重、导向、抓牢与释放等回收井下装置很多功能,其作用无可替代。打捞工具主要是为回收井下装置和其他井下工具而设计的。所有的钢丝工具都在其顶部设计有可回收的提捞装置,为下井工具的投放和打捞提供一个标准尺寸的打捞并能带出整体工具。钢丝工具的这一部分装置叫做打捞颈,因此油管内的各种工具才能够被安全地回收上来。钢丝工具的打捞颈分为外打捞颈和内打捞颈两种。钢丝工具因其作用和目的不同专门设计为外打捞颈或内打捞颈。依据钢丝工具的使用和作用,又大致可以分为基本工具、投捞工具、辅助工具、事故处理工具和大斜度井作业专用传输工具。

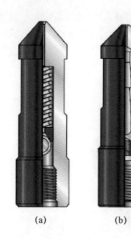

图 3-48 钢丝绳帽

（1）基本工具串。

钢丝作业基本工具串包括钢丝绳帽、加重杆、震击器和万向节。钢丝作业投捞工具可接在基本工具串下面，可在带压情况下，完成各种不同作业。

（2）绳帽。

绳帽起着连接钢丝或钢丝绳与井下测试仪器或井下工具的连接作用。

由于钢丝或钢丝绳在井下因其特性会旋转、破劲，因此，要求当选用钢丝或钢丝绳作业时，在绳帽处必连接旋转节工具，防止其下部所连接的工具、仪器因其旋转而造成脱扣现象，从而造成落井事故。

① 钢丝绳帽。钢丝绳帽内打钢丝结的小圆环可以使钢丝作业工具自由旋转，内部装有一个小弹簧，其作用是在震击拉伸时，防止钢丝结拉出，起缓冲垫作用，常用于测试作业。图 3-48 所示为钢丝绳帽，是一种硬连接型式绳帽，该型绳帽多用于震击使用，因内心旋转较差，要与旋转节或万向节连接一同使用效果最佳。又称水滴型绳帽。

② 钢丝绳绳帽。钢丝绳绳帽如图 3-49 所示，最大可用于 7.9mm（5/16in）的钢丝绳。

根据绳帽中卡块的受力接触面不同而可分为两大类型，超负荷脱手型（A）和平面型（B）。

超负荷脱手型：该类型绳帽的卡块（A）开有一个槽，当钢丝绳的拉力达到满负荷的一定百分比时，卡块能将钢丝绳卡断，卡块点受力不同，其百分比数也不同，有 5 种分别设计为 50%，60%，70%，80% 和 90% 的卡块可供选择。

图 3-49 钢丝绳绳帽

平面型：该类型卡块（B）的内面没有槽，是一个平面设计，被设计成可达到满负荷拉力，但经验表明当拉力达到钢丝绳破断拉力的 90% 时，钢丝绳常常在卡块的顶端被拉断或整体被拉出绳帽。

这种绳帽和加重杆之间必须用旋转节或万向节连接起来使用，避免由于钢丝绳在下井过程中的转动，而将扭力传给工具串造成工具串脱扣等问题。

（3）加重杆。

加重杆主要用于克服密封盒内密封圈的摩擦阻力和井内压力产生的上顶力。使钢丝作业工具能正常下入作业，并达到井下预定的深度。另外，加重杆靠其自身重量可以施加向上或向下的力而完成井下控制工具的投捞操作。加重杆的尺寸和重量选择，首先根据作业油管内径大小来确定尺寸，再由井下工具的具体要求和冲击力的大小，决定加重杆的重量，并结合所投捞的井下控制工具尺寸来确定。

加重杆顶部设计有打捞颈，大部分加重杆由钢铁制成，其常用规格见表 3-34。图 3-50 所示为普通加重杆。

表 3 – 34　常用加重杆规范

公称尺寸 in	螺纹	投捞颈外径 in	最小抓距 in	最大外径 in	长度 ft	质量 lb
1¼	15/16 – 10	1.375	1.44	1.50	2	10½
1½	15/16 – 10	1.375	1.44	1.50	3	16½
1½	15/16 – 10	1.375	1.44	1.50	5	34½
1⅞	11/16 – 10	1.750	1.44	1.88	2	16
1⅞	11/16 – 10	1.750	1.44	1.88	3	25½
1⅞	11/16 – 10	1.750	1.44	1.88	5	63½
1⅞	11/16 – 10	1.750	1.44	1.88	5	63½

　　在防喷管不可能加长的情况下,而又需增加加重杆长度及数量时,就需特殊加重杆,其长度和外径不变的情况下,需要增加加重杆的密度,选用钨合金钢制造加重杆。有的采用在钢管内灌水银或铅来增加

图 3 – 50　普通加重杆

重量。要注意的是,不要将这种灌水银或铅的加重杆用于需要井下震击的钢丝作业。

　　图 3 – 51 和图 3 – 52 的滚轮加重杆,在钢丝作业中,有着严格的使用限制规定,滚轮加重杆不适合有大力震击要求的作业,只允许如通井作业或测试作业使用,如需打捞或剪切工具销钉作业时,禁用以上工具,以防止损伤轮轴销子。

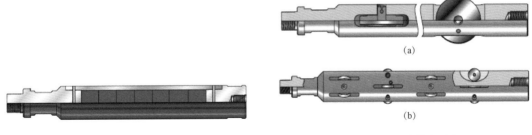

(a)

(b)

图 3 – 51　铅加重杆　　　　　　　　图 3 – 52　滚轮加重杆

　　(4)震击器。

　　很多钢丝和钢丝绳作业的下井工具串组合都要用到震击器工具,在井下装置的投捞过程中经常需要剪切断销钉操作,或在打捞井下装置时需要很强的拉力(力量),这时仅仅靠钢丝或钢丝绳拉力是远远不够的,只有靠叫做震击器的工具来完成所需的震击力才能完成某种作业任务及各种要求。如图 3 – 53 所示为机械链式震击器。

图 3 – 53　机械链式震击器

震击器在撞击时是一个做功的过程,为了获得强大震击力,除了绞车操作技巧外,另取决于被震装置或工具内销钉的刚性、内外剪切筒间隙、震击器下部工具串的弹性阻尼作用。撞击能量与加重杆重量及撞击时的速度平方成正比。

震击器向下运动的速度靠加重杆的下滑获得,因此,向下震击的能量比较有限。如果在高斜度井或高黏度井作业,震击器下落的速度就更有限。震击器向上运动的速度可以靠提高绞车滚筒速度获得。因此,相同投捞工具,用于向下切断的销钉强度小(直径细),而向上切断的销钉强度大(粗点)。

① 链式机械震击器。该震击器结构简单,可上下震击,是最常用的震击器。其常用规范见表3-35链式震击器常用规范。

表 3-35　链式震击器常用规范

外径,in	螺纹型号	投捞颈,in	闭合长度,in	冲程,in
1¼	15/16 - 10	1.187	38	20
1½	15/16 - 10	1.375	38	20
1½	15/16 - 10	1.375	48	30
1⅞	11/16 - 10	1.750	38⅛	20
1⅞	11/16 - 10	1.750	38⅛	30

冲程长的震击器有助于增加震击时的速度,但要区别钢丝作业时的震击要求选用,常规做法是选用震击器的冲程长短,决定于作业深度和震击要求。如作业深度较浅又向上震击较多时,应选用冲程长的震击器。作业深度深同时也向上震击多时,就应选用短冲程的震击器。向上震击靠速度,向下震击靠速度加重力。

② 充液式震击器。当井下钢丝作业操作位置较深时,链式震击器常常无法获得足够的向上震击力。充液式震击器就是为解决这些问题而设计的。如图3-54所示充液式震击器,又称液压震击器。

图 3-54　充液式震击器

如图3-55所示为充液式震击器震击过程,因有拉开阻尼作用。当钢丝达到一定力时,震击器内部的液压油才能慢慢通过间隙很小的活塞使震击器慢慢打开[图3-55(a)];活塞到达扩径部位后,活塞就能自由向上运动[图3-55(b)];在这段时间里,地面绞车操作有足够的时间拉到想达到的拉力,在这种大拉力下,活塞能快速向上运动而可产生很大的震击力[图3-55(c)];震击后,由于移动活塞内有单硫阀设置,震击器下放很容易闭合[图3-55(d)]。

充液式震击器的常用尺寸有1½in 和1⅞in。

震击器内的液体为特制液压油,要选择合适的油介质以适应井下温度,操作时要保证给充液式震击器30s以上的延长时间,即液压油的流通时间。

当选用图3-54所示的充液式震击器时,一般是在机械震击器震击效果不好的情况下选用,但必须是要接在机械链式震击器的上方,其打捞工具也选用向下较容易剪切脱手的销钉材料。充液式震击器的震击效果决定于向上拉力值,绞车向上拉力值越大其向上震击力也越大。

③ 加速器。在浅井作业时,由于钢丝活动空间或伸缩量过少,如果使用充液式震击器就需要使用加速器,如图3-56所示。

当钢丝作业在较浅深度作业时,因为钢丝没有太多活动空间,如只有充液式震击器的拉开行程或机械链式震击器的行程是不够的,所以在较浅深度作业时,必须再给钢丝一定的活动空间,方便正常的钢丝作业。

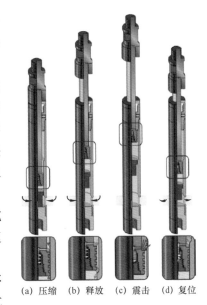

(a) 压缩　(b) 释放　(c) 震击　(d) 复位

图3-55　液压震击器震击过程

图3-56　加速器

④ 弹簧震击器。如图3-57所示,该工具用于向上震击作用。在下井前,根据预计的井下情况调节所需向上拉力(震击最低值),在井下需要向上震击时用绞车拉到拉力设定值外,再加上钢丝及其井下工具重量后,才开始震击动作。震击心轴上行只需上行一点距离后就可与下部锁定机构脱开,在钢丝的大拉力下产生很大的向上震击力。震击完成后,下放震击心轴,由于控制锁定机构的弹簧力小,震击心轴很容易再插入锁定机构内,再重复震击操作。

⑤ 管式震击器。可用于一般作业的震击操作。由于心轴或外套在移动过程中须从小孔排液,所以震击效果较缓和,如图3-58所示。

当要选用管式震击器时,在正常钢丝作业中不作为首选震击器工具,它只是一个辅助震击器而已,但它常用于处理井下事故时的首选震击器。

⑥ 关节式震击器。常用于测试作业工具串上,

图3-57　机械弹簧震击器

有向上、向下震击功能,可以自由转动,但冲程较小,且震击力也小,主要是保护仪器或不接其他震击器时的必接工具,如图3-59所示。

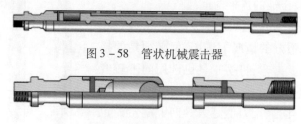

图3-58 管状机械震击器

图3-59 关节式震击器

⑦ 万向节。万向节可以实现震击器与投捞工具之间的角度(15°)偏转,以利于调节工具串与油管倾斜方向一致,特别是在弯曲油管中及大斜度井中进行钢丝作业时,万向节是必不可少的。

万向节可以用于完井钢丝作业工具各段的方便连接,并使工具串在井内随油管偏转,从而减少遇卡功能,如图3-60所示。

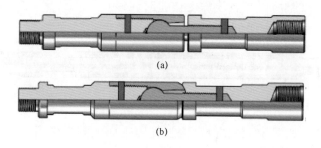

(a)

(b)

图3-60 万向节

⑧ 旋转节。使用旋转节,一般常接在绳帽下,目的是当井下工具串因井斜或受井内介质影响,工具串整体转动受限,从而影响到钢丝上,可更好地保护钢丝和其使用寿命。该旋转节分轻型和重型两种,要有所区别使用。旋转节处于不用状态时,需注入黄油类加以保护,如图3-61所示。

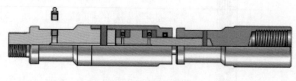

图3-61 旋转节

2. 打捞工具

基本投捞工具可以打捞或投放井下工具装置,如果井下工具装置被卡死或不容易捞出,还可剪切断工具内的销钉,让工具与装置脱手,有利于处理事故。有的井下工具装置的正常投放也需要投捞工具切断销钉脱手,使井下工具装置正常留在井内,而投捞工具起出井口。有的投捞工具可当打捞工具,又可当投放工具。

在井下销钉被剪切断是从地面操作井下钢丝及工具串来完成的,通过对钢丝及工具串的上下的操作,对打捞工具进行震击而成。根据打捞作业类型的不同,来选择使用向下或向上震击剪切断投捞工具上的销钉。在有些类型的打捞工具被堵塞而不容易回收的情况下,所有标准投捞工具都能从井下工具处脱手。投捞工具脱手的特征是:装在打捞工具上的销钉被剪切断。工具是向上震击切断销钉脱手,有些类型的打捞工具是向下震击切断销钉脱手。

1) 基本投捞工具的分类

(1) 按投捞颈分。

井下装置的顶端都有一个可供投捞工具抓住的部位。投捞工具联入这个部位之后,就能收回或脱开锁心等井下装置,这个部位就叫投捞颈。

投捞颈分外投捞颈(图3-62)和内投捞颈(图3-63)。与此对应的工具可分为外投捞颈工具和内投捞颈工具。

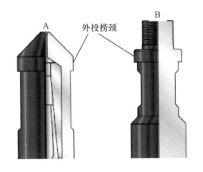 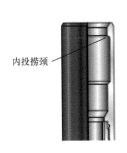

图3-62　外投捞颈　　　　　　图3-63　内投捞颈

外投捞颈工具有 OTIS 公司的 R 系列和 S 系列投捞工具,以及 CAMCO 公司的 J 系列投捞工具。根据作业要求选择适应的工具,如图3-62中 A 选择 RB 或 SB,B 选择 RS 或 SS 投捞工具。

内投捞颈工具有 OTIS 公司的 G 系列投捞工具和 CAMCO 公司的 PRS 系列投捞工具。

(2) 按销钉剪切方向分。

某些工具受向上震击作用而剪切断销钉,某些则受向下震击剪切断销钉。按剪切断销钉方向的不同可分:

① 向上震击剪切断销钉工具。OTIS 有两个基本系列的投捞工具,可以向上震击剪断销钉以便脱手,这两系列就是 R 系列和 GR 型组合打捞工具。

CAMCO 公司的 JU 系列投捞工具也属于此类。其中 U 是英文 UPPER 的意思。

② 向下震击剪切断销钉工具。OTIS 公司的 S 系列投捞工具和 GS 型投捞工具可向下震击剪断销钉。

CAMCO 公司的 JD 系列投捞工具也属于此类工具。其中 D 是英文 DOWN 的意思。

2) 基本投捞颈的尺寸

表3-36是基本投捞颈尺寸。

表 3 – 36　基本投捞颈尺寸

名称	外径,in	打捞颈,in	选打捞工具尺寸,in	顶部螺纹型号	选用工具名称
绳帽	1½	1.375	2	—	RB 或 SB 或 JDC
	1⅞	1.750	2½	—	RB 或 SB 或 JDC
	2½	2.313	3	—	RB 或 SB 或 JDC
加重杆	1½	1.375	2	15/16 – 10	RS 或 SS 或 JDS
	1⅞	1.750	2½	11/16 – 10	RS 或 SS 或 JDS
	2½	2.313	3	11/16 – 10	RS 或 SS 或 JDS

3）基本投捞工具系列

（1）0TISR 系列投捞工具。

R 系列投捞工具可连接外投捞颈井下工具或装置,向上震击剪切断销钉,R 系列有 RB 型、RS 型和 RJ 型三个不同类型,它们之间的不同仅仅是安装在工具中的心轴长度不同,RB 型最长,RS 型次之,RJ 型最短。反之,被打捞颈进入也最长。

三种类型工具的任何一种都可以改变心轴类型而变成其他两种类型。

（2）R 系列工具工作原理。

投捞工具接在基本工具串下面就可以下放入井,当投捞工具在井下跟井下装置接触,圆筒裙的下部就越过打捞颈,并迫使爪钩向外展开,然后,弹簧促使爪钩回收就可抓住井下装置,利用向上震击的力量把井下装置提起。

剪断销钉后,圆筒受弹簧力在接头和圆筒之间起作用,并向上移动圆筒内的芯子,工具芯子示意图如图 3 – 64 所示。它使爪钩对着爪弹簧力向上运动。在爪钩向上运动过程中,变细的上端就移入圆筒内,迫使爪钩上部向里靠,因此也迫使爪钩下端向外靠,这样就可以脱开其被打捞工具的提捞颈位置而与井下装置脱离。

图 3 – 64　钢丝作业部分井下工具

R 系列投捞工具的规范见表 3 – 37。

表 3 – 37　R 系列投捞工具规范

尺寸 in	外径 in	投捞颈 in	可投捞工具尺寸 in	顶部螺纹型号	剪切销钉直径 in	抓距 in
1½	1.430	1.187	1.187	15/16 – 10	1/4	1.265
2	1.770	1.375	1.375	15/16 – 10	5/16	1.219
2½	2.180	1.375	1.375	15/16 – 10	5/16	1.203

尺寸 in	外径 in	投捞颈 in	可投捞工具尺寸 in	顶部螺纹型号	剪切销钉直径 in	抓距 in
3	2.740	2.313	2.313	11/16 – 10	3/8	1.297
1½	1.430	1.187	1.187	15/16 – 10	1/4	1.797
2	1.770	1.375	1.375	15/16 – 10	5/16	1.984
2½	2.180	1.375	1.375	15/16 – 10	5/16	1.984
3	2.740	2.313	2.313	11/16 – 10	3/8	1.190

（3）OTISS 系列投捞工具。

图 3 – 65OTISS 系列投捞工具,该系列工具用于联入外投捞颈,它靠向下的震击作用切断销钉造成脱开。最常用的类型是 SB 型和 SS 型。它们两者除心轴长度不同之外都是相同的,如图 3 – 66 所示 2OTISS 系列投捞工具心轴,SB 型心轴长,抓距短,SS 型心轴短,抓距长。SB 型和 SS 型的抓距分别跟 RB 型和 RS 型一样。SB 型和 SS 型通过更换心轴可相互变换。

图 3 – 65　1OTISS 系列投捞工具

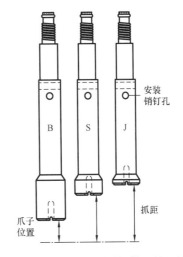

图 3 – 66　2OTISS 系列投捞工具心轴

S 系列投捞工具的规范见表 3 – 38。

表 3 – 38　S 系列投捞工具规范

系列	尺寸 in	外径 in	投捞颈 in	可投捞工具尺寸 in	顶部螺纹型号	剪切销钉直径 in	抓距 in
SB	1½	1.437	1.187	1.187	15/16 – 10	3/16	1.297
	2	1.766	1.375	1.375	15/16 – 10	1/4	1.219
	2½	2.188	1.375	1.750	15/16 – 10	1/4	1.281
	3	2.734	2.313	2.313	11/16 – 10	5/16	1.380

系列	尺寸 in	外径 in	投捞颈 in	可投捞工具尺寸 in	顶部螺纹型号	剪切销钉直径 in	抓距 in
SS	1½	1.430	1.187	1.187	15/16 – 10	3/16	1.780
	2	1.770	1.375	1.375	15/16 – 10	1/4	2.030
	2½	2.180	1.375	1.750	15/16 – 10	1/4	2.000
	3	2.313	2.313	2.313	11/16 – 10	5/16	2.210
SM	1.66	1.187	0.875	0.875	16/16 – 10	3/16	1.680

注:SM 工具仅用于偏心工作筒的注入以及气举阀的投、捞。

（4）OTISG 系列投捞工具。

G 系列工具用于投捞内投捞颈井下装置,有 GR 型和 GS 型两种类型,GR 型靠向上震击作用剪切销钉脱开装置,GS 型则是向下震击剪切销钉,GR 型是由 GS 型加上一个 GR 型附件即 GU 型所组成。

（5）G 系列工具的应用。

GRL 型投捞工具是在 GR 型工具上换一个加长的心轴所组成,用于打捞 D 型的接箍式锁心或 DD 型堵塞器,但它不能用于打捞标准内投捞颈工具,如 X 型和 R 型锁心等 OTIS 标准井下装置。

其规范见表 3 – 39 G 系列投捞工具规范。

表 3 – 39　G 系列投捞工具规范

公称外径,in	实际工具外径,in	可捞内径,in	顶部连接螺纹型号	本工具投捞颈外径,in
2	1.81	1.38	15/16 – 10	1.375
2½	2.25	1.81	15/16 – 10	1.750
3	2.72	2.313	11/16 – 10	2.31
3½	3.11	2.62	11/16 – 10	2.31
4	3.62	3.12	11/16 – 10	2.31
5	4.562	4.00	11/16 – 10	3.125
6	5.56	4.75	11/16 – 10	3.125
7	5.83	5.38	11/16 – 10	3.125

3. 辅助工具

1）通径规

如图 3 – 67 所示为通径规本体,由于通径规的外径小于井下装置的内径,因此可以将油管中的蜡、锈垢及岩屑通刮清掉。

通径规常用于下完生产管柱后验证油管内径有无变化以及用于油管钳上扣后,验证油管有无变形等。选择通井规尺寸,通常做法是:油管内径减去 0.125in 是该油管内径,为标准通井规尺寸。图 3 – 68 至图 3 – 70 所示为通径规外径配套件、通径规标准工具及刮管器外径标准工具。

图 3 – 67　通径规本体

图 3 – 68　通径规外径配套件

图 3 – 69　通径规标准工具

图 3 – 70　刮管器外径标准工具

2) 胀管器

如图 3 – 71 所示,当油管出现微变形时,可通过胀管器的起下和震击将油管修整好便于井下装置的起下。下入胀管器时最好接充液式震击器,以增加向上震击力。选择胀管器应遵循从小到大和外径短距到长距进行,不能强行通过的原则。

如图 3 – 71 中的两种胀管器,如需此项工具作业时,首先应选用图 3 – 71(a)型的胀管器,因为该型胀管器的最大外径接触面积较小,如发生遇卡阻等,稍加作业即可解除。反之选用接触面积大的胀管器,处理起来相对难。

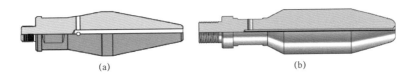

(a)　　　　　　　　　　　　　　　　　(b)

图 3 – 71　胀管器

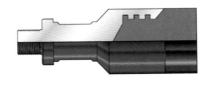

图 3 – 72　铅模

3) 铅模

铅模(图 3 – 72),又名铅印,是在一个管套内充填铅的工具,为防止铅脱落,其内除用销钉将其固定外,还在其内部加工成有凹陷的槽,用来固定所灌注的铅。利用铅的特性,当碰到井下硬度较高的落物顶部时,可以产生形变,将落物顶部的尺寸形状记录下来。用这种工具可以确定井下落物顶部的尺寸,以便决定下步打捞作业应使用的工具及应采取的措施。

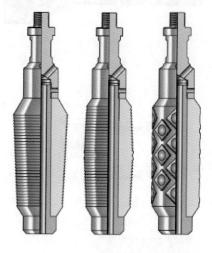

图 3 - 73　油管整形器

铅模外径要小于油管内径 4mm 以上,铅部分外径要小于其主外径,底面要平,使用时轻微向下震击一次即可。注意不要重复震击,也不要强力震击,若在下入过程中遇阻或下不到计划深度,则选择小直径铅印操作,避免铅模变形或造成软卡。

4)油管整形器

油管整形器主要由不同外径的工具组成,其形状是由不同形态外径相配合使用,用于将射孔产生的油管毛刺清掉,也可将油管内铁锈清除,将微弯曲的油管整形或恢复正常,最大的外径与油管内径相当(图 3 - 73)。

选用油管整型器应先用小尺寸的,再用中尺寸的,最后下大尺寸的,大尺寸的工具外径也要小于油管内径。使用时应带上充液式震击器或弹簧震击器,向下震击几次后应向上震击,避免卡死,反复操作可将油管内径整形如初。

5)油管末端探测器

有时需要较精确地测量油管长度,就需要使用图 3 - 74 所示的油管末端探测器。该工具下过油管后,其爪在弹簧力作用下张开,这时,上提工具串就能卡在油管末端,从绞车计数器可读出油管长度。向上震击可切断销钉起出工具串。

图 3 - 74　油管末端探测器

二、电缆作业

电缆作业主体设备与钢丝作业类似。

1. 电缆绳帽

电缆绳帽起连接电缆与井下仪器的作用。图 3 - 75 电缆绳帽是常见的一种类型;其上部是承重部分,下都是引线部分,顶端有打捞颈。

2. 电缆加重杆

图 3 - 76 所示电缆加重杆里面可穿过信号线,可连接在仪器和绳帽之间,用于不能将加重杆接在仪器下部的情况。

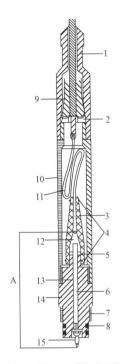

图 3 – 75 电缆绳帽图

1—绳帽;2—压紧格兰;3—橡胶绝缘护套;4—尼龙扎紧绳;
5—绝缘垫;6—导电连杆;7—连接仪器外螺纹;8—O 形
密封圈;9—梨形电缆锁紧头;10—绳帽接头;11—电缆芯线;
12—芯线上绝缘头;13—绝缘套;14—密封绝缘接头;
15—芯线下插头;A—密封绝缘套总成

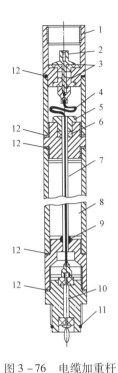

图 3 – 76 电缆加重杆

1—接绳帽的螺纹;2—信号插座;3—绝缘密封垫;
4—绝缘导线;5—压帽;6—密封圈;7—穿线管;
8—水银或铅加重介质;9—焊接点;10—下导电柱;
11 连接仪器的螺纹;12—紫铜密封垫圈

三、连续油管作业装备及工具

1. 连续油管作业机

连续油管作业机是由载车、连续油管卷筒、注入头和井口防喷器组组成。图 3 – 77 所示为连接油管载车结构。

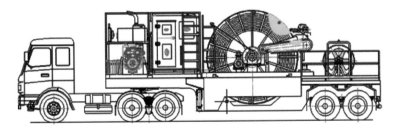

图 3 – 77 连续油管载车结构示意图

1）连续油管作业装备技术参数

连续油管作业装备技术参数见表 3 – 40 和表 3 – 43。

表 3 – 40 　 FidmashCTU 型号及技术参数

技术参数	不同 CTU 型号的数据				
	MK10T1	MK10T2	MK20T1	MK20T2	MK20T3
底盘型号	MAZ – 631708 (6×6)	KAMAZ – 53228 (6×6)	MZKT – 652712 (8×8)	MZKT – 652712 (8×8)	MZKT – 65276 (10×10)
发动机型号	YAMZ – 7511	74013 – 260	YAMZ – 7511	YAMZ – 7511	YAMZ – 7511
发动机功率,hp	400	260	400	400	400
注入头最大上提力,lbf	26500	22000	60000	60000	60000
CT 注入速度,ft/min	2 ~ 157	2 ~ 75	2 ~ 157	2 ~ 157	2 ~ 157
最大井口压力,psi	10000	5000	10000	10000	10000
起吊能力,lbf	13299	8800	22000	22000	22000
CT 尺寸,in	3/4 ~ 1½	3/4 ~ 1½	3/4 ~ 1½	3/4 ~ 2	3/4 ~ 2
1½inCT 滚筒容量,ft	7200	5250	13800	12500	16400

表 3 – 41 　 烟台杰瑞石油装备技术有限公司 CTT – 80 型大管径连续油管拖车型号及技术参数

	型号	ZZ4256S2946FN
拖车	装载质量,kg	44000
	长度,m	13450
	牵引销,in	3.5
动力单元	发动机型号	DDCS60
	分动箱型号	FUNK
	燃油箱容量,L	400
操作室尺寸(长×宽×高),mm×mm×mm		2000 ×2100 ×2200
连续油管滚筒	尺寸,mm×mm×mm	3886 ×2413 ×1778
	容量,m(in)	3500(2⅜),6300(1¾),4800(2)
注入头	型号	JR – 80K
	连续上提力,lbf	80000
	连续下推力,lbf	40000
	最大速度,ft/min	250
	最低平稳速度,ft/min	0.5
	适用连续油管尺寸,in	1.25 ~ 2.875
软管滚筒	注入头主油路滚筒	2 根 50m
	注入头控制油路滚筒	16 根 40m
	防喷器控制油路滚筒	

表 3－42　中国石化国际有限公司 LGC230 技术参数

型号	技术参数					
	最大上提力 kgf	最大下推力 kgf	最大速度（高速齿轮） m/min	最大速度（低速齿轮） m/min	CT 尺寸，in	额定工作压力 MPa
LGC230	22700	11350	60	30	1.25(6500m)， 1.5(4500m)	70

表 3－43　中国石油江汉机械研究所 LG180/38 技术参数

型号	技术参数										
	最大拉力 kN	最大注入力 kN	最大起升速度 m/min	适用连续油管外径 mm	滚筒容量 m	液压防喷器组工作压力 MPa	液压随车吊起最大质量 t	底盘发动机功率（2100r/min） kW	驱动形式	整机外形尺寸 mm × mm × mm	总质量 t
LG180/38	180	90	60	φ38.1 和 φ31.75	4000(φ38.1)，6000(φ31.75)	70	8	286	8×4	11180 × 2500 × 4185	39.51

2）连续油管卷筒

连续油管卷筒为钢制焊接结构，通过液马达传动。在连续油管入井时，液马达保持较小的背压，使注入头拉曳管子时保持一定的拉力。起出时，液马达的压力增加使滚筒与注入头起出连续油管的速度保持一致。滚筒的前面装有自动排管器和长度计数器，滚筒还装有轴向气动刹车装置，用于注入头与滚筒之间的连续油管突然断开时刹住滚筒，不能用于控制下放速度。

典型的连续油管卷筒主要结构如图 3－78 所示，基本参数见表 3－44。

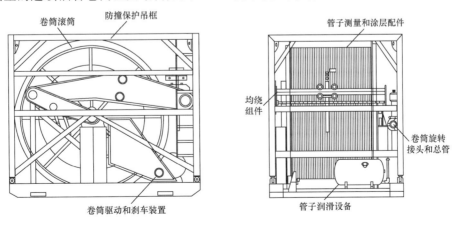

图 3－78　典型的连续油管卷筒

表3-44 不同尺寸连续油管的弯曲屈服半径、管子卷筒中心半径和管子导向拱半径的比较

单位:mm

连续油管外径	弯曲屈服半径	管子卷筒中心半径	管子导向拱半径
19.05	4089.4	609.6	1219.2
25.4	5435.6	508.0~762.0	1219.2~1371.6
31.75	6807.2	635.0~914.4	1219.2~1828.8
38.10	8153.4	762.0~1016.0	1219.2~1828.8
44.45	9525.0	889.0~1219.2	1828.8~2438.0
50.80	10896.6	1016.0~1219.2	1828.8~2438.0
60.33	12928.8	1219.2~1371.6	2286.0~3048.0
73.03	15646.1	1371.6~1473.2	2286.0~3048.0
88.90	19050.0	1651.0~1778.0	2286.0~3048.0

3) 注入头

连续油管注入头是利用两条相对的齿轮驱动牵引链控制连续油管柱,该牵引链由反向旋转液压发动机提供动力。在牵引链条的外侧嵌装内锁式鞍状油管卡子,链里的鞍形油管卡子由液压压辊使卡子压紧在油管上,产生所需要的牵引力,实现人为控制。连续油管作业装备注入头主要结构如图3-79所示,基本参数见表3-45至表3-47。

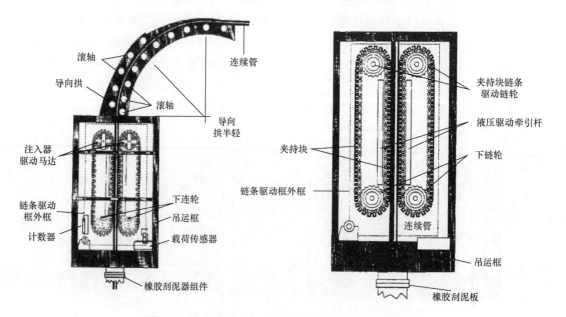

图3-79 连续油管作业装备注入头主要结构示意图

表 3 - 45 美国 HydraRig 公司注入头基本参数

项目	基本参数		
规格型号	HR560	HR580	HR5100
连续油管举升力,kN	266.89	355.86	444.82
强行下入能力,kN	115.85	177.93	222.41
最大下入速度,m/min	60(最小位移) 37.8(最大位移)	45.6(最小位移) 30.6(最大位移)	52(最小位移) 25.2(最大位移)
驱动系统	特制齿轮传动、单液压马达等	特制齿轮传动、单液压马达等	特制齿轮传动、单液压马达等
链条系统	"快接"夹紧器、橡胶悬挂系统、注入头链条润滑系统等	"快接"夹紧器、橡胶悬挂系统、注入头链条润滑系统等	"快接"夹紧器、橡胶悬挂系统、注入头链条润滑系统等
连续油管尺寸,mm	25.4 ~ 60.3	38.1 ~ 88.9	38.1 ~ 88.9
质量,kg	3673.43	5215.37	7891.07

表 3 - 46 哈里伯顿公司注入头基本参数

项目	基本参数		
规格型号	HES60K	HES80K	HES100K
连续油管举升力,kN	266.89	355.86	444.82
强行下入能力,kN	133.45	177.93	222.41
连续油管尺寸,mm	31.75 ~ 60.3	31.75 ~ 73.0	38.1 ~ 88.9

表 3 - 47 COWEN 公司注入头基本参数

注入头	液压马达	最大额定拉力,kN	连续油管尺寸,mm
25MD	H - 20POCLA	高速:23.1MPa 时为 55.6kN 低速:23.1MPa 时为 111.2kN	19.05,25.4,28.575,31.75
40MD	H - 20POCLA	高速:24.15MPa 时为 88.7kN 低速:24.15MPa 时为 176.4kN	25.4,31.75,38.1,44.45,50.8
60MD	H - 20POCLA	高速:22.4MPa 时为 133.4kN 低速:22.4MPa 时为 266.9kN	25.4,31.75,50.8,44.45,50.8,60.3

4）井口防喷器组

连续油管作业的防喷器组一般由 4 个液压防喷器组成。最小工作压力一般为 68.95MPa。井口防喷器组最低配置包括全封心子、剪切心子、卡瓦心子和半封心子等 4 个部分,主要结构如图 3 - 80 所示,还可根据需要加装相应的组件。

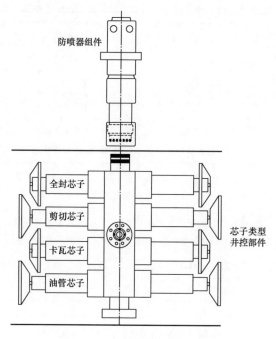

防喷器组件

全封芯子

剪切芯子

卡瓦芯子

油管芯子

芯子类型
井控部件

图 3 – 80 推荐的最小井控装置

2. 连续油管

常用连续油管性能参数见表 3 – 48。

表 3 – 48 常用连续油管性能参数

外径 mm	壁厚 mm	内径 mm	线质量 kg/m	最大载荷 kN	屈服强度 MPa	试验压力 MPa	爆破极限 MPa
25.4	1.702	22	1.024	58.9		48.6	60.8
25.4	1.905	21.59	1.103	65.8		54.8	68.5
25.4	2.21	20.99	1.262	76		64.1	80.1
25.4	2.413	20.57	1.366	82.5		70.2	87.8
25.4	2.591	20.22	1.455	87.4		74.9	93.6
25.4	2.769	19.86	1.543	93		80.3	100.3
31.75	1.905	27.94	1.400	83.5		43.8	54.8
31.75	2.21	27.33	1.609	96.6		51.2	64.1
31.75	2.413	26.92	1.744	105.2		56.2	70.2
31.75	2.591	26.57	1.860	111.6		59.9	74.9
31.75	2.769	26.21	1.976	118.9		64.2	80.3
31.75	3.175	25.4	2.241	133.2		72.8	91.1
31.75	3.404	24.94	2.377	143.2		79	98.8

外径 mm	壁厚 mm	内径 mm	线质量 kg/m	最大载荷 kN	屈服强度 MPa	试验压力 MPa	爆破极限 MPa
31.75	3.962	23.83	2.738	162.7		91.4	107.3
38.1	2.413	33.27	2.212	128		46.8	58.5
38.1	2.591	32.92	2.265	135.8		49.9	62.4
38.1	2.769	32.55	2.409	144.8		53.5	66.9
38.1	3.175	31.75	2.732	162.7		61.2	76.5
38.1	3.404	31.29	2.909	175.2		65.8	82.3
38.1	3.962	30.18	3.341	199.8		76.1	95.2
44.45	2.769	38.92	2.842	170.8		45.9	57.3
44.45	3.175	38.1	3.259	192.1		52	65
44.45	3.404	37.64	3.442	207.1		56.4	70.6
44.45	3.962	36.53	3.959	236.5		65.3	81.6
50.8	2.769	45.263	3.275	205.7	482.3	39.9	62.1
50.8	3.175	44.45	3.725	233.7	482.3	46.1	72.3
50.8	3.404	43.993	3.975	249.4	482.3	49.6	77.9
50.8	3.962	42.875	4.572	287	482.3	57.9	92.1
50.8	4.775	41.250	5.414	340	482.3	70.3	113.1
50.8	5.156	40.488	5.798	363.9	482.3	75.6	123.1
50.8	2.769	45.263	3.275	235	591.2	45.8	69.9
50.8	3.175	44.450	3.725	267.1	551.2	52.4	81.3
50.8	3.404	43.993	3.975	285	551.2	56.5	87.7
50.8	3.962	42.875	4.572	327.9	551.2	66.1	103.7
50.8	4.775	41.250	5.414	388.3	551.2	80.6	127.2
50.8	5.156	40.488	5.798	415.8	551.2	86.8	138.5
60.3	2.769	54.788	3.926	246.3	482.3	33.8	51.9
60.3	3.175	53.975	4.470	280.5	482.3	38.6	60.3
60.3	3.404	53.518	4.773	299.5	482.3	41.3	65
60.3	3.962	52.400	5.502	345.3	482.3	48.9	76.8
60.3	4.775	50.775	6.535	410	482.3	59.3	94.2
60.3	5.156	50.013	7.008	439.8	482.3	64.1	102.4
60.3	2.769	54.788	3.926	281.5	551.2	38.6	58.4
60.3	3.175	53.975	4.470	320.6	551.2	44.1	67.9

续表

外径 mm	壁厚 mm	内径 mm	线质量 kg/m	最大载荷 kN	屈服强度 MPa	试验压力 MPa	爆破极限 MPa
60.3	3.404	53.518	4.773	342.3	551.2	47.5	73.2
60.3	3.962	52.400	5.502	394.6	551.2	55.8	86.4
60.3	4.775	50.775	6.535	468.7	551.2	67.5	105.9
60.3	5.156	50.013	7.008	502.6	551.2	73	115.2
73	3.175	66.675	5.463	342.8	482.3	31.7	49.4
73	3.404	66.218	5.838	366.3	482.3	34.5	53.3
73	3.962	65.100	6.741	423.1	482.3	39.9	62.8
73	4.775	63.475	8.029	503.8	482.3	48.9	76.9
73	5.156	62.713	8.621	541	482.3	53.1	83.6
73	3.175	66.675	5.463	391.8	551.2	36.5	55.6
73	3.404	66.218	5.838	418.7	551.2	39.3	59.9
73	3.962	65.100	6.741	483.5	551.2	46.2	70.7
73	4.775	63.475	8.029	575.8	551.2	55.8	86.5
73	5.156	62.713	8.621	618.3	551.2	60.6	94.1
88.9	3.175	82.55	6.706	420.8	482.3	26.458	39.37
88.9	3.404	82.093	7.168	449.9	482.3	28.4	42.2
88.9	3.962	80.975	8.291	520.3	482.3	32.3	49.1
88.9	4.775	79.350	9.896	621	482.3	40.3	59.2
88.9	3.175	82.55	6.706	481	551.2	30.2	44.3
88.9	3.404	82.093	7.168	514.2	551.2	32.5	47.5
88.9	3.962	80.975	8.291	594.6	551.2	38.0	55.3
88.9	4.775	79.350	9.896	709.8	551.2	46.1	66.6

3. 连续油管修井常用工具

1）B-1型油管尾端定位器

B-1型油管尾端定位器主要结构如图3-81所示,基本参数见表3-49。

图3-81 B-1型油管尾端定位器结构示意图

表 3 - 49　B - 1 型油管尾端定位器参数　　　　　　　　单位:mm

外径	内径	长度	外径	内径	长度
42.88	7.95	688.98	82.55	28.58	990.60
56.26	12.70	701.68	42.88	7.95	688.98
65.10	22.23	688.98			

2）连续油管连接器

连续油管连接器主要结构如图 3 - 82 所示,基本参数见表 3 - 50。

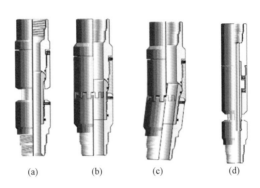

图 3 - 82　连续油管连接器结构示意图

(a)标准式 MARK Ⅱ 型万向接头;(b)(c)花键式 MARK Ⅱ 型万向接头;(d)A 型过油管旋转接头

表 3 - 50　连续油管连接器参数　　　　　　　　单位:mm

标准式 MARK Ⅱ 型万向接头			花键式 MARK Ⅱ 型万向接头			A 型过油管旋转接头		
外径	内径	长度	外径	内径	长度	外径	内径	长度
42.88	15.88	349.25	38.10	9.53	307.98	47.85	19.05	47.85
53.98	23.825	349.25	42.88	15.88	307.98	53.98	19.05	450.85
65.10	34.93	368.30	53.98	23.83	307.98	66.68	31.75	474.68
			65.10	34.93	327.03	73.03	31.75	474.68
			79.38	25.40	355.60			

3）控制阀

控制阀主要结构如图 3 - 83 所示,基本参数见表 3 - 51。

4）可取式修井工具

可取式修井工具主要结构如图 3 - 84 所示,基本参数见表 3 - 52 至表 3 - 54。

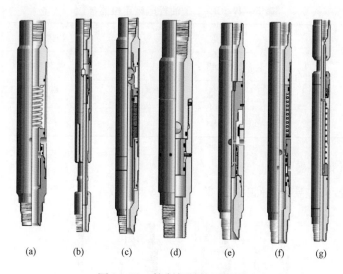

图 3 – 83 控制阀结构示意图

(a)自动充填阀;(b)循环阀;(c)差动阀;(d)泵开阀;(e)流动控制循环阀;(f)A型循环阀;(g)起下钻卸载阀

表 3 – 51 控制阀基本参数 单位:mm

自动充填阀			循环阀			差动阀		
外径	内径	长度	外径	内径	长度	外径	内径	长度
42.88	15.88	457.20	42.88	11.13	660.40	55.58	15.88	854.09
53.98	21.44	457.20	53.98	22.23	660.40	55.58	15.88	1255.73
65.10	28.58	457.20	65.10	3.18	660.40	42.88	19.05	742.95
						42.88	19.05	908.05
						53.98	28.58	1209.68
						53.98	28.58	1676.40

泵开阀			流动控制循环阀			起下钻卸载阀		
外径	内径	长度	外径	内径	长度	外径	内径	长度
42.88	11.13	366.73	42.88		495.30	42.88	11.13	635.00
53.98	17.48	366.73	53.98		556.41	53.98	22.23	660.40
65.10	25.40	374.65	65.10		556.41	65.10	25.40	682.65

5) 扶正器

扶正器主要结构如图 3 –86 所示,基本参数见表 3 –55 和表 3 –56。

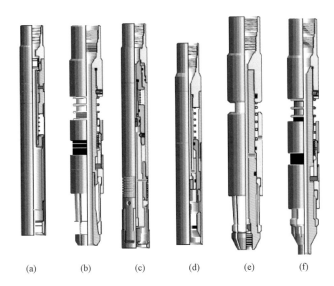

图 3-84　可取式修井工具

(a)可取式短鱼头打捞筒;(b)可取式打捞矛;(c)JDC 型打捞工具;(d)水力丢手式打捞筒;

(e)MARK Ⅱ水力式 GS 型打捞工具;(f)机械式 GS 型打捞工具

表 3-52　可取式短鱼头打捞筒参数　　　　　　　　单位:mm

类型	外径	内径	长度
标准型	44.45	15.88	406.40
加长型	44.45	15.88	863.60
标准型	46.84	15.88	406.40
加长型	46.84	15.88	863.60
标准型	53.98	15.88	403.23
加长型	53.98	15.88	860.43
标准型	65.10	22.23	425.45
加长型	65.10	22.23	882.65
标准型	88.90	47.63	403.23
标准型	107.95	47.63	428.63

表 3-53　可取式打捞矛、JDC 型打捞工具、水力丢手式打捞筒参数表　　　　单位:mm

可取式打捞矛				JDC 型打捞工具				水力丢手式打捞筒		
外径	内径	长度	打捞范围	外径	裙边外径	长度	内径	外径	内径	长度
44.45	4.78	444.50	25.4~38.1	44.45	47.22	558.80	3.18~6.35	46.84	3.18~6.35	406.40
44.45	19.05	444.50	25.4~47.6	53.98	57.15	558.80	3.18~6.35	53.98	3.18~6.35	387.35
46.84	28.58	454.03	38.1~61.9	68.28	71.02	606.43	3.18~6.35	65.10	3.18~6.35	400.05
								88.90	3.18~6.35	390.53

表 3 −54　**MARK Ⅱ 水力式 GS 型打捞工具、机械式 GS 型打捞工具参数表**　　单位:mm

MARK Ⅱ 水力式 GS 型打捞工具				机械式 GS 型打捞工具		
型号	外径	内径	长度	外径	内径	长度
标准型	44.45	3.175 ~ 6.35	384.18	44.45	16.33	335.76
加长型	44.45	3.175 ~ 6.35	412.75	56.90	13.49	368.30
标准型	56.90	3.175 ~ 6.35	384.18	69.09	13.49	368.30
加长型	56.90	3.175 ~ 6.35	412.75	91.95	34.93	410.52
标准型	69.09	3.175 ~ 6.35	403.23	114.30	50.80	425.45
加长型	69.09	3.175 ~ 6.35	428.63	114.30	50.80	425.45
标准型	91.95	3.175 ~ 6.35	406.40			
加长型	91.95	3.175 ~ 6.35	431.80			

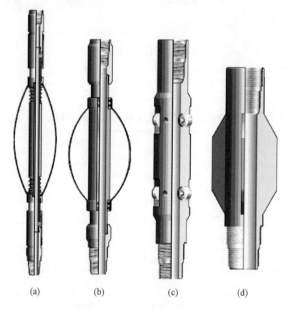

(a)　　　　(b)　　　　(c)　　　　(d)

图 3 −85　扶正器结构示意图

(a)水力式扶正器;(b)管内扶正器;(c)R 型滚轮扶正器;(d)刚性槽扶正器

表 3 −55　**水力式扶正器和管内扶正器参数**　　单位:mm

水力式扶正器				管内扶正器			
外径	内径	长度	油套管尺寸	外径	内径	长度	油套管尺寸
42.88	14.30	914.40	92.075 ~ 203.2	42.86	14.28	482.600	60.3 ~ 73.0
53.98	25.40	914.40	82.55 ~ 215.9	42.86	14.28	584.20	88.9 ~ 114.3
65.10	34.93	1082.65	127 ~ 279.4	42.86	14.28	609.60	139.7
79.38	34.93	1130.30	142.875 ~ 292.1	28.58	25.40	482.60	76.2 ~ 304.8
				28.58	25.40	584.20	114.3 ~ 139.7
				28.58	25.40	584.20	177.8

续表

水力式扶正器				管内扶正器			
外径	内径	长度	油套管尺寸	外径	内径	长度	油套管尺寸
				39.69	34.93	482.60	88.9
				39.69	34.93	584.20	114.3 ~ 139.7
				39.69	34.93	584.20	177.8
				88.90	50.80	584.20	114.3

表 3 – 56　R 型滚轮扶正器和刚性槽扶正器参数表　　　　单位:mm

R 型滚轮扶正器			刚性槽扶正器			
外径	内径	长度	外径	内径	长度	油套管尺寸
42.86	11.13	368.30	42.86	22.23	304.80	60.3 ~ 114.3
53.98	15.88	368.30	53.98	31.75	406.40	88.9 ~ 127.0
65.10	25.40	368.30	65.10	38.10	457.20	114.3 ~ 177.8
88.90	38.10	368.30	88.90	50.80	508.00	139.7 ~ 244.5

6）单流阀

单流阀主要结构如图 3 – 86 所示,基本参数见表 3 – 57 和表 3 – 58。

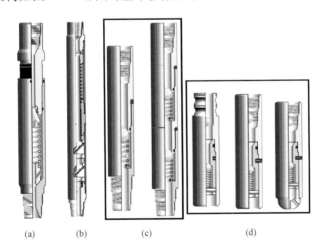

图 3 – 86　单流阀结构示意图

（a）可调节式单流阀;（b）双闸板单流阀;（c）球形单流阀;（d）泵开阀式单流阀

表 3 – 57　可调节式单流阀和双闸板单流阀参数表　　　　单位:mm

可调节式单流阀			双闸板单流阀		
外径	内径	长度	外径	内径	长度
60.33	19.05	427.05	53.98	15.88	1116.03
71.45	19.05	427.05	65.10	25.40	1143.00
99.57	19.05	571.50			

表 3 - 58　球形单流阀和泵开阀式单流阀参数表　　　单位:mm

球形单流阀				泵开阀式单流阀			
型号	外径	内径	长度	型号	外径	内径	长度
单球型	34.93	15.09	260.35	标准型	42.88	12.70	196.85
	38.10	15.09	260.35		53.98	12.70	192.10
	42.88	15.09	255.60		65.10	25.40	215.90
双球型	34.93	15.09	374.65		77.80	25.40	244.48
	38.10	15.09	374.65		93.68	28.58	244.48
	42.88	15.09	376.25	薄型	25.40	25.40	123.83
					31.75	31.75	196.85
					38.10	38.10	171.45
					44.45	44.45	171.45
					50.80	50.80	171.45

7）释放接头

释放接头主要结构如图 3 - 87 所示,基本参数见表 3 - 59 和表 3 - 60。

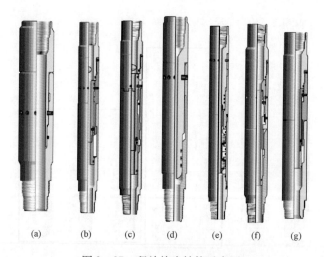

图 3 - 87　释放接头结构示意图

（a）释放接头;（b）MARK Ⅱ 型液压释放接头;（c）MARK Ⅳ 型液压释放接头;（d）机械式释放接头;
（e）用闸板单流阀的机械式释放接头;（f）RTP 型释放接头;（g）TP 型液压释放接头

表 3 - 59　释放接头、MARK Ⅱ 型液压释放接头和 MARK Ⅳ 型液压释放接头参数表　　单位:mm

释放接头				MARK Ⅱ 型液压释放接头			MARK Ⅳ 型液压释放接头		
外径	内径	长度	连续油管尺寸	外径	内径	长度	外径	内径	长度
57.15	31.75	368.30	50.8	38.1	31.75	482.6	38.10	17.48	560.40
63.50	34.93	368.30	50.8	42.93	34.93	482.6	42.93	22.23	558.80
65.10	38.10	396.88	50.8	53.98	38.1	514.35	53.98	30.96	563.58

续表

释放接头				MARK Ⅱ 型液压释放接头			MARK Ⅳ 型液压释放接头		
外径	内径	长度	连续油管尺寸	外径	内径	长度	外径	内径	长度
85.73	44.45	377.83	60.33	65.1	44.45	514.35	65.10	38.89	563.58
95.25	47.63	387.35	73.03	76.2	47.63	590.55	79.38	44.45	557.23
				88.9	25.4	539.75	88.90	44.45	557.23
				111.13	31.75	584.2			

表 3-60　释放接头参数表　　　　　　　　　　　　　　　　单位:mm

机械式释放接头				用闸板单流阀的机械式释放接头				TP 型液压释放接头		
型号	外径	内径	长度	外径	内径	长度		外径	内径	长度
无打捞颈型	34.93	7.93	284.18	42.88	12.70	658.83		38.10	9.53	482.60
	38.10	7.93	284.18	53.98	19.05	658.83		42.93	12.70	482.60
	42.88	15.88	284.18	65.10	27.00	674.70		53.98	20.63	482.60
	53.98	25.40	311.15	88.90	38.10	793.75		65.10	30.18	514.35
	65.10	34.93	311.15	RTP 型释放接头				76.20	34.93	590.55
有打捞颈型	42.88	15.88	352.43	53.98	17.48	558.80		88.90	44.45	539.75
	44.45	15.88	352.43	65.10	26.98	558.80		111.13	50.80	698.50
	53.98	25.40	384.18	88.90	30.18	647.70				
	65.10	34.93	384.18	111.13	34.93	730.25				

参 考 文 献

黄辉建,2020.电控油管堵塞器的研制与应用[J].石油机械,48(11):107-110.

李文霞,李灏,刘练,等,2015.钢丝投捞自平衡堵塞器的研制及现场应用[J].内蒙古石油化工,41(Z1):20-21.

苏强,唐庚,严俊涛,2016.川渝地区气井带压作业油管堵塞器性能探讨[J].科技与企业(2):207-208.

唐庚,唐诗国,吴春林,2019.页岩气水平井修井技术[M].北京:石油工业出版社.

晏健,张文,李景彬,2020.一种新型撞击式管端堵塞器的设计[J].IPPTC,5905.

杨洁,曹颖,陈龙,等,2020.深层页岩气田液体堵塞器的研制与应用[J].江汉石油职工大学学报,33(4):25-27.

章伟,2014.可取式油管桥塞坐封技术的研究与应用[J].科技与企业(14):354.

第四章 带压作业工程参数计算与设计

带压作业设计是带压作业必须遵循的准则,是组织带压作业施工的基础,也是带压作业成本预算与结算以及现场监督与质量验收的重要依据。带压作业设计的科学性、先进性和合理性关系到带压作业的成败、质量和效益,对确保带压作业安全起着十分关键的作用,带压作业设计包括地质设计、工程设计和施工设计。

第一节 地 质 设 计

作为确保安全施工的首要因素,设计是必不可少的。不管什么施工都离不开设计,因此安全的施工设计是确保安全施工的源头,施工三项设计必须提供准确的客观数据,首先必须提供翔实的地质设计。

一、基础资料

1. 基础数据

详细标注所属油气田或区块的名称,明确地理位置坐标,该井的完钻具体日期,具体的完钻井深或原始人工井底,该井是否造斜及造斜点位置,含油气层段钻井液性能,该井的油管补偿距离、套管补偿距离等。

2. 套管数据

不同气井根据不同地质条件、油气生产情况指定的套管组合和尺寸也各不相同。因此,详细的套管设计是地质设计里必不可少的部分。一般气井由表层套管、技术套管、油层套管、尾管和水泥环组成,不同套管根据不同的技术指标,选择钢级、壁厚也不同。地质设计应提供井内各层套管钢级、壁厚、尺寸、下入井深,抗内压与抗外挤强度,水泥返高固井情况,试压情况。

3. 地层基本数据

地层基本数据包括目前地层压力、原始地层压力、地层温度和地温梯度,对于塑性地层或易垮塌层等特殊地层应有提示。

4. 采气井口数据

采气井口数据包括:井口压力及油套环空压力,油管头、套管头、采油(气)树的型号、压力等级及完好程度,采油(气)树主通径和连接方式,油管悬挂方式、悬挂器规格及螺纹类型。

5. 油气水分析

油气水分析指对本井或邻井气油比、流体性质资料、流体组分(特别是 H_2S 和 CO_2 浓度)、产出水含盐量、水合物的形成、凝析油以及其他水垢、蜡、沥青含量等进行分析。

6. 井筒管柱结构

井筒管柱结构指原井及完井管串结构,管柱钢级、壁厚、下入深度、内径、外径和螺纹类型,各种工具型号、结构、内径、外径、螺纹类型、长度和下入深度等。

7. 人居环境

井场周围人居情况调查,包括一定范围内的居民住宅、学校、工厂、矿山、国防设施、高压电线、地质评价、水资源情况以及风向变化等环境勘察评价的文字和图件资料,并标注说明。

8. 生产数据

提供该井的详细生产情况,包括具体的生产日期、生产方式、日产气量和日产水量,套压、油压和动液面静液面深度,截至目前累计产量统计。历次相关作业情况简述及目前存在问题,简述该井的历次作业时间、作业内容,但是重点工序的情况必须详细描述,尤其涉及油管与套管是否变形、损坏、落物、鱼顶、桥塞和封隔器等特殊工具情况。

二、生产状况分析和施工措施效果预测

1. 生产状况分析

地质设计人员需通过对该井所处区块的所有地质信息、结合目前实际生产数据及目前气井的状况进行综合分析,作为重要的参考信息来确定该井目前应该采取哪些具体措施。

2. 措施效果预测

通过地质人员专业的综合分析确定采取具体的措施后,还需要预测该措施的效果,并从经济层面上进行投入产出比,初步判断该措施是否适合本气井。

三、安全、环保与质量风险隐患提示

1. 井场周边地面环境状况

确保施工符合安全环保要求,避免出现污染等事故。必须对井场的周边环境进行翔实描述。尤其是对高风险井区和城区等敏感地区的气井更要及时更新周边环境情况,如高压线、耕地、养殖区、居民生活区、道路交通情况、季节风方向等水文和气象资料,为作业队伍设备和值班房等摆放提供参考。

2. 井筒技术状况

提供翔实的井筒情况、固井质量、是否有固井不合格井段及具体井段位置、套管质量、套管外是否有窜槽情况、套管变形井段、修补情况、井下落物描述等备注信息。

3. 相邻油气井及对应注水井连通情况

提供翔实的邻井信息,包括邻井井号、井别、生产井段、所属层位、层号、生产方式、目前

地层压力、油管压力、套管压力、产气量、产水量、硫化氢气体含量、对用注水井的井号,注水层位、注水井段、注水量、注水油压、注水套压和地层连通情况。

4. 施工井及邻井历史异常情况

如果施工井及邻井存在井史异常情况必须对该井况进行详细描述:设计日期、层位、井段异常情况及该情况的详细描述。

5. 地层压力情况

标注出该区块原始地层压力、目前地层压力、施工井及邻井目前地层压力及历史压力异常情况。

6. 地层温度情况

标注出目前该井地层温度、封堵层段目前地层温度及本次作业有影响的其他未射开层段温度预测。

7. 复杂情况预测及重要提示

(1)各主要层系地层原始压力及流体性质;

(2)各主要层系钻井显示及注意事项(高压、高含硫层段);

(3)区域性复杂地质情况说明;

(4)井场及周边人居环境情况等。

四、相关压力计算

在带压作业过程中,要实现管柱和工具的起下,必须解决管柱内防喷、管柱外密封以及管柱的喷出或落井三个方面的问题,其实质是克服井筒的压力及压力引起的作用力。解决方式主要是通过采用各种形式的堵塞器使管柱内压力得到控制,通过环形防喷器和(或)闸板防喷器实现管柱外密封,同时通过卡瓦的合理使用来防止管柱的喷出或落井。

带压作业的压力控制是在作业井口安装防喷设备和管柱内压力控制工具,通过关闭防喷设备,控制井内流体在作业施工中喷出。因此,学习带压作业技术必须了解各种压力的概念。

1. 压力的定义

压力是指物体单位面积上所受的垂直力,通常所涉及的压力就是物理学所研究的压强,用符号 p 表示,计算公式为:

$$p = F/S \qquad\qquad (4-1)$$

式中　p——压强,Pa;

F——物体所受到的正压力,N;

S——物体受力面积,m^2。

2. 静液柱压力

静液柱压力是由静止液体重力产生的压力。静液柱压力取决于液柱流体的密度和垂直高度,与井径尺寸无关,用符号 p_h 表示,计算公式为:

$$p_{\text{h}} = \rho g H \tag{4-2}$$

式中　p_{h}——静液柱压力，kPa；

　　　g——重力加速度，m/s^2；

　　　ρ——液体密度，g/cm^3；

　　　H——液柱高度，m。

3. 地层压力

地层压力是地下岩石孔隙内流体的压力，也称孔隙压力，用 p_{p} 表示。在各种地质沉积中，正常地层压力等于从地表到地下某处的连续地层水的静液柱压力。其值的大小与沉积环境有关，主要取决于孔隙内流体的密度和环境温度。

4. 最大井口关井压力

最大井口关井压力是指预计井口可能遇到的最大关井压力，它是用地层压力减去井筒充满地层流体后计算得到的井口压力。如果地层流体信息未知，按最恶劣条件考虑，即用地层压力减去井筒充满天然气后得到的井口压力。

5. 静气柱压力计算

1）近似公式

$$p = p_0 \mathrm{e}^{1.25 \times 10^{-4} \rho h} \tag{4-3}$$

2）精确公式

$$p = p_0 \mathrm{e}^{s} \tag{4-4}$$

$$S = \frac{0.03415 \rho h}{\overline{T}\,\overline{Z}} \tag{4-5}$$

式中　p, p_0——计算的井底压力和井口压力，MPa；

　　　ρ——天然气的相对密度；

　　　$\overline{T}$——井筒内平均温度，K；

　　　$\overline{Z}$——筒静气柱平均压缩系数；

　　　h——产层中部井深，m。

3）实用公式

$$p = p_0 \left(1 + \frac{f_{\text{j}} - 1}{Z_0} \right) \tag{4-6}$$

其中

$$f_{\text{j}} = \left(1 + \frac{h}{MT_0} \right)^{\frac{M\rho}{29.27}} = (1 + Ah)^{\frac{M\rho}{29.27}} \tag{4-7}$$

式中　Z_0——井口天然气的压缩系数；

M——地热增温率，m/K；

T_0——井口常年平均气温，K；

ρ——天然气相对密度。

此公式未考虑水化分子影响。

4）计算实例及对比

某种天然气在井口温度289K、气井中部井深4913m、地热增温率45.2m/K，在不同压力下以上三种公式计算的井底压力结果对比见表4-1，表4-2为龙17井三种静气柱压力公式预测的井口压力结果对比。

表4-1　三种静气柱压力公式计算井底压力结果对比表　　　　　单位：MPa

井口压力	近似公式	精确公式	实用公式
35	51.427	46.677	48.264
70	102.854	85.114	86.413
105	154.281	121.830	122.824

表4-2　龙17井三种方法预测的井口压力结果对比　　　　　单位：MPa

近似公式	精确公式	实用公式
83.38~86.4	107.40~111.31	107.32~108.25

注：预计地层压力为126.61~131.21MPa。

龙17井实测压力：井口关井压力为107.64MPa，地层压力为131.092MPa。

注意事项：

（1）水化物对压力计算的影响。不考虑水化物时的计算压力为127.603MPa，考虑水化物时计算压力为130.466MPa。

（2）M, T, T_0 和 ρ 要取准。

6. 实用动气柱压力计算

1）计算公式1

适用条件 $\alpha = \left(1 - \dfrac{29.27}{\rho_0 M_Q}\right) \neq 0$ 时，有：

$$M_Q = \frac{h}{T - T_Q} \tag{4-8}$$

$$f_{da} = \sqrt{f_j^2 + \frac{\beta}{\alpha}\left[f_j^2 - (1 + Ah)^2\right]} \tag{4-9}$$

$$p = p_0\left(1 + \frac{f_{ds} - 1}{Z_0}\right) \tag{4-10}$$

$$\beta = 5.09858\frac{\lambda u_0^2}{D} \tag{4-11}$$

$$u_0 = 0.50798 \frac{Z_0 T_Q Q}{p_0 D^2} \qquad (4-12)$$

式中　T——地层温度，K；

T_Q——与天然气产量 Q 相对应的井口流动温度，K；

M_Q——与天然气产量 Q 相对应的地热增温率，m/K；

ρ_0——天然气相对密度；

p_0——天然气稳定流动时的井口油压，MPa；

Z_0——天然气动气柱在 p_0 和 T_Q 条件下的压缩系数；

p——井深 h 处的动气柱流动压力，MPa；

D——油管内径，cm；

λ——天然气流动摩阻系数；

u_0——油管顶端的天然气流速，简称井口流速，m/s；

Q——天然气产量，$10^4 \text{m}^3/\text{d}$。

其余符号意义同前。

2）计算公式 2

适用条件 $\alpha = \left(1 - \dfrac{29.27}{\rho_0 M_Q}\right) = 0$ 时，有：

$$f_{d0} = (1 + Ah)\sqrt{1 + 2\beta \ln(1 + Ah)}$$
$$p = p_0\left(1 + \frac{f_{d0}}{Z_0}\frac{1}{}\right) \qquad (4-13)$$

3）计算实例

图 4-1 所示为某井不同井口压力和产量下井底流动压力动态分析图。

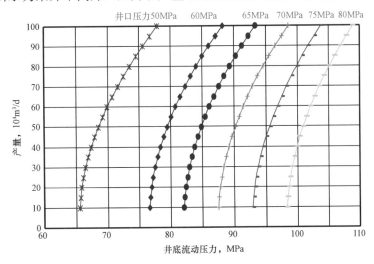

图 4-1　不同井口压力和产量下井底流动压力动态分析图

注意事项：

（1）高压大产量气井手册上的摩擦系数太大。

（2）T_Q，T 和 M_Q 要取准。

第二节　工程设计

当地质设计由相关人员完成并由相关领导完成审核签字后就可以转由工程设计人员进行工程设计，其中工程设计中涉及的地质数据可以直接引用地质设计，重要数据可部分单独摘录出来。

一、工程设计要求

1. 资料要求

（1）套管数据：尺寸、下深、钢级、壁厚、内径、抗内压强度和抗外挤强度等。

（2）井内管柱数据：尺寸、类型、螺纹类型、下深、钢级、壁厚、内径、抗拉强度、管柱上所带工具详细尺寸（长度、内径、外径、壁厚、钢级、螺纹类型等）、油管检测或油管内通井情况等。

（3）井口装置数据：采气树规格、型号、压力等级、1 号和 4 号阀门型号、套管头规格型号、井口四通上法兰规格、采气树阀门通径和连接方式、油管悬挂方式、油管悬挂器规格及螺纹类型、井口示意图或近期照片等。

（4）压力数据：目前地层压力、井口预计最高关井压力和施工压力等。

（5）流体性质：产出流体组分，重点包括硫化氢和二氧化碳含量。

2. 设计依据及施工目的

简述本次施工的设计依据及工程目的。

3. 施工准备

施工准备包括现场勘察、动力准备、工具和材料准备。

4. 施工工序及技术要求

根据地质设计和具体修井内容，编写主要修井工序及相应的技术要求。

5. 安全环保及有关要求

（1）每项工序应严格按照设计施工，遇特殊情况及时请示现场指挥人员。

（2）各项工序应严格按照 QHSE 作业程序进行施工，严禁盲目施工。

（3）各种井下工具在下井前彻底检查，经检验合格后方可下井。

（4）施工现场须准备必要的消防器材，做好防喷、防火、防爆炸、防工伤、防触电工作。

（5）施工中，随时检查井架基础、钻台基础、观察修井机、井架、绷绳和游动系统运转情况，发现问题应立即停车处理，待正常后才能继续进行。

（6）井口返出的液体应妥善处理，避免造成环境污染。

6. 井控要求

应包括但不限于以下内容：

（1）根据地质设计参数选择修（压）井液性能、类型及密度，提出防喷器组合的压力等级。

（2）各种流程及施工管线全部使用硬管线，尽量减少异径弯头，并按技术规程固定好，试压检验合格后方能施工。

（3）防喷器在井口安装后，现场必须试压，明确提出试压压力值及试压要求。

（4）检查井口阀门，地面管线试压，做到不刺不漏，灵活好用。

（5）对压井液、消防器材及安全检查点进行全面验收。

（6）作业过程中，长时间空井筒或停工，应装好采油树。

（7）起下管柱作业前必须检查防喷器闸板应完全打开，严禁在未完全打开防喷器闸板的状况下进行起下管柱作业。

（8）井口无外溢时，方可进行起下作业。起管柱过程中，应边起边灌，保持液面稳定。

（9）不连续起下作业超过 8h，卸下防喷器，安装采油树，油管和套管安装压力表进行压力监测。

（10）在含硫化氢等有毒有害气体井进行井下作业施工时，应严格执行有关规定，防止硫化氢气体溢出地层，最大限度地减少井内管材、工具和地面设备的损坏，避免人身伤亡和环境污染。

（11）在高压、高含硫化氢、高危地区作业施工前，要制订相应的井控应急预案和防污染措施，并组织实施。

二、井筒控制参数计算

1. 套管控制参数

（1）井内为清水时最大掏空深度按式（4-14）计算：

$$H_{w\,max} = \frac{101.97 p_{抗挤}}{k_{抗挤}} - h_{底}(\rho_{当} - 1) \qquad (4-14)$$

式中　$H_{w\,max}$——井内为清水时最大掏空深度，m；

　　　$p_{抗挤}$——套管抗挤强度，均按新入套管取值，强度数据由厂家提供或查取最新版本的套管数据手册，对于有磨损或腐蚀的油层套管，应根据工程测井解释计算和验证确认剩余强度，MPa；

　　　$k_{抗挤}$——套管抗外挤安全系数，取值方法如下：抗外挤安全系数不小于 1.125；

　　　$h_{底}$——各段套管底界垂深，m；

　　　$\rho_{当}$——套管外挤压力当量密度，g/cm³。

套管外挤压力当量密度按式（4-15）计算：

$$\rho_{当} = \alpha\rho_{泥} \qquad\qquad (4-15)$$

式中　$\rho_{泥}$——固井时管外钻井液密度，g/cm^3；

　　　α——修正系数，其取值方法如下：一般情况下 α 取 1，当管外有固井质量差的井
段、塑性地层的井段或套管柱存在弯曲应力等情况时 α 应根据上述情况适当
提高。

① 井内清水液面井深 $\leqslant H_{w\,max}$ 时，油层套管不会挤毁；井内清水液面井深 $> H_{w\,max}$ 时，油
层套管可能被挤毁。

② $H_{w\,max}$ 仅表示该井油层套管柱的一个安全性能指标，但实际降液面时还得考虑井的其
他安全因素来确定掏空深度。

（2）井内为纯天然气时允许最低控制套压按式（4-16）计算：

$$p_{cg\,min} = \frac{k_{抗挤}h_{底}\rho_{当} - 101.97p_{抗挤}}{10197k_{抗挤}e^s} \qquad\qquad (4-16)$$

其中

$$s = 1.251 \times 10^{-4}\rho_{气} \times h_{底} \qquad\qquad (4-17)$$

式中　$p_{cg\,min}$——井内为纯天然气时允许的最低套压，MPa；

　　　$\rho_{气}$——天然气的相对密度，若有邻井天然气分析资料则天然气相对密度应根据邻井
资料取值，若没有邻井天然气分析资料则天然气相对密度可取 0.55~0.6。

① 井内为纯天然气时，套压 $p_c \geqslant p_{cg\,min}$，油层套管不会被挤毁；井内为纯天然气时，套压
$p_c < p_{cg\,min}$，油层套管容易被挤毁。

② $p_{cg\,min}$ 仅表示该井油层套管柱的一个安全性能指标，但在实际操作中还必须考虑井的
其他安全因素来确定实际的控制套压。

（3）井内为清水时允许最高控制套压按式（4-18）计算：

$$p_{cw\,max} = \frac{p_{抗压}}{k_{抗压}} \qquad\qquad (4-18)$$

式中　$p_{cw\,max}$——井内为清水时允许最高控制套压，MPa；

　　　$p_{抗压}$——套管抗内压强度，按新套管取值，强度数据由厂家提供或查取最新版本套管
数据手册，对于有磨损或腐蚀的油层套管应根据工程测井解释计算和验证确
认剩余强度，MPa；

　　　$k_{抗压}$——套管抗内压安全系数，取值方法如下：抗内压安全系数不小于 1.25。

① 井内为静止清水时，套压 $p_c \leqslant p_{cw\,max}$，油层套管不会被压坏；井内为静止清水时，套压
$p_c > p_{cw\,max}$，油层套管容易被压坏。

② $p_{c\,max}$ 仅表示该井油层套管柱的一个安全性能指标，但在实际操作中还必须考虑井的
其他安全因素来确定实际的控制套压。

（4）井内为纯天然气时允许最高控制套压按式（4-19）计算：

$$p_{cg\,max} = \frac{101.97 p_{抗压} + k_{抗压}h_{顶}}{101.97 k_{抗压}e^d} \tag{4-19}$$

式中 $p_{cg\,max}$——井内为纯天然气时最高控制套压,MPa;

$h_{顶}$——各段套管顶界井深,m。

$$d = \frac{0.03415\rho_{气}h_{顶}}{T_{平均}Z_{平均}} \tag{4-20}$$

式中 $T_{平均}$——$h_{顶}$ 以上井筒内平均绝对温度,K;

$Z_{平均}$——$h_{顶}$ 以上井筒内平均压缩系数。

① 井内为纯天然气时,套压 $p_c \leqslant p_{cg\,max}$,油层套管不会被压坏;井内为纯天然气时,套压 $p_c > p_{cg\,max}$,油层套管容易被压坏。

② $p_{cg\,max}$ 仅表示该井油层套管柱的一个安全性能指标,但在实际操作中还必须考虑井的其他安全因素来确定实际的控制套压。

(5)井内为非清水液体时最大掏空深度按式(4-21)计算:

$$H_{f\,max} = \frac{101.97 p_{抗挤}}{k_{抗挤}} - h_{底}(\rho_{当} - \rho_f) \tag{4-21}$$

式中 $H_{f\,max}$——井内为非清水液体时最大掏空深度,m;

ρ_f——井内液体(非清水)密度,g/cm³。

(6)井内为非清水液体时最高控制套压按式(4-22)计算:

$$p_{f\,max} = p_{cw\,max} - 0.00980665 h_{底}(\rho_f - 1) \tag{4-22}$$

若油层套管有两种及其以上规范,则参数计算方法如下:

① 分段计算各段套管控制参数。

② 确定全井的套管综合控制参数

a. 最大掏空深度在各段套管的掏空深度中取最小值;

b. 最低控制套压在各段套管的最低控制套压中取最大值;

c. 最高控制套压在各段套管的最高控制套压中取最小值。

计算实例:表4-3为某井试油时套管强度计算情况。

表4-3 试油时套管强度计算

外径 mm	壁厚 mm	钢级	计算深度 m	抗内压 MPa	抗外挤 MPa	管外钻井液密度 g/cm³	清水时最大掏空深度 m	清水时最高控制套压 MPa	纯天然气时最低套压 MPa	纯天然气时最高套压 MPa
177.8 (回接)	12.65	VM110SS	3105.70	94.0	90.0	1.3	全掏空	75.2	0	75.2
177.8	12.65	VM110HCSS	4249.932	94.0	96.5	1.72	全掏空	75.2	0	83.7

外径 mm	壁厚 mm	钢级	计算深度 m	抗内压 MPa	抗外挤 MPa	管外钻井液密度 g/cm³	清水时最大掏空深度 m	清水时最高控制套压 MPa	纯天然气时最低套压 MPa	纯天然气时最高套压 MPa
177.8	12.65	VM140HC	4656.561	120.18	117.62	1.72	全掏空	96.14	0	100.21
193.68	19.05	TP155V	5177.913	147.0	203.0	1.72	全掏空	117.6	0	115.14
177.8	12.65	VM140HC	5475.492	120.18	117.62	1.72	全掏空	96.14	0	99.64
177.8	12.65	VM110HCSS	5609.35	94.0	96.5	1.72	4708.03	75.2	5.8	85.49
127.0	9.19	TP110TS	6470.54	96.11	106.11	1.3	全掏空	76.89	0	86.6
考虑回接筒后套管安全控制参数							4708.03	60.0	5.8	75.2

2. 油管控制参数

1）抗拉强度

管体屈服强度是使管柱屈服所需的轴向载荷,也就是现场常说的抗拉强度,对于某个特定钢级的管柱,抗拉强度计算公式为:

$$P_y = 0.7854(D^2 - d^2) Y_p \tag{4-23}$$

式中 P_y ——管体抗拉强度,N;

Y_p ——管柱材料最小屈服强度,MPa;

D ——管柱外径,mm;

d ——管柱内径,mm。

式(4-23)为现场经常使用的管柱本体抗拉强度计算公式,对于管柱接头形式不同,其连接强度差别较大,参考加拿大 IRP 15《带压作业推荐做法》,对于外加厚油管(EUE)接头,其抗拉强度可以取100%的管体强度;对于平式油管(NUE)接头,其抗拉强度可以取60%的管体强度;对于整体接头(IJ),其抗拉强度可以取80%的管体强度。

2）抗外挤强度

屈服挤毁强度并不是真正的挤毁压力,它实际上是使管柱内壁产生最小屈服应力 Y_p 而施加的外压力,也就是现场常说的抗外挤强度。对于无轴向拉伸应力的管柱,用符号 P_{yp} 表示,其抗外挤强度计算公式为:

$$P_{yp} = 2 Y_p \left[\frac{\left(\frac{D}{t}\right) - 1}{\left(\frac{D}{t}\right)^2} \right] \tag{4-24}$$

式中 P_{yp} ——管柱抗外挤强度,MPa;

Y_p——管柱材料最小屈服强度，MPa；

D——管柱外径，mm；

t——管柱壁厚，mm。

对于存在轴向拉伸应力的管柱，用符号 P_{pa} 表示，其抗外挤强度计算公式为：

$$P_{pa} = \left[\sqrt{1 - 0.75\left(\frac{S_a}{Y_p}\right)^2} - 0.5\left(\frac{S_a}{Y_p}\right) \right] P_{yp} \tag{4-25}$$

式中 P_{pa}——在轴向应力下光柱的抗外挤强度，MPa；

S_a——管柱轴向应力，MPa。

3）抗内压强度

抗内压强度用符号 P_{in} 表示，其计算公式为：

$$P_{in} = 0.875\left(\frac{2 Y_p t}{D}\right) \tag{4-26}$$

第三节 施 工 设 计

针对该井的地质设计、工程设计，由施工单位最后编写针对性的施工设计，同样包括基本信息、施工目的、施工内容、施工材料、施工步骤、井控设计、注意事项和井身结构图等相关内容，编写前须及时有效沟通该井实时的动态信息，并且与建设方沟通，最终确定施工方案。

一、施工设计要求

1. 施工井井史资料查阅

编制施工设计前应查阅井史，分析以前出现过和潜在的各类问题，以便于分析带压作业的可行性。井史资料查阅包括但不限于以下内容：

（1）井场周边环境（包括居民区、学校位置、河流、植被状况等）；

（2）井的类型/井别（直井、斜井、水平井/油井、气井、水井等），全井的井斜/方位数据；

（3）硫化氢和二氧化碳浓度；

（4）井口套管头、采油（气）树和防喷器数据（尺寸、类型、工作压力及抗压载荷）；

（5）套管和油管规格及完好状况；

（6）井下工具串的详细参数及说明；

（7）对每个层段所进行过的增产措施；

（8）每个相关地层的压力和产量，生产层/注水层位置；

（9）储层温度；

（10）完井方式及固井质量评价；

（11）天然气井水合物形成的可能性；

（12）凝析油储层中烃化物的产量。

2. 带压作业可行性分析

（1）带压作业施工井况分析；

（2）带压作业施工环境分析；

（3）带压作业人员素质评估；

（4）带压作业施工设备状况分析评估。

3. 带压作业井口装置配备

带压作业井口装置是指安装在施工井口上的带压作业装置，用于油套环空的压力控制和截面力的控制。其组成主要包括安全防喷器组、工作防喷器组和提升装置。其配备应根据带压作业井的类型和施工内容确定，包括但不限于以下因素：

（1）油管和套管的尺寸、钢级、壁厚和压力等级；

（2）地层压力和关井压力；

（3）井内流体中硫化氢的含量；

（4）井内流体的类型及可能对钢材或密封材料的影响；

（5）需带压起下的井下工具串尺寸及结构；

（6）井口采油（气）树、防喷器组的尺寸和额定工作压力；

（7）施工工艺及环境等。

4. 带压作业下井工具要求

带压作业的下井工具包括但不限于内防喷工具和下井工具串。施工设计中，下井工具的配置及组合应考虑以下几点：

（1）设计时要保证工具的长度和外径满足带压起下管柱的要求。下井工具长度（例如封隔器、滑套、堵塞器工作筒、震击器、钻铤和伸缩短节等）能够满足倒入或倒出防喷器组的要求；工具之间使用油管短节隔离开，以获得足够的坐卡瓦和关防喷器的空间；工具内径能允许内防喷工具的顺利起下。

（2）下井工具串要尽量简单，以便于起下。

（3）应根据井下压力、温度和流体性质选择井下工具的钢级、材质、耐压等级和密封材料类型。

5. 带压作业工程力学计算

在编制带压作业施工设计时，应进行工程力学分析和计算，以保证所选择的设备满足作业要求。主要包括以下内容：

（1）最大下推力；

（2）中和点深度；

（3）带压作业条件下管柱的临界弯曲载荷（无支撑长度）；

（4）油管的抗外挤强度。

如果井内管柱处于硫化氢和二氧化碳等腐蚀环境中,应根据油管腐蚀程度进行检测和评价,根据油管机械性能的降低程度,相应降低允许的压力和负荷。

6. 带压作业施工程序要求

带压作业施工设计应明确施工准备、油管堵塞、设备安装、起下管柱和完井收尾等施工步骤。

二、施工关键参数计算

1. 基础资料

要进行不压井作业设计,首先应该了解井的基本情况,其需要收集的基础资料包括:

(1) 井的基本数据(井深、井别、井斜、井口压力、地层压力);

(2) 钻头及套管程序(固井质量);

(3) 钻井过程中油气水显示情况;

(4) 流体性质(H_2S、CO_2含量);

(5) 井口类型(锥挂大小及类型);

(6) 起下管柱结构(内径、工具结构);

(7) 公路及井场情况。

2. 受力分析

对不压井作业的油管柱或其他工作管柱,需要对其垂直方向的力进行分析,确定需要施加多大的力才能将管柱起出或下入井筒,对于油管柱,这里有5个主要的受力如图4-2所示。

(1) 不压井作业装置施加的力。

(2) 过 BOPs 时的摩擦力。

(3) 管柱的重力。

(4) 定向井、狗腿严重的井眼,管柱和套管的摩擦力。

(5) 压力截面力。井筒压力对管柱最大截面处产生的上顶力。

在设计中,必须进行相关的工程计算,确保旋转的设备与实际的施工项目相匹配,这些计算包括:

(1) 需要的最大不压井施工力。

(2) 中和点深度。

(3) 有上顶力存在时,不压井作业设备施加的临界屈曲载荷。

(4) 油管的挤毁点。

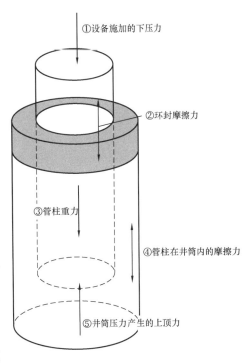

①设备施加的下压力

②环封摩擦力

③管柱重力

④管柱在井筒内的摩擦力

⑤井筒压力产生的上顶力

图4-2　不压井作业过程中管柱受力分析

如果井内油管存在腐蚀的可能,那么需要对腐蚀造成油管厚度的减小进行预测,并对油管机械性能的改变情况进行预测,确保其能满足不压井作业设备的要求。

另外,当到达井场进行实际施工时,需要根据井场实际基础数据对上述相关的计算进行校核。

3. 中和点深度的计算

传统钻井过程中和点的确定方法有两种:

(1)鲁宾斯基(Lubinski)认为:"中和点分钻柱为两段,上面一段在钻井液中的重力等于吊卡或大钩所悬吊的重力,下一段在钻井液中的重力等于钻压"。

(2)以零轴向应力截面确定中和点位置:零轴向应力截面是指在工作状态下(加钻压),钻柱上不承受拉压应力的那一截面。

结合不压井起油管作业工艺技术特点,采用零轴向应力截面(零轴向应力截面是指在工作状态下,油管不承受拉压应力的那一截面)确定中和点位置的方法,即:当合力 $F=0$ 时,对应井深($H_p - H_i$)即为中和点(H_p—油管深度;H_i—对应计算点的深度)。在中和点以上:$F>0$,油管受向下拉力;在中和点以下:$F<0$,油管受向上上顶力。

1)实用简单计算法

(1)作用在管柱横截面上的井口压力对油管柱产生的上顶力。其计算公式为:

$$F_{p-a} = \frac{\pi D^2 \times p_{WH}}{4} \tag{4-27}$$

式中　　D——油管柱外径,mm;

$\quad\quad p_{WH}$——井口压力,MPa;

$\quad\quad F_{p-a}$——井口压力对油管柱产生的上顶力,N。

(2)中和点。在不考虑摩擦力的影响的情况下,则中和点深度的计算公式为:

$$H = \frac{\pi \times D^2 \times p_{WH}}{4 \times (\rho_{钢} - \rho_{液})g} \tag{4-28}$$

通过上述公式,分别计算出不同条件下不压井作业中和点,如图 4-3 所示。

2)理论分析计算法

(1)基本假设。

① 在起油管作业过程中,油压为 0;

② 在起油管作业初期,油管内和环空液面高度相同;

③ 在推导过程中忽略不压井作业装置胶芯的摩擦力。

(2)基本定义。

上顶力:控制压力/套压对油管及堵塞器的截面力。

(3)力学模型。

不压井起油管过程中,管柱受力分析如图 4-4 所示。其计算模式为:

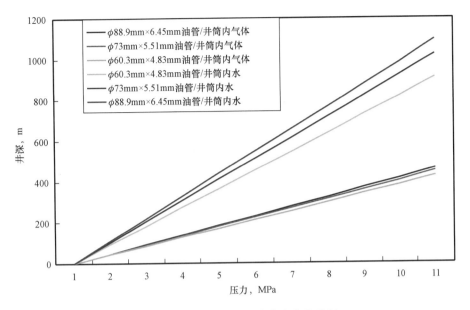

图 4 - 3　不同条件下管柱中和点示意图

油管轴向力 = 油管浮重 - 油管受到的上顶力

即

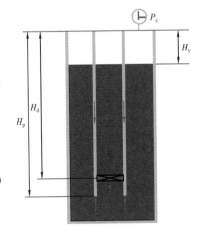

$$\sum F = G_{tf} - F_c \qquad (4-29)$$

① 上顶力。

控制压力对油管：

$$F_{c\_jm} = \frac{\pi}{4}(D_{out}^2 - D_{in}^2)p_c \qquad (4-30)$$

式中　　F_{c_jm}——对油管的上顶力；

　　　　D_{out}——油管内径；

　　　　D_{in}——堵塞器外径。

控制压力对堵塞器：

图 4 - 4　不压井起油管柱受力分析

$$F_{c\_dsq} = \frac{\pi}{4}D_{in}^2 p_c \qquad (4-31)$$

式中　　F_{c_dsq}——对堵塞器的上顶力。

② 油管轴向力。

a. 若 $H_i < (H_p - H_y)$：

$$G_{tf} = H_i \left[q_t g - \rho_l g \frac{\pi}{4}(D_{out}^2 - D_{in}^2) \right] \qquad (4-32)$$

式中　　G_{tf}——油管轴向力；

q_t——流量;

H_y——液面深度;

H_i——任意位置深度;

H_p——油管下入深度。

b. 若 $H_i > (H_p - H_y)$:

$$G_{tf} = (H_p - H_y) \left[q_t g - \rho_l g \frac{\pi}{4} (D_{out}^2 - D_{in}^2) \right] + \left[H_i - (H_p - H_y) \right] q_t g \quad (4-33)$$

③ 油管受到的轴向力。

a. 若 $H_i < (H_p - H_d)$:

$$\sum F = G_{tf} - F_{c\_jm} \quad (4-34)$$

b. 若 $H_i > (H_p - H_d)$。

$$\sum F = G_{tf} - F_{c\_jm} - F_{c\_dsq} \quad (4-35)$$

(4)模型计算方法。

为了实现对整个油管柱轴向力载荷的计算,结合模型特点,采用自下而上求解的办法(图4-4),由于计算点众多,需要采用计算机编程求解:

① 给定计算步长 ΔH;

② 计算 $H(0) = 0$ 点 $\sum F$ 值。

若 $H_p = H_d$,$\sum F = F_{c\_jm} + F_{c\_dsq}$;

若 $H_p \neq H_d$,$\sum F = F_{c\_jm}$;

③ 计算 $H(i)$ 点 $\sum F$ 值。

若 $H(i) < (H_p - H_d)$,采用式(4-32)和式(4-34)进行计算;

若 $(H_p - H_d) < H(i) < (H_p - H_y)$,采用采用式(4-32)和式(4-35)进行计算;

若 $(H_p - H_y) < H(i) < H_p$,采用采用式(4-33)和式(4-35)进行计算。

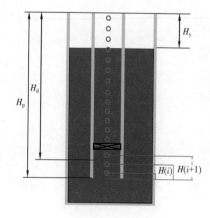

图4-5 模型求解示意图

图4-5所示为模型求解示意图。

(5)计算实例。

① 邛西8井基本参数:油管深度3270m,井内液面高度550m,液体密度1000kg/m³,油管外径0.073m,油管内径0.062m,油管在空气中的重量9.67kg/m,套压/控制压力15MPa,堵塞器下深3100m。

② 计算结果分析。采用推导的模型对实例进行计算,结果表明(图4-6):中和点位置在井深2500m,中和点以下油管长度为770m,油管底部截面受到上顶力为17.49kN,堵塞器下深位置受到上顶力为48.57kN,油管顶部受到拉力为216.34kN。

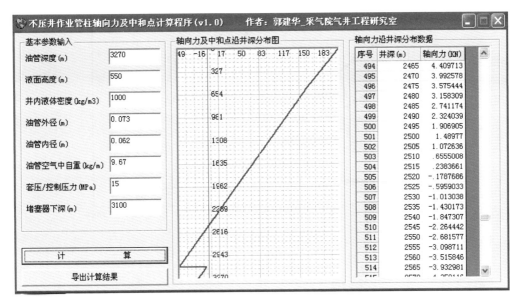

图 4 - 6　不压井作业管柱轴向力及中和点计算程序

（6）不压井作业设备施加的临界屈曲载荷。

利用 Johnson 公式计算局部弯曲载荷：

$$F_{lb} = S_y A_s (1 - (L/R_G)^2/2 \lambda_c^2)$$（4 - 36）

利用 Euler 公式计算主轴弯曲载荷：

$$F_{eb} = 3.14^2 EI/L^2$$（4 - 37）

$$A_s = \frac{\pi}{4}(D^2 - d^2)$$（4 - 38）

式中　S_y——管柱应力，N/mm；

　　　A_s——管柱刚体横截面积；

　　　L——无支撑长度；

　　　R_G——惯性半径，$R_G = (I/A_s)^{0.5}$；

　　　λ——细长比，$\lambda = L/r$；

　　　λ_c——临界细长比，$\lambda_c = \pi(2E/S_y)^{0.5}$；

　　　I——惯性矩，$I = \frac{\pi}{64}(D^4 - d^4)$；

　　　D——管柱外径，mm；

　　　d——管柱内径，mm。

当 $\lambda \geqslant \lambda_c$ 时，弯曲载荷等于 F_{eb}；当 $\lambda < \lambda_c$ 时，弯曲载荷等于 F_{lb}。通过计算可以得到弯曲载荷曲线，如图 4 - 7 所示。

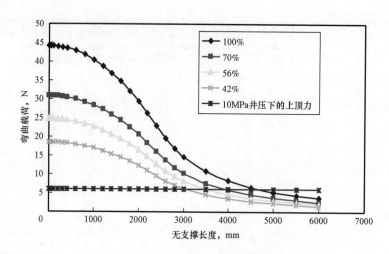

图 4－7　管柱弯曲载荷曲线

参 考 文 献

《带压作业工艺》编委会,2018.带压作业工艺[M].北京:石油工业出版社.

第五章　带压作业施工工艺

带压作业技术是指在不用循环液压井的条件下,用专用的带压作业装备对高压油井、气井和水井进行修井作业。带压作业的功能有两方面:一是防喷,在起下油管柱和其他作业过程中,要保证油管内及油套环形空间不喷,即在线密封问题,作业前选择适宜的堵塞器,对油管内进行有效封堵,确保管内不喷,用环形防喷器组密封管柱与环空,平衡阀和泄压阀用来保证防喷器系统内腔的压力平衡,用单闸板防喷器组合导出管柱接箍,配合固定、游动卡瓦导出井下工具。二是防窜,在最初下放少量管柱或起出至最后若干管柱时,防止井筒内压力使管柱受力窜出井口失控,必须能够对管柱施加下压力或控制力,以克服井内压力对管柱的上顶力,通常采用大钩配合升降液缸和卡瓦起下油管,保证管柱正常下放或起出,完成带压作业。

第一节　带压作业关键控制技术

为实现带压作业,在作业前必须根据管柱实际结构采用适合的堵塞工具和工艺对管柱内的压力进行控制。作业过程中,必须用防喷器控制油管和套管的环空压力,通过卡瓦和升降液缸配合控制管柱的上顶力。图5-1所示为不压井起下管柱地面流程示意图。

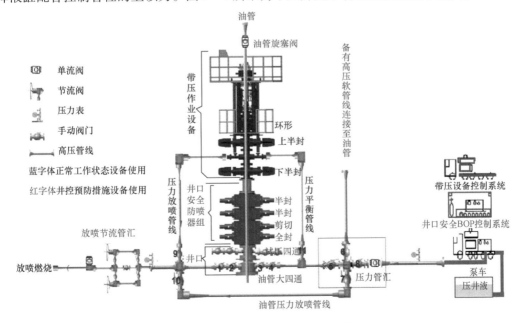

图5-1　不压井起下管柱地面流程示意图

一、油管内压力控制技术

柱内压力控制是带压作业技术的关键部分,主要是通过管内堵塞技术来实现。国内各油田根据带压作业现场的实际工况和施工目的,研发了不同种类的管柱内堵塞工具,如油管桥塞、单流阀、双作用阀和预置工作筒等,通过水力投送、钢丝投送和空心油杆等投送方式,有效解决了带压作业技术中管柱内压力控制的核心问题。为保证作业安全,通常的做法是:首先,根据施工目的和井况选用管柱底部封堵方式;然后采取安全保障措施,当内堵工具坐封后,向管柱内注入水及其他介质,保障内堵工具处于良好工作状态,如果井下管内堵塞器发生泄漏会提前发现溢流,可以抢装旋塞阀。管柱内压力控制是堵塞工具和工艺技术的结合体,二者相辅相成,缺一不可。

1. 油管压力控制模式

油管内压力控制按照安全的不同状态分为工作状态压力控制、安全保障压力控制以及紧急情况下的压力控制三级。

第一级:工作状态压力控制。根据施工目的和井况选用合适的油管堵塞器对管柱进行封堵。通常选用的堵塞器包括:油管桥塞、堵塞器、单流阀及其他特殊油管压力控制工具与技术,这是最基本的油管内压力控制,依据井筒压力不同,需要选用不同的堵塞器和堵塞方式;井筒压力为 0~14MPa,可以选用钢丝桥塞、固定式堵塞器、电缆桥塞和油管盲堵,采用坐封 1 只堵塞器的方式;井筒压力为 7~21MPa,可以选用固定式堵塞器、电缆桥塞和油管盲堵,采用坐封 1 只堵塞器的方式;井筒压力为 21MPa 以上,可以只能选用固定式堵塞器,并且要采用坐封 2 只堵塞器的方式来实现井筒压力控制。

第二级:安全保障压力控制。为防止油管堵塞器失效而采取的保障措施,主要包括:当内堵工具坐封后,向管柱内注入水及其他介质,保障内堵工具处于良好工作状态;如果井下管内堵塞器发生泄漏会提前发现溢流,可以抢装旋塞阀。

第三级:紧急情况下的压力控制。为防止以及和二级压力控制失效而采取的应急手段,同样包括两种方式:第一是利用压裂车向井筒内注压井液,实行压井控制井筒压力;第二是使用封井器的剪切闸板,剪断管柱,实施关井。

2. 油管内压力控制工具选择原则

气井带压作业油管内压力控制工具应尽量选择具有双向承压能力的堵塞工具,防止由于气水双重介质引起堵塞工具失效。

1) 原井管柱的油管内压力控制工具选取原则

(1) 油管内压力控制工具选取应考虑采油(气)树和井下管柱通径、井下管柱结构、井内流体性质、井内温度和井内压力等因素。

(2) 堵塞器或油管桥塞的最大外径至少要比采油(气)树通径和井下油管内径二者之间最小值小 2~3mm,保证能将油管投放至井内管柱预定位置。

(3) 井下管柱带有预置工作筒且完好情况下,优先选取与工作筒匹配的工作筒堵塞器。

(4) 封堵带有封隔器的管柱,尽量使用可回收式油管桥塞、双向卡瓦牙钢丝桥塞等可实现打捞的油管内压力控制工具,防止管柱卡井后无法建立压力通道,为后续工作和生产造成困难。

2)工作管柱的油管内压力控制工具选取原则

工作管柱包括通井(刮削)、冲砂、打捞、钻磨(铣)和酸化(压裂)等井筒清理、井筒修理和增产措施的施工管柱。

(1)由于工作管柱是在带压作业过程中下入井内的施工管柱,应优选预置类油管内压力控制工具,如井下控制开关、工作筒等。下入预置类油管内压力控制工具的外径应小于套管内径4~6mm。

(2)没有通径要求的工作管柱(如冲砂、通井等),宜选取井下控制开关和单流阀等油管内压力控制工具。

(3)有通径要求的工作管柱(如压裂、酸化、反冲砂等),可选取可回收类的油管内压力控制工具。

3)完井管柱的油管内压力控制工具选取原则

完井过程中,选取的油管内压力控制工具最好在不形成井下落物的条件下使用,保证完井后能建立生产通道。具体的油管内压力控制工具选取要考虑管柱结构和后续生产的井控需求:

(1)分层注水管柱可选取双向阀作为油管尾部的压力控制工具。

(2)泵管柱可选取泵下定压滑套、笔式开关和井下控制开关等油管内压力控制工具。

(3)喇叭口管柱可在管柱尾部安装可回收式油管桥塞、破裂盘、井下控制开关和双向钢丝桥塞等油管内压力控制工具。

(4)下入的可回收类油管内压力控制工具外径应小于其上部井下工具或采油(气)树的最小通径3mm以上,保证在完井后能将油管内压力控制工具取出。

3. 投堵工艺

由于气井带压作业风险高,油管内压力控制至关重要,推荐采用钢丝投堵作业和电缆投堵作业。

1)钢丝投堵作业

钢丝投堵作业油管内压力控制工艺是在静压状态下,利用钢丝绞车将油管内压力控制工具输送到井内预定位置,通过上提(下放)钢丝完成油管内压力控制工具坐封动作,或解除油管内压力控制工具的工作状态。钢丝作业适用油井、气井和水井,不适用于大斜度的定向井。钢丝投堵作业油管内压力控制工艺应满足以下条件:

(1)钢丝长度应大于施工井深度500m,钢丝破断拉力应大于9kN。

(2)防喷盒和防喷器的规格和压力等级应与钢丝规格和井口压力匹配。

(3)防喷器和防喷管及泄压短节的通径大于下井工具的最大外径,且组件的压力等级不低于施工井井口压力。

(4)防喷管高度大于下井工具串的长度。

(5)含有 H_2S 和 CO_2 等腐蚀性流体的井必须使用专用的钢丝。

钢丝作业油管内压力控制工艺流程如下：

（1）在井口安装防喷器和防喷管等防喷装置，并试压至井口压力等级并稳压 10min。

（2）用大于油管内压力控制工具 4～6mm 的通径规，探视井下管柱内径，深度至少达到油管内压力控制工具的坐封位置。

（3）根据通径情况，选取油管内压力控制工具。

（4）下放钢丝，将油管内压力控制工具输送至目的位置，速度不超过 2m/s，油管内压力控制工具的坐封位置应避开油管接箍或变径位置。

（5）坐封油管内压力控制工具并丢手，缓慢上提钢丝 20m。

（6）打开泄压三通，分 4 次均匀放掉油管内压力，每次稳压 10min。

（7）每次下入工具前，应平衡油管与井口防喷装置之间的压力。

2）电缆投堵作业

电缆投堵作业油管内压力控制工艺利用电缆绞车将坐封工具和油管桥塞精准地下放到井内预定位置，地面仪器坐封工具工作，进而带动油管桥塞坐封并实现丢手的一项油管堵塞技术。

电缆投堵作业油管内压力控制技术主要配套有钢丝（电缆）双滚筒测井车、数控仪、液压发电机、井口密封装置和电缆投堵作业配套工具以及钢丝投堵作业配套工具。可回收式油管桥塞、电缆桥塞和高性能油管桥塞可应用于电缆投堵作业。该种油管内压力控制技术适合于油井、气井和水井。电缆投堵作业油管内压力控制工艺流程如下：

（1）确定电缆投堵作业井下工具串结构。自上而下为电缆头、旋转短节（数量和位置依据井况而定）、加重杆（数量由井压确定）、柔性短节（具体位置和数量根据井身结构确定）、坐封工具和油管桥塞。

（2）井下油管桥塞位置确定。油管桥塞下井前在数控仪上输入油管桥塞至磁定位仪之间的距离（零长）。在工具串下井过程中，磁定位仪通过油管接箍时，通过磁定位仪的感应线圈将产生一定的电信号。感应信号经单芯电缆传输到地面的数控仪，数控仪显示屏将显示一条幅度变化的曲线。该曲线波峰所对应的深度即为油管桥塞所在的位置。

（3）坐封油管桥塞。当将油管桥塞下井至预定深度时，停止滚筒操作并刹车。打开数控仪上仪器供电旋钮（可选择交流电或直流电），调节供电电压值和电流强度。打开井下供电开关，向井下供电 30～50s 后完成油管桥塞坐封。验封合格后，启动绞车滚筒，起出坐封工具。

二、油套环空压力控制技术

油管和套管的环空压力控制主要依靠防喷器系统密封管柱，两个防喷器相互配合倒出接箍及井下工具。针对带压作业工况，研发用于带压作业的特种防喷器，如图 5 - 2 所示。其特点是采用油缸外置式结构，驱动闸板的液缸外装于防喷器本体两侧，闸板结构形式为圆柱形，前密封与管柱的接触面积增加，密封更可靠，前密封镶嵌有特殊耐磨材料，使前密封在满足动密封的工况下具有较长的使用寿命。

1. 环空压力控制模式

油套环空压力控制按照安全的不同状态同样分为工作状态压力控制、安全保障压力控制以及紧急情况下的压力控制三级。

第一级：工作状态压力控制。为保证工作状态下能安全平稳地起下管柱，根据压力等级、产量和介质等配备环形防喷器、闸板防喷器等，依据井筒压力的不同，采取不同的压力控制方式，井筒压力 0~7MPa 时，利用不压井作业装备的环形防喷器控制油

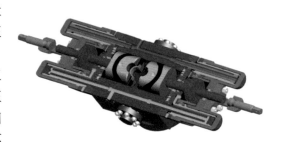

图 5-2　闸板防喷器结构示意图

套环空压力进行管柱的起下作业；井筒压力为 7~21MPa 时，由于油管接箍在过环形防喷器时，不能有效地控制井筒压力，同时，在此压力下，环形防喷器胶芯极易破坏，因此，必须借助于不压井作业装备的闸板防喷器来协助控制井筒压力；井筒压力为 21MPa 以上时，由于环形防喷器不能对管柱实现动密封，因此，任何时候都必须采用闸板加环形双级控制模式来控制油套环空压力。

第二级：安全保障压力控制。在一级环空压力控制失效时采取的压力控制措施，主要是根据井筒压力等级、产量和介质等配备闸板防喷器，数量根据管柱规格进行配套。在一级环空压力控制失效后，采用闸板防喷器来实现油套环空压力控制，以维护一级油套环空压力控制元件。

第三级：紧急情况下的压力控制。和油管内压力控制一样，为防止以及和二级压力控制失效而采取的应急手段，同样包括两种方式：第一是利用压裂车向井筒内注压井液，实行压井控制井筒压力；第二是使用封井器的剪切闸板，剪断管柱，实施关井。

2. 防喷器组的选择

环空压力控制系统主要包括安全防喷器组、工作防喷器组和泄压平衡系统。

1）安全防喷器组

安全防喷器组至少应配备全封闸板防喷器、半封闸板防喷器，部分井还配有剪切闸板防喷器和卡瓦防喷器等。全封闸板防喷器主要用于空井筒时关井；半封闸板防喷器用于密封油套环空；剪切闸板防喷器用于紧急情况下剪断管柱并封井；卡瓦防喷器用于悬挂管柱或防止关井时井内管柱窜动。

（1）安全防喷器选择应遵循的原则。

① 安全防喷器应符合 GB/T 20174—2019《石油天然气钻采设备　钻通设备》或符合 API Spec 16A 的要求。

② 安全防喷器组压力等级不小于预计井口最大关井压力（MASP）和预计井口最高施工压力（MAOP）的最大值。

③ 半封闸板防喷器应与工作管柱外径相匹配；若井下为复合管柱，宜增加相应数量半封闸板防喷器。

④ 防喷器组的通径应大于油管悬挂器的外径。

（2）安全防喷器组合的配置原则。

依据施工井的地层压力、管柱结构和井内流体性质确定安全防喷器组压力等级及组合形式。

① 安全防喷器组至少应配备全封闸板防喷器、半封闸板防喷器。

② 对于井口压力大于 21MPa 或含硫化氢的油井、气井和水井还应配备剪切闸板防喷器。若剪切闸板剪切后具有密封功能，也可用剪切闸板防喷器代替全封闸板防喷器。

③ 根据作业工艺需要决定是否配置卡瓦防喷器，配置位置则根据井下管柱结构确定。

④ 从事打捞和井口装置内倒扣等特殊作业时，宜增配一台相应压力级别的全封闸板防喷器。

2）工作防喷器组

工作防喷器组包括环形防喷器、上半封闸板防喷器、下半封闸板防喷器、平衡/泄压阀和管汇以及四通等。

（1）工作防喷器选择应遵循的原则。

① 工作防喷器应符合 GB/T 20174—2019《石油天然气钻采设备 钻通设备》或符合 API Spec 16A 的要求。

② 工作防喷器的额定工作压力应大于井口最大施工压力（MAOP）的 1.25 倍。

③ 平衡/泄压管汇的压力等级不低于半封工作防喷器的额定压力，气井作业时平衡/泄压管汇上应有节流装置。

④ 半封闸板防喷器应与工作管柱外径相匹配。

⑤ 工作防喷器组的通径应大于油管悬挂器的外径。

⑥ 含有硫化氢等腐蚀性流体的井，工作防喷器组的组件应满足抗硫要求。

⑦ 在两个工作防喷器之间应至少配备一个四通（旁通安装液动阀），使其上、下的防喷器能够建立压力平衡通道。

⑧ 根据工艺需要配备的防喷管，防喷管的高度不应小于单个大直径或不规则工具的长度，防喷管安装在工作防喷器之间时应考虑管柱最大无支撑长度。

（2）工作防喷器组合的配置原则。

应结合作业管柱尺寸、接箍类型和工作压力来选择工作防喷器组合，通常按下列方法执行：

① 工作压力小于 13.8MPa 的 ϕ60.3mm 油管、工作压力小于 12.25MPa 的 ϕ73.02mm 油管和工作压力小于 4MPa 的 ϕ88.9mm 的油管，接箍可以直接通过环形防喷器起下，因此，可以配置一个环形防喷器和一个工作闸板防喷器。

② 工作压力为 13.8 ~ 21MPa 之间的 ϕ60.3mm 油管、工作压力为 12.25 ~ 21MPa 的 ϕ73.02mm 油管、工作压力为 4 ~ 21MPa 的 ϕ88.9mm 油管，接箍通过环形防喷器与闸板防喷器倒换起下，可以配置一个环形防喷器和一个工作闸板防喷器。

③ 对于工作无接箍管柱，管柱外径不超过 ϕ88.9mm，工作压力小于 21MPa，工作防喷器组至少应配置一个环形防喷器和一个闸板工作防喷器。

④ 对于工作压力高于 21MPa 或管柱外径大于 $\phi88.9mm$ 的任何管柱接头都要通过两个工作防喷器倒换导出油管接箍,因此应配置一个环形防喷器和两个工作闸板防喷器。

3) 平衡/泄压系统

平衡/泄压系统主要由两个主液控阀门、节流阀和管线组成,用于作业过程中下工作闸阀防喷器以上环空腔室压力的平衡和放空。平衡/泄压管汇的压力等级与闸板工作防喷器额定工作压力匹配,平衡/泄压管汇上应有节流装置;对含硫井,管汇(管线)、法兰、钢圈、阀门应符合 GB/T 20972.2—2008《石油天然气工业 油气开采中用于硫化氢环境的材料 第2部分:抗开裂碳钢、低合金钢和铸铁》的要求。

三、管柱上顶力控制

对管柱上顶力控制主要依靠卡瓦和升降液缸的配合来实现,卡瓦对管柱提供卡紧力,升降液缸控制管柱的起下。带压作业装置主要配置锥形自紧式卡瓦,如图 5-3 所示。该卡瓦用 1 个液缸实现 2 个卡瓦体同步动作,采用液压回路控制卡瓦的关闭和打开,关闭压力可调,关闭和打开的速度可调。整个卡瓦系统配备 2 套承重锥形自紧式卡瓦和 2 套防顶锥形自紧式卡瓦。为防止误操作而发生坠管和窜管事故,液压控制系统安装卡瓦互锁装置,防止处于工作状态的 1 对承重卡瓦或防顶卡瓦同时处于打开位置,保证操作的安全性。

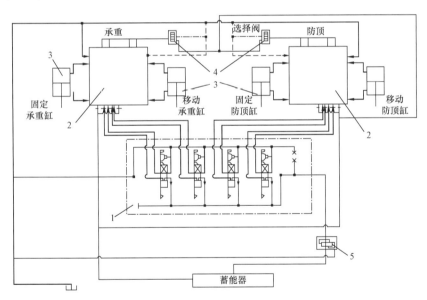

图 5-3　带压作业装置操作平台侧面图

1—手柄四联阀组;2—先导式单向阀组;3—卡瓦液压缸;4—选择阀;5—调压阀

卡瓦互锁系统防止了承重卡瓦组或防顶卡瓦组同时打开,导致管柱飞出或落井事故;目前国内外普遍采用机械式、电磁阀式等多种卡瓦互锁装置;针对目前机械式卡瓦互锁装置卡顿严重,同时打开卡瓦时需拆卸限位装置引起的操作困难问题,以及电磁式卡瓦互锁装置的电磁设备电路复杂、防爆要求高、恶劣环境易损坏引起的短寿命和高成本问题,利用液压先导阀组的逻辑控制功能,并将液路进行集成模块化,研发了一种新型的液控式卡瓦互锁装置,解决了机械式及电磁式卡瓦互锁装置存在的问题。现场应用证实了新型卡瓦互锁装置具有精度高、安装与操作简便、环境适用性强。

第二节 作业前准备

一、设备安装

1. 拆采油树以及安装带压作业井口装置

当油管内堵塞工具坐封后,起出坐封工具,逐级卸掉油管内压力,每次观察15min,观察油管压力恢复情况,若油管压力不上升,则继续降压至油管压力为0,油管压力仍不上升则说明油管封堵合格,可以拆采油树装防喷器;若压力不能降到0,不能更换井口。

拆采油树前,闸板防喷器、环形防喷器和四通等法兰连接部位的钢圈槽应清理干净,并涂抹润滑脂;油管头、闸板防喷器、环形防喷器和四通等法兰连接部位的钢圈和钢圈槽应匹配。

悬挂器上带背压阀装置的应优先安装背压阀;无背压阀装置的,吊开采油树异径法兰后,应在油管悬挂器上安装回压阀。拆开采油树异径法兰后,应尽快安装安全防喷器组、工作防喷器组和远程控制装置,每安装一级应连接好远程控制台液压控制系统,仔细确认钢圈入槽、上下螺孔对正和方向符合要求后,上齐连接螺栓,对角拧紧。

安装完后,绘制井口装置示意图,应标注顶丝、半封闸板、全封闸板和剪切闸板与操作台内固定位置的距离。

2. 安全防喷器组远程控制台安装

防喷器远程控制台原则上安装在季节风上风方向、距井口不少于25m的专用活动房内,距放喷管线应有1m以上距离,10m范围内不应堆放易燃、易爆、腐蚀物品。电源应从总配电板处直接引出,用单独的开关控制,并有标识。

控制管汇安放并固定在管排架内,管排架与放喷管线应有一定的距离,车辆跨越处应装过桥盖板,不应在管排架上堆放杂物和以其作为电焊接地线或在其上进行焊割作业。近井口端液压控制软管线应采用耐火管线,且有防静电措施。辅助式带压作业时,安全半封闸板防喷器的控制液路上宜安装与作业机提升系统刹车联动的防提安全装置,其气路与防碰天车气路并联。

远程控制台电控箱开关旋钮应处于自动位置,控制手柄应处于工作位置,并有控制对象名称和开关标识;控制剪切闸板的三位四通阀应安装防误操作的限位装置,控制全封闸板的三位四通阀应安装防误操作的防护罩。

3. 工作防喷器控制台安装

工作防喷器控制装置一般设置在操作台上,液压控制装置应配备系统压力低压警报系统。

4. 井口支撑座安装

当施工井井口没有油管头(套管头)、套管升高短节过高、风力大、作业高度高、井口腐蚀较为严重以及带压作业机井口装置本身负荷过重时,应安装井口支撑座,以减少对井口装置的承载负荷,提高井口装置的稳定性。

5. 拆带压作业井口装置,安装采油树

联顶节上部应带全通径旋塞阀,并处于开位。悬挂器上带背压阀装置的应在悬挂器上安装背压阀座挂,顶紧油管头顶丝;悬挂器上不带背压阀装置的,油管悬挂器上应安装回压阀送入座挂,顶紧油管头顶丝,直到开始装异径法兰时才能拆掉回压阀,并尽快装采油树。

二、设备调试

1. 安全防喷器远程控制台调试

检查蓄能器压力保持在 17.5 ~ 21.0MPa 内,气囊充氮压力 7.0MPa ± 0.7MPa,应根据预计井口最大关井压力和防喷器关闭比来设置管汇压力。各操作手柄应处于与控制对象工作状态相一致的位置,全封闸板的三位四通阀控制手柄应安装防误操作的防护罩,剪切闸板的三位四通阀控制手柄应安装防误操作的防护罩和定位销;检查液压油油面在油箱高低油位标尺内。

2. 工作防喷器组蓄能器功能测试

环形防喷器处于关闭状态,液压泵源发生故障时,在工作闸板防喷器完成一个开和关、平衡/泄压旋塞阀完成一个开和关动作后,观察 10min,蓄能器的压力至少保持在 8.4MPa 以上;或只关闭环形防喷器,观察 10min,蓄能器压力不低于 8.4MPa。功能测试时间间隔不大于 14d/次。

3. 带压作业机功能测试

开启动力源空运转 5min 后,再合上离合器,带动各泵空运转,运行 5min 一切正常后,关闭放压阀,使蓄能器升压,操作各路转换阀,使油缸、防喷器、卡瓦等动作两次,验证油路畅通、开关灵活、动作无误。

4. 试压

带压作业设备现场安装完毕后,必须对井口和地面流程等进行试压,试压时应按由下至上分别进行低压、高压试压,并做好记录。

（1）应对所有的防喷器组进行试压与功能测试,并做相应的记录。

（2）试压时应按由下至上分别进行低压、高压测试。

（3）施工过程中更换防喷器配件后,应对该防喷器进行现场试压,并做好记录。

（4）试压前应将空气排尽,试压介质宜采用清水。

（5）安全防喷器组应先做 1.4 ~ 2.1MPa 的低压试压,稳压 10min,无可见渗漏为合格;高压测试应按预计井口最大关井压力(MASP)进行,稳压 30min,压降不大于 0.7MPa 为合格。

（6）工作防喷器组应先做 1.4 ~ 2.1MPa 的低压试压,稳压 10min,无可见渗漏为合格;高压测试应按预计最高施工压力(MAOP)进行,稳压 30min,压降不大于 0.7MPa 为合格。

（7）平衡/泄压管汇先做 1.4 ~ 2.1MPa 的低压试压,稳压 10min,无可见渗漏为合格。高压测试按环空动密封装置试压值进行试压,稳压 10min,压力降不大于 0.7MPa 为合格。

（8）液压控制装置应在每口井施工前试压,试压用系统压力可靠性试压,试压压力不低于系统的额定工作压力。每次试压 15min,压力降不大于 0.7MPa 为合格。

三、节流压井管汇安装

节流压井管汇(管线)主要由压井管汇(管线)和节流放喷管汇(管线)组成,在作业过程中用于控制井口环空压力和井控抢险。井口一侧应安装至少一条节流放喷管汇(管线),放喷管线长度和固定方式应符合井下作业井控规定,放喷口前端应安装防回火装置,出口端处于井场下风方向;节流放喷管汇(管线)的出口也可接至采输气接口;井口另一侧应安装应急压井管线。

1. 安装

带压作业现场节流压井管汇(管线)安装要满足以下要求:

（1）现场使用合格的管材,含硫化氢的油气井应使用抗硫化氢的管材和配件。

（2）井控管汇的压力级别和组合形式,应符合工程设计要求。

（3）转弯处应使用不小于 90°的钢质弯头,气井不允许使用活动的弯头连接。

（4）放喷管线的布局要考虑当地季节风的风向、居民区、道路、油罐区、电力线等情况。放喷管线出口应接至距井口 30m 以上的安全地带;高压油气井或高含硫化氢等有毒有害气体的井,放喷管线应接至距井口 75m 以上的安全地带。

（5）管线每隔 10 ~ 15m、转弯处用地锚或地脚螺栓与水泥基墩固定牢靠,悬空处要支撑牢固;管线出口处 2m 内应使用双卡固定。

2. 试压要求

（1）放喷节流管汇和压井管汇的试压按环空动密封装置试压值进行试压。

（2）放喷管线试压压力为 10MPa。

（3）油水井放喷管线试压压力不低于井口压力。

四、举升液缸压力设置

带压作业设备的下压力和举升力是由液压系统提供的压力作用到液缸活塞上而产生的。作业前,为了达到所需的下压力和举升力,需要对液缸压力进行设置。

1. 液缸压力计算

由于管柱运动状态不同,液缸活塞受力情况具有明显差异,如图 5 - 4 所示,因此液缸压力计算按照下压管柱和举升管柱两种情况进行。带压作业机一般采用 2 个或 4 个液缸设计,采用四缸设计的带压作业机也可以将两缸和四缸倒换使用,采用两缸作业时可以获得较高的起下速度,采用四缸作业时可以获得较大的举升力和下压力。因此,应该依据实际使用的液缸数量,正确调整液压系统压力调节器至合适的数值。

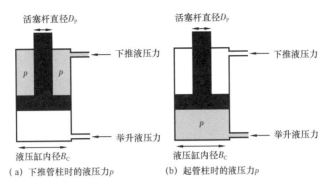

图 5 - 4　带压作业机液缸工作原理图

1) 举升管柱

当举升管柱时,液压缸活塞底端承受液压力,如图 5 - 4(a)所示,液缸压力计算公式为:

$$p_{li} = \frac{F_{li}}{S_{li}} = \frac{4 F_{li}}{\pi n B_{c}^{2}} \tag{5-1}$$

式中　p_{li}——液缸应设置的压力,MPa;

$\quad\quad F_{li}$——所需达到的举升力,kN;

$\quad\quad S_{li}$——活塞面积;

$\quad\quad B_{c}$——液压缸活塞内径,cm;

$\quad\quad n$——液压缸数量。

2) 下压管柱

当下压管柱时,液压缸活塞的上端承受液压力如图 5 - 4(b)所示,液缸压力计算公式为:

$$p_{sn} = \frac{F_{sn}}{S_{sn}} = \frac{4 F_{sn}}{\pi n (B_{c}^{2} - D_{p}^{2})} \tag{5-2}$$

式中　p_{sn}——液缸应设置的压力,MPa;

$\quad\quad F_{sn}$——所需达到的下压力,kN;

$\quad\quad S_{sn}$——液缸面积;

$\quad\quad D_{p}$——液压缸活塞杆直径,cm。

2. 设置液缸压力

根据前述的液缸压力计算方法,得出液缸压力后,即可进行压力的设置。由于带压作业机类型和结构不同,液缸压力的设置方法会有所差异。

通常情况下,通过调节液缸液控回路的调压阀即可实现。下管柱(轻管柱)时,设置液缸压力前应将下部管柱组合放入工作防喷器组内,关闭移动卡瓦和固定防顶卡瓦,关闭环形防喷器(或工作闸板防喷器)并平衡防喷器压力,解锁并打开全封闸板,转移载荷至移动防顶卡瓦,开固定防顶卡瓦。

将液缸压力调整至零,提高油门至满负荷状态,将液缸控制手柄推至完全"向下"位置,按照计算的液缸压力,调节液缸压力,直至管柱开始下行。采用短行程下钻,直至整个下部管柱组合通过油管头。采用环形防喷器直接起下管柱时,还应增加液缸压力使接箍通过工作环形防喷器。随管柱重量的增加,逐渐降低液缸压力和下压力。注意任何时候下压力都不能超过计算的最大下压力。

起管柱(重管柱)时,将联顶节和悬挂器连接好,按规定扭矩紧扣,在联顶节顶部安装好全通径旋塞阀并处于开位,关移动承重卡瓦,松开顶丝,将液缸压力调整至零,提高油门至满负荷状态,将液缸控制手柄推至完全"向上"位置,按照式(5-1)和式(5-2)计算的液缸压力,调节液缸压力,直至管柱开始上行。注意达到计算的液缸压力管柱仍不上行时,必须开展安全分析工作,绝对不能超过本书第二章第二节计算的最大允许举升力。

五、置换防喷器组内空气

带压作业尤其是气井带压作业施工前,为了防止井口腔室空气与井内天然气混合,消除爆燃风险,需将井口防喷器组腔室空气排出。通常情况下,关闭相应卡瓦和环形防喷器以确保下部管柱安全,关闭最上部的安全半封防喷器,关闭平衡/泄压阀,打开工作防喷器组,用清水将井口腔室灌满排出空气,最后关闭环形防喷器,打开泄压阀将腔室内清水排出。

当不具备用清水置换空气条件时,先用卡瓦和环形防喷器确保下部管柱安全,关闭平衡/泄压阀,开油管头四通外侧的阀门,使气体流动到平衡阀,并检查是否有泄漏;通过平衡阀缓慢将工作防喷器内压力升高到0.5MPa左右,检查是否有泄漏,然后关闭平衡阀,通过泄压阀缓慢释放工作防喷器内的压力,关闭泄压阀。这样重复2~3次就可将工作防喷器内的空气吹扫出去。

第三节 带压起下管柱工艺技术

一、带压起下管柱应遵循的原则

带压起下管柱作业应遵循以下原则:

(1)施工程序上应对两家不同服务公司操作人员的相应职责明确划分。

(2)确保施工人员能在技术上达到实质性的交流,避免设备在视线上的障碍以及噪声的影响。

(3)为了防止潜在事故的发生,在有工作人员在不压井设备扶梯上下、有工作人员从工作平台上进出和有工作人员在钻机井架上下情况时,必须停止井内管柱或BHA的运动。

(4)进行不压井起下管柱操作之前,应和司钻讨论确定一个安全的起下管柱速度。

(5)在进行任何起下管柱施工之前,对节流控制和闸板位置观察器的光线必须进行测试。如果这个系统没有正常工作,所有的操作应该停止,直到这个系统重新检修完成。

（6）如果采用不压井设备进行的闸板和环封进行钻铤的起出或下入时，需要将闸板和环封或者两组不压井闸板的压力设定到更高值。大多数的不压井作业需要的油管为EUE油管，在这种情况下采用环封作为上部BOP进行闸板倒换时，需要的压力等级为：

① $\phi60.3mm$ EUE油管，大于13.8MPa且小于21MPa；

② $\phi73.0mm$ EUE油管，大于12.25MPa且小于21000kPa；

③ $\phi88.9mm$ EUE油管大于4MPa且小于21000kPa；

对于以上油管，如果将闸板作为倒换起油管的上部BOP，压力等级应大于21000kPa。

（7）在起钻开始或在任何停止后再次开始时，在进行钻铤过环封的作业时应该降低其提升速度。

（8）司钻必须能够对不压井设备的承重卡瓦具有较好的视觉。为了不至于干扰司钻的视线，需要将观察器固定，避免将油管起出在不压井操作面板上游动。

二、起下管柱作业安全技术要求及操作步骤

1. 起下管柱作业安全技术要求

（1）施工前应确认闸板防喷器手动锁紧装置解锁到位，打开后应确认防喷器闸板全开到位。

（2）施工过程操作人员之间应保持信息通畅，起下管柱速度由司钻和操作手商定。管柱为重管柱，作业机辅助作业时，司钻应以安全稳定的速度起下管柱，以便带压作业操作手有足够时间打开和关闭卡瓦，并保证带压作业员工不会因作业机设备进入带压作业操作平台而处于危险中。

（3）设置环形防喷器关闭压力，达到既能使管柱顺利通过环形防喷器，又能控制井口压力。

（4）起管柱过程中应观察指重表变化，上提负荷不应超过第二章计算的最大许用举升力；轻管柱起下时，液压缸行程要小于油管安全无支撑长度。

（5）起下管柱过程中，利用平衡泄压系统进行压力控制时，开关速度要慢，以减少冲击、刺漏。

（6）下管柱过程中，应在环形防喷器胶芯上喷淋适量的润滑油，如液压油、机油等；起管柱（特别是含硫油气井）过程中，应在环形防喷器以上喷淋适当的不易燃液体，如清水、氯化钾液体等。

（7）工作管柱优先选用直连扣或带斜坡接头，油管也优先选用带倒角的接箍。油管入井前应核实到井油管质量检验报告，核对规格、数量；外观检查不应有弯曲、坑蚀、严重锈蚀、螺纹损坏等现象；对油管进行逐根排列、丈量、编号及造册登记；应用标准内径规通内径，通过方为合格。

（8）下管柱时要求油管及螺纹干净清洁，螺纹密封脂应均匀涂抹在外螺纹上，用液压油管钳上扣，应先人工引扣，防止管柱螺纹错扣，上扣时，背钳应卡在油管本体上，同时对接箍工厂端和上扣端进行紧扣，按规定扭矩上紧；卸扣时，背钳应卡在油管接箍上，防止对接箍工厂端松扣。

（9）带压起下过程，操作平台上至少应配备一套合格的旋塞阀、开关工具或高压阀门，地面备防喷单根，旋塞阀和高压阀门处于开位。

2. 下管柱作业

下管柱作业主要包括轻管柱(含底部管柱组合)下入、平衡点(中和点)测试和重管柱下入三个关键环节。

1)轻管柱下入

(1)首根管柱下入。

带压下入光油管对于首根管柱,下入之前应按照设计要求安装管柱内压力控制工具。首根管柱下入步骤为:

① 在确保全封闸板防喷器完全关闭的前提下,打开上部的工作防喷器和其他安全防喷器。

② 通过作业机绞车或吊车等其他辅助起吊设备将带有管柱内压力控制工具的管柱从地面提升至操作平台,打开全部卡瓦,将管柱缓慢下至全封闸板位置,然后上提0.5~1.0m,关移动承重卡瓦和防顶卡瓦,关固定防顶卡瓦,关工作环形防喷器。

③ 按第二节"置换防喷器组内空气"要求吹扫防喷器组内空气。

④ 关闭泄压阀,缓慢开启平衡管线的节流阀(或旋塞阀),井筒压力通过平衡管线平衡全封闸板上下压力,注意观察压力变化和内防喷工具密封情况,并在环形工作防喷器上倒入适量润滑油,以减少下管柱作业对环形防喷器的摩擦,降低对胶芯的磨损。

⑤ 设置环形工作防喷器关闭压力,确保既能控制住井内压力又能保证管柱移动,环形工作防喷器上补偿瓶压力应当为2.5~2.8MPa(350~400psi)。

⑥ 设置液缸下压力,为防止发生弯曲,液压缸位置要尽可能低,将液缸压力调整至零,提高油门至满负荷状态,将液缸控制手柄推至完全"向下"位置,增加液缸压力,直至管柱开始下行。

⑦ 全封闸板上下压力平衡后,打开全封闸板防喷器,采用一般管柱下入程序将管柱下入井内。

(2)一般管柱下入。

管柱下入过程中,载荷转移是非常重要的一个作业环节,所谓载荷转移是指将固定卡瓦和移动卡瓦上承受的力按工作需要进行上下转换的过程,就是打开一副卡瓦时确保有另外一副卡瓦关闭并且该关闭卡瓦已经"咬住"管柱,防止管柱"飞出"或"落井"。管柱下入步骤为:

① 关闭固定防顶卡瓦和移动防顶卡瓦,将新管柱连接到井内管柱上,完成接单根。

② 缓慢上提管柱,将上顶力从移动防顶卡瓦转移到固定防顶卡瓦,打开移动防顶卡瓦。

③ 起升液缸,此时管柱由固定防顶卡瓦控制。

④ 当液缸起升到指定位置时停止,关闭移动防顶卡瓦,轻轻下压管柱,将上顶力从固定防顶卡瓦转移到移动防顶卡瓦。

⑤ 打开固定防顶卡瓦控制,管柱由移动防顶卡瓦控制。

⑥ 下放液缸,此时管柱由移动防顶卡瓦控制带压下入井内。

⑦ 当液缸下放至行程底部时停止,关闭固定防顶卡瓦,缓慢上提管柱,将上顶力从移动防顶卡瓦转移到固定防顶卡瓦。

⑧ 打开移动防顶卡瓦,此时将上顶力从移动防顶卡瓦转移到固定防顶卡瓦,重复以上步骤直至完成管柱下入作业。

移动防顶卡瓦与固定防顶卡瓦在转换使用时应注意卡瓦载荷的相互转移,否则容易酿成卡瓦无法打开,甚至管柱"飞出"的严重后果。

2）平衡点测试

重复以上步骤,当下入的管柱长度接近理论计算的中和点时,一般至少提前 5 根管柱,必须逐根进行重管柱测试,主要是由于计算误差、井筒摩擦力和防喷器摩擦力等影响,如果不提前进行平衡点测试,可能导致管柱落井的风险,甚至发生井控风险。

3）重管柱下入

进入重管柱状态后,利用固定承重卡瓦和移动承重卡瓦转换来下入管柱,调节液缸压力推动管柱接箍通过环形工作防喷器;如果是辅助式带压作业机,这时就可以转到利用修井机来进行带压下钻作业。

3. 起管柱作业

1）起重管柱

对于井口压力小于环形防喷器工作压力时,只需关闭环形防喷器密封管柱,直接利用液缸(独立式)或作业机大钩(辅助式)起下管柱。

2）平衡点测试

当起出管柱接近中和点深度时,应进行轻管柱测试。

3）起轻管柱

起轻管柱时,必须使用防顶卡瓦来克服管柱的上顶力,移动防顶卡瓦和固定防顶卡瓦交替卡住管柱,通过液压缸循环举升和下压完成管柱的起下作业。

对于没有标记的油管,当接近油管堵塞器 100m 时,应逐根探测堵塞器位置。起堵塞器以下的短管柱时,可以使用升高短节或防喷管,导出下部管柱。

三、坐油管挂操作

1. 常规方法

（1）仔细丈量从套管头的顶丝到不压井装置的上卡瓦的距离。

（2）采用管钳将旋塞装在油管悬挂器的上部,并保持关闭状态。

（3）将游动卡瓦组上升到油管挂的顶部。

（4）缓慢下入油管挂,在油管挂到达固定卡瓦组的上部时停止。

（5）降低游动卡瓦组,并在油管挂上部停止。

（6）关闭游动卡瓦系统,使油管挂通过固定卡瓦组,并在达到环封顶部时停止。

2. 低压方法

（1）关闭不压井闸板,泄压,打开环封。

（2）降低油管挂，通过环封，然后关闭环封。读出并记录此时的管柱悬重，以便后续步骤参考。

（3）方法一：先升高管柱直到油管挂接触到环封的底部，再将管柱下入大约15cm，停止；方法二：下管柱，直到油管挂底部接触到不压井闸板，加载在闸板上的重量为10kN。

（4）确认管柱重量。关闭游动卡瓦，并要求司钻监测指重表，如果发生什么事情，确保作业人员应该知道怎么做。

（5）打开平衡阀，缓慢进行平衡，防止上顶力突然增加。

（6）方法一：打开不压井闸板并坐放油管挂；方法二：告诉司钻，设定上提力为管柱重量。打开不压井闸板并坐放油管挂，保持平衡阀在开的状态。

（7）采用液缸施加4.5tf在坐放接头上进行坐放。

（8）当坐放完毕后，操作人员应按照厂家规定参数将顶丝上紧，关闭和平衡管线连通的套管阀。

（9）进行缓慢泄压。在泄压过程中间停止2min，观察压力恢复情况，如果压力保持不变，则继续泄压到0。

（10）在打开环封以前，使操作人员仔细检查，确保油管挂保持密封状态。

（11）如果压力继续保持为0，打开环封和游动卡瓦系统，并倒扣倒出坐放接头，关闭并锁死全封。

3. 高压或满井筒液体方法

（1）关闭环封并泄压。

（2）打开环封，并将油管挂下入到闸板之间。

（3）校核管柱重量。关闭游动卡瓦，要求司钻监测管柱重量，如果发生任何变化，确保不压井作业人员应该知道怎么做。

（4）平衡3.5MPa，并保持和司钻良好的沟通，及时知道悬重的变化。

（5）观察下压力和举升力的增量。如果增加，将油管挂复位：如果下压力增加，降低油管柱（即下入）；如果举升力增加，升高油管柱（即起出）。

（6）平衡过后，打开环封并坐放油管挂，保持平衡阀为开启状态。

（7）采用液缸施加4.5tf力在坐放接头上进行坐放。

（8）当坐放完毕后，操作人员应按照厂家规定参数将顶丝上紧，关闭和平衡管线连通的套管阀。

（9）泄压3.5MPa。在泄压过程中间停止2min，观察压力恢复情况。

（10）在打开环封以前，使操作人员仔细检查，确保油管挂保持密封状态。

（11）如果压力继续保持为0，打开环封和游动卡瓦系统，并倒扣倒出坐放接头，关闭并锁死全封。

四、起油管挂操作

（1）安装提升短节，关闭并采用游动卡瓦进行加载，进行试压。

（2）丈量顶丝到不压井闸板之间的距离。

（3）采用液缸加压 4.5tf 的力在提升短节上下行。

（4）采用原井筒气体进行平衡。

（5）松顶丝。

（6）打开固定卡瓦,慢慢地将油管柱低压井起到紧靠环封位置,高压井起至上下闸板之间,然后停下,下放 15cm。

（7）关闭固定卡瓦和不压井下闸板。

（8）按 3.5MPa 分阶段进行泄压,让司钻观察指重变化情况,并监测上顶力大小变化。

（9）压力已经被泄掉,而且重量和上顶力没有变化,则打开环封和游动卡瓦。

（10）升高举升装置到预计的接头高度,关闭游动承重卡瓦。

（11）起管柱,一旦油管挂通过环封后,将环封关闭在中间位置,有利于管柱通过卡瓦系统。

（12）一旦油管挂到达接头高度,打开游动承重卡瓦,并降低升高装置到油管挂顶部。

（13）关闭游动承重卡瓦,使得所有管柱重量位于游动承重卡瓦系统上。

（14）卸开油管拌和提升接头,采用油管接箍替换,并按厂家标准进行上扣。

（15）平衡压力,打开闸板或环封,继续起出油管柱。

五、分段过接箍或工具接头操作

1. 分段过接箍或工具接头操作准备

（1）连续地注入甲醇到平衡管线中。

（2）在关闭下部闸板之前,制订确定接箍位置的程序。

① 在管柱上标记基准线;

② 在钻台上找一个参考点;

③ 数液缸的冲程数。

（3）在进行分段过接箍以前,确保闸板定位器视线清楚,并保持其性能完好。

（4）对平衡和放喷管线进行节流,减小流动对设备造成的应力作用。

2. 油管接箍分段下入井内的操作程序

（1）上部 BOP 闸板以上对接箍进行定位。

（2）停止管柱运动。

（3）关闭下部 BOP 闸板。

（4）对上下闸板进行泄压。

（5）打开上部 BOP(如果上部 BOP 为环封,则没有必要打开)。

（6）在上部 BOP 以下后,对接箍进行定位。

（7）停止管柱运动。

（8）关闭上部 BOP。

（9）平衡下部闸板 BOP 以上和以下压力。

（10）打开下部闸板 BOP。

（11）从（1）开始重复。

3. 油管接箍分段起出井筒的操作程序

（1）关闭上部 BOP 闸板。

（2）对下部 BOP 闸板以上的接箍进行定位。

（3）停止管柱运动。

（4）关闭下部 BOP 闸板。

（5）对闸板之间腔室进行泄压。

（6）打开上部 BOP（如果上部 BOP 为环封，则没有必要打开）。

（7）对上部 BOP 闸板以上的接箍进行定位。

（8）停止管柱运动。

（9）关闭上部 BOP 闸板。

（10）平衡 BOP 闸板上下的压力。

（11）打开下部 BOP 闸板。

（12）从（1）开始重复。

六、应用实例

1. 宁 201 – H1 井基本数据

宁 201 – H1 井为中国石油西南油气田公司蜀南气矿长宁页岩气示范区钻探的第一口页岩气水平井，构造位置位于长宁构造中奥陶顶上罗场鼻突东翼，层位龙马溪组，所产气经化验为纯气，不含硫化氢。完钻井深 3790m，全井最大井斜井深 3645.08m，斜度 97.60°，方位 6.9°，井底闭合距 1452.19m，生产套管为 ϕ139.7mm。由于宁 201 – H1 井井口生产压力为 4.2MPa，产气量约为 $5 \times 10^4 \mathrm{m}^3/\mathrm{d}$，间歇生产，针阀开度较大时，受其产能下降影响，其排液效果也变差，决定在完成宁 201 – H1 井打捞钢丝作业后，用不压井设备下该井完井油管。图 5 – 5 所示为宁 201 – H1 井井身结构示意图。

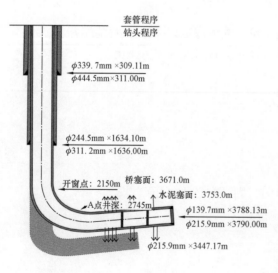

图 5 – 5　宁 201 – H1 井井身结构图

2. 带压下完井管柱作业方案

1）作业目的

带压下完井管柱，提升该井带液能力，获取储层天然气产能。

2）施工工序

本次作业利用单流阀及破裂盘来封堵油管内压力，实现带压通井及下完井管柱作业，主要施工工序如下：施工准备→拆井口采气树→安装井口防喷器组、不压井设备→试压→参数确认→带压通井→带压下完井管柱→坐放油管挂→拆井口设备及大阀门→恢复采气井口装置并试压→憋破裂盘→排液、测试生产→完井、交井。

3）参数计算

以下参数计算分为井筒全气状态，井口最高控制压力7MPa：

（1）作用在不压井管柱上的上顶力。

作用在管柱横截面上的井内压力对油管柱产生的上顶力，其计算公式为：

$$F_{p-a} = \frac{\pi D^2 p_{WH}}{4} \tag{5-3}$$

式中　D——油管柱外径，mm；

　　　p_{WH}——井口压力，MPa；

　　　F_{p-a}——井口压力对油管柱产生的上顶力，kN。

对于下完井生产管柱，井口压力控制在7MPa油管柱产生的上顶力为19.99kN。

（2）管柱的重力。

当井内全气体时，油管柱底部带单流阀及破裂盘，油管柱在井内受到重力（向下）、油管柱上顶力（向上）（图5-6）。

对于起完井生产管柱，最大重力为189.4kN，设备举升力为最大重力246kN。

（3）最大的下推力。

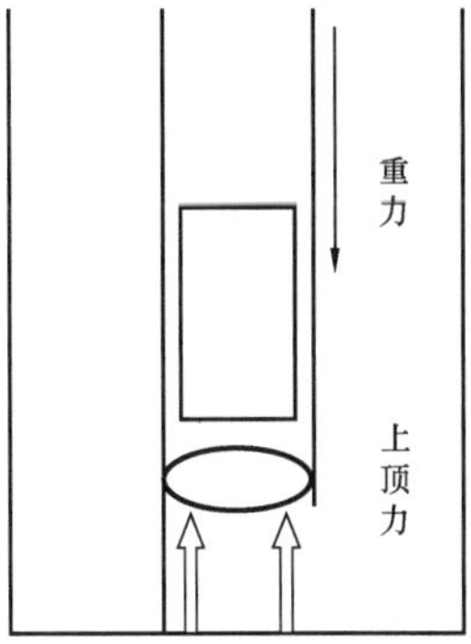

不压井作业中管柱的重力方向向下，因此有助于下管柱作

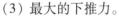

业。一开始下管柱时，由于管柱重量非常轻，故一般忽略管柱重量不计。因此，不压井作业开始下钻时，要施加最大下推力。

忽略摩擦力的影响，井筒压力为7MPa时，对于下完井生产管柱，最大下推力为：最大上顶力+30%安全附加值=29kN。

（4）中和点的深度。

随着下入管柱数量的增多，管柱的重量将慢慢增加，并最终等于管柱截面力。这时，当管柱在地面上不再施加任何的限制力时，管柱再也不能被喷出。一般来讲这就叫作"中和点"，按井口压力7MPa计算。

图5-6　不压井管柱受力示意图

表5-1　中和点位置计算

井口压力 MPa	上顶力 kN	100m管柱的最大重力 kN	最大下推力 kN	中和点深度 m
1	2.83	6.85	2.83	42.2
2	5.65	6.85	5.65	84.4
3	8.48	6.85	8.48	126.6
4	11.31	6.85	11.31	168.8

续表

井口压力 MPa	上顶力 kN	100m管柱的最大重力 kN	最大下推力 kN	中和点深度 m
5	14.14	6.85	14.14	211.0
7	19.99	6.855	19.99	291.6

本次作业井内全气状况下,7MPa 中和点深度为 291.6m;作业期间根据井口压力变化,确定中和点位置。

（5）完井油管油管强度计算,结果见表 5-2。

表 5-2 完井油管油管强度计算结果

油管外径,mm	壁厚,mm	最大下入井深,m	段长,m	单位长度重量,N/m	钢级	抗内压,MPa
60.3	4.83	2765	2765	68.5	N80	77.2
抗外挤强度,MPa	抗拉强度,kN	自重,kN	累重,kN	剩余拉力,kN	安全系数	备注
81.2	464	189.4	189.4	274.6	2.44	加厚

3. 带压下油管施工步骤

（1）施工准备。

在施工作业前,施工单位根据现场勘查周围环境情况,并结合作业井的工艺要求以及周围环境的实际情况编制施工设计和应急预案。按要求准备好所有必备的设备、工具和泵车及其管线。按提前实地勘查好的去井场的道路情况和井场情况,确定好井场所有设备的摆放位置和标准,检查作业井场是否满足施工作业条件。

（2）拆井口采气树。

（3）安装井口防喷器组。

① 在井口大闸门上安装转换法兰、试压四通、全封闸板封井器、剪切闸板封井器、半封闸板封井器、设备支撑架。

② 上全上紧全部螺栓。

③ 套管四通两侧的阀门开关应灵活。

④ 连接好井口封井器的远程控制液压管线。

安装不压井设备:

① 不压井载车倒至同作业机成 90°~120°角,并停放在司钻操作台一侧。

② 用吊车吊起并安装不压井作业设备。

③ 上全上紧所有螺栓后,按地面管汇示意图连接好平衡放压管线。

④ 牵好绷绳与逃生绳。调好各绷绳与逃生绳的张紧力,以保证安在井口上的不压井装置始终在井口对中位置上。

⑤ 再安装不压井设备逃生索。整个安装过程,安装人员必须捆绑安全带。

（4）连接 700 型压裂车。

① 从试压四通连接管线到 700 型压裂车。

② 所有连接管线必须使用符合工作压力的硬管线。

③ 所有管线连接完成后,700 型压裂车进行试运行。

图 5-7 所示为井口装置图。

（5）逐级试压。

① 调节设备系统压力:由操作手调好各个系统压力,然后自下而上逐级试压,除环形防喷器外（环形防喷器的试压值为其额定工作压力的 70%,即 24.5MPa,稳压时间不少于 10min）,每个防喷组都要进行 10min 低压测试（2MPa）和 30min 的高压测试（35MPa）。如果低压测试有压降不小于 0.07MPa 的话要整改后重试,压降小于 0.07MPa 为合格;如果高压测试有压降不小于 0.7MPa 的话要整改后重试,压降小于 0.7MPa 为合格。试压部件包括:下闸板防喷器、放压/平衡四通、上闸板防喷器、环形防喷器。

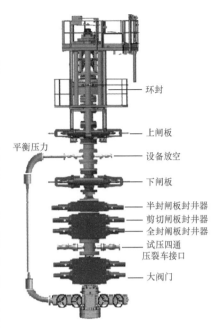

图 5-7　带压下油管井口装置图

② 井口设备试压。

a. 井口防喷器组全封闸板试压:关闭井口防喷器组全封闸板,启动 700 型压裂车用清水对防喷器组全封闸板至井口四通段试压;试压完毕后,打开 700 型压裂车泄压阀,泄放设备腔体内压力至 0,再打开井口防喷器组全封闸板。

b. 井口防喷器组半封闸板试压:用吊车将一根带有盲堵的油管吊至不压井设备操作平台,再将带有盲堵的油管下至不压井设备腔体内油管挂上部旋塞处,关闭井口半封闸板防喷器,启动 700 型压裂车用清水对半封闸板防喷器至井口四通段试压;试压完毕后,打开 700 型压裂车泄压阀,泄放设备腔体内压力至 0,再打开半封闸板防喷器。

c. 不压井设备下闸板试压:关闭不压井设备下闸板,启动 700 型压裂车用清水对不压井设备下闸板至井口四通段试压;试压完毕后,打开 700 型压裂车泄压阀,泄放设备腔体内压力至 0MPa,再打开不压井设备下闸板防喷器。

d. 不压井设备上闸板试压:关闭不压井设备上闸板,启动 700 型压裂车用清水对不压井设备上闸板至井口四通段试压;试压完毕后,打开不压井设备泄压管线,泄放设备腔体内压力至 0,再打开不压井设备上闸板防喷器。

e. 井口设备整体试压:关闭不压井设备四组卡瓦和环形防喷器,打开试压四通至压裂车段平板阀,启动 700 型压裂车用清水对不压井设备球封至井口四通段试压;试压完毕后,打开不压井设备泄压管线,泄放设备腔体内压力至 0。

（6）带压下完井管柱。

① 作业前施工参数确认。由操作员调定各个系统压力,并按设计调定最大举升力 263kN,做好下油管准备;本次作业井内全液状况下,7MPa 中和点深度为 308.95m;作业期间

根据井口压力变化,确定中和点位置。忽略摩擦力的影响,井筒压力为 7MPa 时,最大下推力:对于下完井生产管柱,最大下推力为 38.09kN。

② 井下管柱组合。通井油管组合:油补距 + 直管挂 + 双公短节 + ϕ60.3mm 加厚油管 + 单流阀 + 5½in 套管通井规 = 3000m(视井下落鱼打捞情况定)。

完井油管组合:油补距 + 直管挂 + 双公短节 + ϕ60.3mm 加厚油管 + 破裂盘 = 2745m(视井下落鱼打捞情况定)。

③ 带压下入通井第一根油管。连接一根油管,其底部安装盲堵,用不压井作业设备施加一定的下推力(下推力必须大于 29kN)下至全封闸板上面后,关闭环形防喷器,平衡全封闸板上下压差,观察操作台上压力表的变化,压力稳定后,打开全封闸板,下入第一根油管。

④ 带压起下管柱压力控制方式。在下入管柱过程中,用井口生产流程进行泄压,将井口压力控制在 7MPa 内,采用环形防喷器控制环空压力的作业方式,下入 ϕ60.3mm 油管柱。

⑤ 下入管柱要求。每根入井油管用 ϕ48mm 内径规通内径。

⑥ 带压通井。用不压井作业设备带压下通井管柱至井深 3600m(视井下落鱼打捞情况定)。通井时应平稳操作,管柱下放速度控制为小于或等于 20m/min,下至距离设计位置以上 100m 时,应减慢下放速度,控制为小于或等于 10m/min;通井时,若中途遇阻,悬重下降控制不应超过 30kN,若悬重下降超过 30kN 应停止下放管柱,向上级汇报,等待下步施工指令。

⑦ 带压下完井管柱(同上文)。

(7)带压下完井管柱至钢丝打捞井深。

(8)坐放油管挂。

① 连接直管挂上部提升短节:当下至最后一根油管时,在油管上部连接 ϕ175mm 直管挂,直管挂上连接旋塞阀,旋塞阀处于关闭状态,上面用一根油管作为提升短节。

② 坐放油管挂:关闭下闸板防喷器,关闭平衡控制阀,打开放压控制阀放空至零,打开环形防喷器,下放管柱,将直管挂和旋塞阀置于下闸板防喷器和环形防喷器之间,关闭环形防喷器,平衡井筒内压力,打开下闸板防喷器,继续下放管柱,将直管挂坐放于油管头内,紧顶丝。

(9)拆井口设备。

用吊车拆除井口不压井设备和井口防喷器组,作业人员在高空作业时必须捆绑安全带。

(10)恢复采气井口装置并试压。

拆除井口液控总阀,缓慢打开旋塞阀,拆卸旋塞阀,由现场试油队负责恢复井口采气树及对采气树试压。

(11)憋破裂盘。压裂车向油管内泵入 8m³ 清水(以 A 点进行计算),憋油管破裂盘。

(12)排液、测试。若开井放喷排液不能自喷,采用关井复压,放喷复产。

(13)交井。施工作业完毕,完成作业现场场地恢复,并将施工记录资料交接给甲方,完善交井手续。

第四节　带压冲砂作业

油井、气井和水井在生产过程中地层往往会出砂,这些砂子可能会掩埋部分甚至全部产层,同时这些砂子流到地面会对设备造成破坏,因此冲砂作业也是带压修井作业的重要内容之一。

同常规压井冲砂作业一样,带压作业包括正冲砂、反冲砂或正反冲砂。正冲砂是指冲砂介质从管柱内向下流动,在管口以较高的流速冲击井底沉砂,冲散的砂子与冲砂介质混合后,沿冲砂管柱与套管环形空间上返至地面的冲砂方式。反冲砂是指冲砂介质沿冲砂管柱与套管环形空间向下流动,冲击井底沉砂,冲散的砂子与冲砂介质混合后,沿冲砂管柱内部上返至地面的冲砂方式。冲砂介质可以采用原油、清水、盐水、泡沫、氮气或天然气等,高压井可以采用钻井液作为冲砂介质,一般油井用原油或水作为冲砂液,水井用清水作为冲砂液,气井可以用氮气、天然气、清水或适当密度的盐水作为冲砂介质。

对于井口压力高、地层压力较高(地层压力系数较高)和含硫化氢的油井、气井和水井,可用液体冲砂介质来降低井口压力、隔离有毒气体,采用正冲砂方式达到安全、快速冲砂的效果。对于地层压力低、液体冲砂介质无法建立循环的天然气井,可以用泡沫或气体作为介质进行反冲砂方式作业,采用泡沫作为冲砂液时需要考虑泡沫在井下的稳定性,采用的气体主要是氮气,也可以利用天然气气井的地层自身能量进行反冲砂作业。无论采用哪种冲砂方式,地面流程应做好节流、除砂和监测等方面的准备。

一、砂粒自由下沉速度计算

对于采用水力冲砂洗井的方法清除井内砂粒,正确计算砂粒的下沉速度和冲砂液排量是确保快速、安全、彻底地冲砂洗井的关键,也是合理选择洗井泵泵型的依据之一。如何正确计算砂粒的下沉速度是一个长期困扰人们的问题,国内外已经进行了相当长时期的研究。1948年,威廉斯(Williams)和布鲁斯(Bruce)通过模拟实验指出:如果保持紊流状态,冲砂液流速只要稍大于最大砂粒的下沉速度即可将砂粒上返至地面。砂粒的沉降速度直接影响最小注入速度和工作排量,准确计算砂粒的沉降速度至关重要。计算砂粒沉降速度的常用方法有:牛顿–雷廷格计算法、莫尔计算法、刘希圣法、斯笃克计算法和模拟实验法等。

1. 牛顿–雷廷格计算公式

砂粒的密度与冲砂液的密度不同,因而由于重力的作用,砂粒就会在垂直方向上产生相对运动,即所谓的沉降运动。砂粒在冲砂液中作沉降运动时,同时受到重力、浮力和液体阻力的作用,如图5–8所示。众所周知,砂粒在沉降过程中开始是加速运动的,当阻力、重力和浮力三者达到平衡时,砂粒的沉降速度将不再增加,这时的沉降速度称为沉降末速(Terminal Settling Velocity),用 v_t 表示。球形砂粒在冲砂液中的沉降末速可用牛顿–雷廷格公式计算,其适用雷诺数范围为 $500 \sim 10^5$。

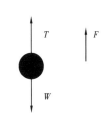

图5–8　悬浮于冲砂液中的砂粒受力示意图

根据牛顿定律,砂粒在刚开始加速下降,当速度增加到一定数值时,砂粒以该速度匀速下降,砂粒的受力平衡公式为:

$$W = T + F \tag{5-4}$$

其中

$$W = \frac{\pi}{6}d_s^3\rho_s g, T = \frac{\pi}{6}d_s^3\rho_1 g, F = C_d \frac{\pi}{8}d_s^2\rho_1 v_1^2 \tag{5-5}$$

将其带入式(5-4)得,

$$\frac{\pi}{6}d_s^3\rho_s g = \frac{\pi}{6}d_s^3\rho_1 g + C_d \frac{\pi}{8}d_s^2\rho_1 v_1^2 \tag{5-6}$$

整理得到沉降速度计算公式:

$$v_t = \left(\frac{8}{3}d_s \frac{\rho_s - \rho_1}{\rho_1}g\right)^{1/2} \tag{5-7}$$

式中　v_t——砂粒的沉降末速度,m/s;

　　　d_s——砂粒的直径,m;

　　　ρ_s——砂粒的密度,kg/m^3;

　　　ρ_1——冲砂液的密度,kg/m^3;

　　　C_d——阻力系数,雷诺数在 $500 \sim 10^5$ 时取 0.5。

2. 莫尔计算法

将莫尔沉降末速关系式换算成工程常用单位后,有:

$$v_t = 2.95\left(d_s \frac{\rho_s - \rho_1}{\rho_1}\right)^{1/2} \tag{5-8}$$

3. 斯笃克(Stokes)计算公式

砂粒在冲砂液中做沉降运动,会受到冲砂液的阻力。阻力的大小与砂粒的直径以及冲砂液的黏度有密切的关系。砂粒在向下运动过程中受到的阻力表达式为:

$$F = 6\pi\mu r v_t \tag{5-9}$$

下沉速度越大阻力 F 也就越大,但砂粒在冲砂液中下沉时不可能无限制地加速,而是很快地变成等速下沉。则砂粒沉降运动的受力平衡方程为:

$$\frac{4}{3}\pi r^3(\rho_s - \rho_1)g = 6\pi\mu r v_t \tag{5-10}$$

沉降末速度整理得到:

$$v_t = \frac{2r^2(\rho_s - \rho_1)}{9\mu}g \tag{5-11}$$

式中 r——砂粒的半径,cm;

μ——冲砂液的黏度,Pa·s;

g——重力加速度,m/s^2。

4. 刘希圣计算公式

砂粒在冲砂液中的下滑速度 v,可用莫尔提出的公式计算。原公式为英制单位,换算成公制单位后为:

$$v_t = 0.0707 d_s \frac{(\rho_s - \rho_1)^{2/3}}{(\rho_1 \mu)^{1/3}} \tag{5-12}$$

式中 v_t——砂粒沉降末速度,m/s;

μ——冲砂液有效黏度,Pa·s。

5. 砂粒沉降拖拽系数计算公式

计算砂粒沉降速度,需要确定砂粒在冲砂液中的拖拽系数。砂粒拖拽系数计算主要分为理论计算和经验公式两种方法。

国内外学者提出的众多经验公式中,White 提出的公式具有适用范围广,误差小得优点,其表达式为:

$$C_d = \frac{24}{Re_p} + \frac{6}{1 + Re_p^{0.5}} + 0.4 \tag{5-13}$$

式中 Re_p——颗粒雷诺数。

本书采用 White 提出的公式作为砂粒在冲砂液中的拖拽系数计算公式。式(5 13)针对牛顿流体的情况,对于砂粒在非牛顿流体冲砂液中沉降的拖拽系数根据文献,在不同雷诺数下,球计算表达式为:

层流($Re<1$)

$$C_d = \frac{3\pi}{Re}$$

过渡流($25 \leqslant Re \leqslant 500$)

$$C_d = \frac{5\pi}{4} \frac{1}{\sqrt{Re}}$$

湍流($10^3 \leqslant Re \leqslant 10^5$)

$$C_d = \frac{\pi}{8} c$$

系数 c 几乎保持不变,为 $0.44 \sim 0.5$,平均值为 0.47。

6. 冲砂液上返速度确定

冲砂时,为了使液流将砂粒带至地面,液流在井内的上升速度必须大于最大直径砂粒的沉降末速。

$$v_s = v_1 - v_t \qquad\qquad (5-14)$$

式中 v_s——砂粒净上升速度,m/s;

v_1——液体上返速度,m/s。

玉门油田用石英砂与水所作的模拟实验结果表明:当液体上返速度和砂粒在冲洗液中沉降末速的比值(即 v_1/v_t)为 1.6 ~ 1.7 时,砂粒在上升液流中呈悬浮状态;而当液流上返速度稍增加时,砂粒便开始上升。因而,保证将砂粒带出地面的条件是 $v_1/v_t \geq 2$,即最小注入速度 $v_{min} = 2v_t$。表 5 – 3 为密度为 2.65g/cm³ 的石英砂在清水中的自由沉降速度。

表 5 – 3　密度为 2.65g/cm³ 的石英砂在清水中的自由沉降速度

平均砂粒大小 mm	在水中下降速度 m/s	平均砂粒大小 mm	在水中下降速度 m/s	平均砂粒大小 mm	在水中下降速度 m/s
11.9	0.393	1.85	0.147	0.200	0.0244
10.3	0.361	1.55	0.127	0.156	0.0172
7.3	0.303	1.19	0.105	0.126	0.0120
6.4	0.289	1.04	0.094	0.116	0.0085
5.5	0.260	0.76	0.077	0.112	0.0071
4.6	0.240	0.51	0.053	0.08	0.0042
3.5	0.209	0.37	0.041	0.055	0.0021
2.8	0.191	0.30	0.034	0.032	0.0007
2.3	0.167	0.23	0.0285	0.001	0.0001

取 20.2℃时,清水黏度 η 为 1cP 即 1mPa·s,将密度为 2.65g/cm³ 石英砂在实验条件下分别采用莫尔计算法和斯笃克计算法进行计算,计算结果见表 5 – 4。

表 5 – 4　密度为 2.65g/cm³ 石英砂实验与计算数据对比表

平均砂粒大小 mm	水中沉降速度,m/s		
	实验数据	莫尔计算法	斯笃克计算法
11.9	0.393	0.413	0.757
0.76	0.077	0.104	0.019
0.055	0.0021	0.028	7.5×10^{-6}

从表 5 – 4 可以看出,考虑黏度影响,斯笃克计算法在清水中的计算误差大,而莫尔计算法误差相对较小,但计算数据普遍比实验数据偏大。沉降速度计算越大,施工对流速的要求越高,现场施工过程中如果按照计算数据来计算施工流速,是能够满足实际需要的。

二、冲砂最小排量计算

1. 直井段冲砂排量要求

直井段的最小排量就要保证液流在井内的上升速度必须大于最大直径砂粒的自由下沉速度,自由下沉速度可以由经验公式计算得到,也可以查得不同直径的砂粒在清水中的自由降落速度。在常规直井中,冲砂洗井的最低排量要求是能够满足冲砂液携带砂粒上行的最低条件,$v_l/v_t \geqslant 2$,即最小注入速度 $v_{\min} = 2v_t$。获得砂粒沉降速度和最小注入速度后,可以求得冲砂所需的最小工作排量。

$$Q_{\min} = Av_{\min} \tag{5-15}$$

式中　$Q_{\min}$——砂粒上行的最低排量,m^3/s;

　　　A——冲砂液上返流动时的最大截面积,m^2;

　　　$v_{\min}$——保持砂粒上行的最低液流速度,m/s。

在冲砂洗井过程中,砂粒运移到井口的时间:

$$t = \frac{H}{v_s} \tag{5-16}$$

式中　t——砂粒从井底上升到井口时间,h;

　　　H——井深,m;

　　　v_s——砂粒上升速度,m/s。

为了提高冲砂洗井速度,在低于地层漏失压力条件下,要尽可能地提高泵的排量,或减小液流返出面积,如果按照最小砂粒上行速度来要求排量,则冲砂效率极低。

以西南油气田加砂常用 20 目石英砂(直径 $\phi 0.850mm$)为例,假定其密度为 $2.65g/cm^3$,在井深 2000m 直井中,$\phi 139.7mm$ 套管完井(内径 126mm),$\phi 73mm$(内径 62mm)油管清水正冲砂中,要求最低排量计算:

查表可近似知:取 $\phi 1.04mm$ 砂粒,沉降末速 $v_t = 0.094m/s$。

则要求的最低上返流速为:

$$v_{\min} = 2v_t = 0.188m/s$$

最低泵排量为:

$$Q_{\min} = 3600Av_{\min} = 3600p\frac{d_c^2 - d_t^2}{4}v_{\min} = 5.60m^3/h$$

砂粒净上升速度:

$$v_t = v_{\min} - 1.6v_t = 0.0752m/s$$

上返时间:

$$t = 26595s = 7.4h$$

要缩短冲砂时间,需要提高砂粒的上行速度,即提高冲砂液上返速度。当提高冲砂效率至 0.5h 砂粒返到井口,此时砂粒净上升速度为 1.1m/s 时,泵排量为:37.3m³/h 即 621L/min。如果采用反冲时,砂粒沉降末速不变,地面排量计算取值应根据冲砂液最大截面积进行计算。

2. 水平段及造斜段冲砂排量要求

最小注入速度必须满足 $v_1/v_t \geqslant 2$,仅仅是针对砂粒在井斜较小的井段有效,而砂粒在大斜度井和水平井中的运移更加复杂、困难。由第一节可知要使大斜度井和水平井中的砂粒能够在井斜段正常运移,其要求的液体流速条件更加苛刻。

图 5 – 9 水平段中的砂粒
速度矢量分布示意图

水平段中,砂粒的运移同时受两个速度矢量的影响,即砂粒在水平段的沉降速度 v_1,冲砂液的上返速度 v_t。从图 5 – 9 中可以看出:水平段冲砂时,砂粒的沉降方向同冲砂液的运行方向不一致,夹角近似 90°。沉降方向始终指向井壁低边。此时影响砂粒在水平段中的运移的主要因素变成了砂粒是否能够在冲砂液中悬浮,即冲砂液的黏度成了影响水平段砂粒运移的主要因素。经验表明,在大斜度及水平段,在冲砂液黏度相同的情况下,当 $v_1/v_t \geqslant 3 \sim 10$ 时,冲砂液才能充分地携带砂粒运移。这就要求在该类井的冲砂施工中,即需选择合理的冲砂液黏度,又必须具有更高的泵压及排量。以上述井况为例,如果该井要使大斜度、水平段砂粒运移而后至井口,需要的最低上返流速:

$$v'_{\min} = 10\,v_t = 0.94\text{m/s}$$

最低排量:

$$Q'_{\min} = 28\text{m}^3/\text{h} = 466\text{L/min}$$

上返时间由垂直井段运行时间与大斜度、水平段运行时间组成。垂直井段运行时间同前面计算方法相同。

3. 井身结构对冲砂排量的影响

在分析最小冲砂排量的时候除了井眼轨迹的影响,井眼大小变化造成井内冲砂液流速变化也会影响最小冲砂排量的选择。页岩气水平井多为大小套管组合式方式完井。以四川油气田为例,目前的完井方式多为 ϕ177.8mm 套管加 ϕ139.7mm 或 ϕ127mm 尾管悬挂方式完井。采用入井管柱正循环冲砂时,冲砂液在油套环空内上返过程中,流量不变情况下,随着砂粒上行至井眼扩径处,冲砂液流速减小(图 5 – 10)。此时若液体流速过低则不能将砂粒携带出井口,造成井眼变径部位砂粒沉积,形成砂卡事故。此时,若只要求

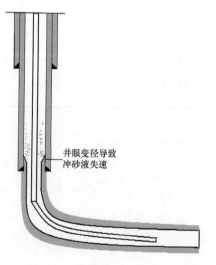

井眼变径导致
冲砂液失速

图 5 – 10 正循环冲砂井径变化
导致上返冲砂液失速

冲砂液满足水平段携砂流速,而不考虑井径变化对流速减小效应,则可能造成砂粒不能携带至井口。需校核在满足水平段最小携砂可能的条件下,在大井眼井段是否也能够满足携砂条件,此种情况同样适用于直井变径段冲砂施工。

在要求最低携砂流速v_{min}前提下,井口泵车最小排量Q_{min}需大于大斜度、水平段砂粒最低排量Q'_{min},同时满足大于井眼变径段最低排量Q''_{min},取两则最大值。即要求:

$$\begin{cases} Q_{min} > Q'_{min} & (5-17) \\ Q_{min} > Q''_{min} & (5-18) \end{cases}$$

以$\phi73mm$冲砂管柱在$\phi177.8mm$(内径154mm)加$\phi127mm$(内径108mm)组合套管内冲砂为例(表5-5),为保证最低携砂流速:

直井段液流速度

$$v_{1值} = \frac{Q_{min}}{3600A_直} > 2v_t \qquad (5-19)$$

水平段液流速度

$$v_{1水} = \frac{Q_{min}}{3600A_水} > 3v_t \qquad (5-20)$$

表5-5　组合套管环空过流面积实例

套管外径,mm	冲砂管柱外径,mm	环空过流面积A,m²
177.8	73	0.0144
127	73	0.0049

计算得出:直井段最低排量:$Q_{min} > 103.68v_t$;水平井段最低排量:$Q_{min} > 52.92v_t$。此时,若只满足水平井段最低排量进行冲砂施工,则在砂粒运移至井眼变径处,砂粒会因为失速无法上行,沉积在$\phi127mm$悬挂处,造成卡钻风险。

所以,设计本类井冲砂施工排量,需同时校核直井段及水平井段冲砂最低排量。为克服变径井眼对冲砂排量的高要求,同时减小冲砂液摩阻,增大携砂液流速,在井下冲砂工具满足的条件下,可以采用反循环冲砂方式或组合式冲砂管柱等方式来解决油套环空变径造成的携砂液失速问题。

三、冲砂作业程序

无论正冲砂或是反冲砂作业时,管柱上至少有两级及以上的机械屏障,保证一级屏障失效后也能顺利控制管柱内压力。

1. 正冲砂作业

1) 正冲砂管柱内压力控制要求

正冲砂时,一般要求管柱底部至少带有两级机械屏障,只需要将管柱下到砂面就可以直接冲砂,然后直接起出管柱,因此正冲砂管柱结构简单,施工难度小。正冲砂管柱内堵塞典型方式如图5-11所示,油水井可以不采用坐放短节。

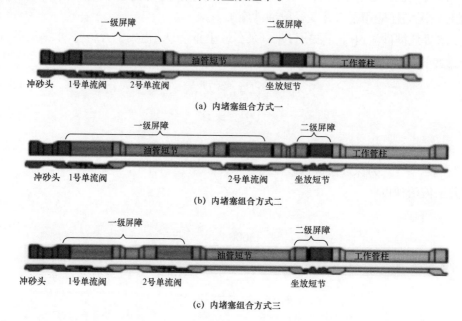

(a) 内堵塞组合方式一

(b) 内堵塞组合方式二

(c) 内堵塞组合方式三

图5-11 正冲砂管柱内堵塞典型方式

2) 正冲砂作业流程

(1) 下冲砂管柱探砂面。

① 带压下入冲砂管柱至预计砂面以上10m。

② 接单根反复探砂面,核实砂面位置。

③ 探砂面后,上提管柱使磨鞋位于砂面以上3~5m。

(2) 连接冲砂管线及地面流程。

① 连接管柱,油管上依次连接油管短节、全通径旋塞阀、水龙头(轻便水龙头或动力水龙头)、水龙带,旋塞阀处于全开状态。

② 水龙带与立管连接,立管与压井管汇连接,节流管汇与除砂器(捕捉器)、油管四通连接,节流管汇出口与分离器连接(水井直接连到放喷池),分离器内的循环液管线与计量罐连接(计量罐通过泵输送到储液罐),油气部分连接到放喷池。

③ 泵车与储液罐和压井管汇连接。

④ 关闭两侧套管阀门,分别对地面流程和冲砂管线进行试压。

(3) 冲砂。

① 启动泵车,缓慢提高泵车排量至所需排量,同时缓慢打开节流管汇的节流阀,根据砂面下部压力控制背压,保持泵车排量不变(油水井直接进行下一步),循环操作,重新调整节流管汇节流阀(节流阀需要满足可以完全关闭的要求,建议使用液动超级节流阀)控制背压。

② 冲下一柱管柱后,要充分循环,缓慢降低泵的排量至停泵,同时缓慢关闭节流阀至关闭,始终保持一定的背压,卸掉油管内压力。

③ 接单根冲砂管柱,缓慢启动泵并提高排量至所需排量,同时缓慢打开节流阀,保持一定背压,继续冲砂作业。

④ 重复上述操作,直至冲至目标井深,充分循环1.5倍井筒容积,直至出口目视无砂或静止后砂面深度符合要求。

⑤ 按照带压起管柱规程带压起冲砂管柱。

2. 反冲砂作业

1）反冲砂管柱内压力控制要求

反冲砂前,先要下管柱探砂面,然后起出堵塞器进行冲砂作业,冲砂结束后需要重新堵塞管柱才能起出管柱,因此管柱结构不同于正冲砂。典型冲砂管柱结构如图5－12所示。

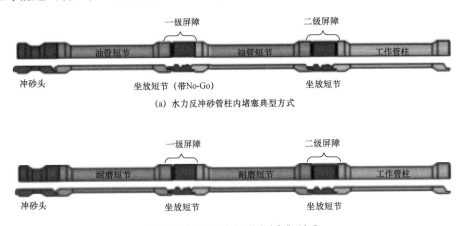

（a）水力反冲砂管柱内堵塞典型方式

（b）氮气/天然气反冲砂管柱内堵塞典型方式

图5－12　反冲砂管柱内堵塞典型方式

2）反冲砂作业流程

（1）下冲砂管柱探砂面。

① 带压下入冲砂管柱至预计砂面以上10m。

② 接单根反复探砂面,核实砂面位置。

③ 探砂面后,上提管柱使磨鞋位于砂面以上3～5m,并且油管接箍位于操作平台以上1.2m左右处。

④ 在顶端油管连接冲砂旋塞阀（旋塞阀处于开位）。

（2）打捞堵塞器。

① 在冲砂旋塞阀上安装钢丝作业装置,试压。

② 下入打捞工具,打捞出堵塞器。

③ 将堵塞器起出防喷管后,关闭冲砂旋塞阀,泄掉冲砂旋塞阀以上的压力。

④ 拆除钢丝作业装置。

（3）连接冲砂管线和地面管汇。

① 依次连接一根油管＋冲砂旋塞阀＋0.5m油管短节＋ESD（处于开位）＋高压水龙带,上部冲砂旋塞阀处于全开状态。

② 连接冲砂管柱。

③ 连接水龙带至地面流程。

④ 连接泵车与压井管汇,连接压井管汇与油管四通(用井内天然气作为介质时则不需要这个步骤)。

⑤ 分别对地面管汇和冲砂管线进行试压。

(4)冲砂。

① 平衡冲砂旋塞阀上下压力,打开冲砂旋塞阀。

② 冲砂作业。打开油管四通阀门,启动泵车,缓慢提高泵车排量至所需排量,同时缓慢打开节流管汇的节流阀,根据井底最高压力控制回压,保持泵车排量不变。采用氮气或天然气作为冲砂介质时,氮气排量或天然气量应大于 $80m^3/min$。

③ 接单根。缓慢降低泵的排量至停泵,同时缓慢关闭节流阀,关闭冲砂旋塞阀,泄掉水龙带内压力,连接冲砂管柱,平衡冲砂旋塞阀压力并将其打开,缓慢启动泵并提高排量,同时缓慢打开节流阀,保持回压继续冲砂。

④ 重复上述操作,直至冲至设计深度,充分循环 1.5 倍井筒容积,检测无砂则结束冲砂施工。

(5)起冲砂管柱。

① 在井口冲砂旋塞阀上安装钢丝作业装置,投放堵塞器至坐放短节并逐级降低压力,检验合格。

② 按照带压起管柱规程带压起冲砂管柱。

(6)安全及质量控制措施。

① 冲砂时,应适当控制井口回压,避免造成气层吐砂,出现砂卡管柱现象。

② 冲砂水龙头的出口弯头角度不得小于 120°,内部需要进行处理增强硬度,防止冲砂过程流砂刺穿管线。

③ 密闭沉砂罐储存的清水至少将冲砂管线出口淹没,防止爆炸着火事故发生。

④ 冲砂地面管线使用硬管线,按要求固定。

⑤ 排空的天然气应烧掉。

四、应用实例

美国石油工程师协会(SPE)2014 年发表的 SPE 169224 - MS,介绍了 Statoil ASA 用辅助式带压作业机和除砂器在挪威北海钻井平台完成一口高温高压井的冲砂作业。该井为 A - 9 T2 井,于 2009 年 10 月钻井完井,2010 年 2 月完成探井转开发井,生产油管和生产衬管都是 7in,井身结构如图 5 - 13 所示。该井为含凝析油气井,井深 7180m,上部 Brent 层垂深约 4000m,下部 Statfjord 层垂深约 4250m,井底压力为 80.5MPa,预计井口压力为 67MPa,井底温度为 160℃,是典型的高温高压井。该井因 8.25in 隔离阀失效,用钢丝带爬行器打开隔离阀不成功,于是油管穿孔。2010 年 3 月 8 日通过油套环空旁通生产,但是产量快速下降。用连续油管钻磨隔离阀,打开了通道,但是产量仅有少许提高。进一步通径、取样分析发现产层射孔段以上 600m 被砂埋(虽然也不排除衬管被挤毁的可能)。

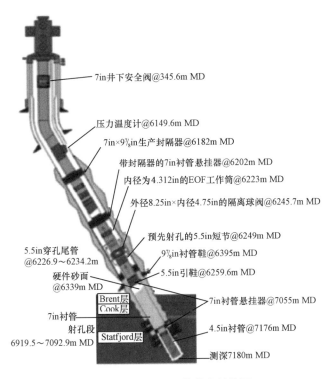

7in井下安全阀@345.6m MD

压力温度计@6149.6m MD

7in×9⅞in生产封隔器@6182m MD

带封隔器的7in衬管悬挂器@6202m MD

内径为4.312in的EOF工作筒@6223m MD

外径8.25in×内径4.75in的隔离球阀@6245.7m MD

5.5in穿孔尾管
@6226.9～6234.2m

预先射孔的5.5in短节@6249m MD

9⅞in衬管鞋@6395m MD

硬件砂面
@6339m MD

5.5in引鞋@6259.6m MD

Brent层
Cook层

7in衬管悬挂器@7055m MD

7in衬管

4.5in衬管@7176m MD

射孔段
6919.5～7092.9m MD

Statfjord层

测深7180m MD

图 5 - 13　A - 9 T2 井井身结构图

通过技术分析和之前的作业经验看,结合井底压力、作业深度和循环排量等因素,都超过了连续油管的作业能力,特别是作业深度和排量的限制,因此计划采用辅助式带压作业机来清洁井筒,钻磨、冲砂至 7109m,然后电缆补孔。

由于井深达 7180m,管柱负荷重、抗拉强度要求高,又要确保能通过 4.5in 衬管和井下工具的限制(如磨铣后的隔离阀),因此采用钢级为 P110 的 $3\frac{1}{2}$in - 12.95lb/ft + $2\frac{7}{8}$in 28.7lb/ft 的复合油管管柱,螺纹类型为 PH6 的气密封螺纹。

施工期间,井口工作防喷器组合和安全防喷器组合如图 5 - 14 所示,采用 1 个 21MPa 的自封头、2 个 35MPa 的环形防喷器以及 4 个 70MPa 的工作防喷器(每个外径的作业管柱都有相应尺寸的工作闸板),这样 7 个工作防喷器作为带压作业的一级屏障;由下至上安装了 15K 的剪切防喷器、

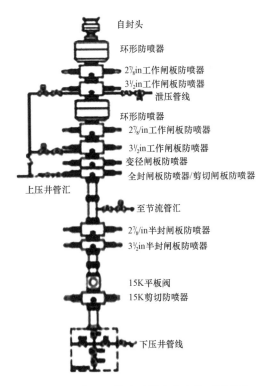

自封头

环形防喷器

2⅞in工作闸板防喷器

3½in工作闸板防喷器

泄压管线

环形防喷器

2⅞in工作闸板防喷器

3½in工作闸板防喷器

变径闸板防喷器

全封闸板防喷器/剪切闸板防喷器

上压井管汇

至节流管汇

2⅞in半封闸板防喷器

3½in半封闸板防喷器

15K平板阀
15K剪切防喷器

下压井管线

图 5 - 14　井口工作防喷器和安全防喷器组合

15K 的平板阀以及 3½in、2in 半封闸板防喷器以及全封闸板防喷器/剪切闸板防喷器、变径闸板防喷器共 6 个安全防喷器作为井控二级屏障。下部安全防喷器组和高压节流部分试压至 105MPa,上部工作防喷器组及管汇试压至 70MPa,除砂器及前端管线试压至 35MPa。

冲砂返出流体从升高法兰处返排到 105MPa 节流管汇,节流后经过 35MPa 除砂器除砂分离,分天然气、砂子、气/凝析油三个出口,天然气就直接进入丛式井生产汇管,砂子需要进行再次除气分离,分离后的气体点火燃烧;临时的分离器用以分离气/凝析油,气体通过除气器分离和回收,避免直接注入废弃井。冲砂地面流程设置如图 5 – 15 所示。

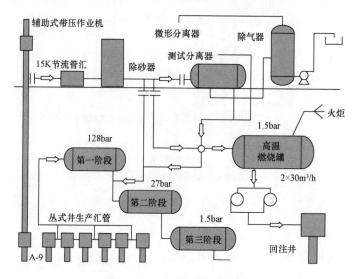

图 5 – 15 冲砂地面流程设置

为降低井口施工压力,采用相对密度 1.25 的盐水作为冲砂介质,以减少井口防喷器组工作压力,利于用自封装置作为一级屏障动密封,相对密度为 2.05 的压井液作为应急压井介质,全套系统设计有利于回收利用。泵入相对密度为 1.25 盐水后,由于压降部分成功,因此不能用自封装置(21MPa)起下,必须用环形密封(35MPa)起下,由于压力控制适当,一直没有采用 RAM – TO – RAM 起下。

冲砂第一段:较为容易地从 6339m MD 冲砂至 7050m MD(4½in 衬管顶部)(估计为小的"砂桥"),从除砂器内得到 35kg 砂和铁屑(前期磨铣产生的),从卧式分离器和除气器内发现部分碎屑物。

冲砂第二段:通过磨铣清洁到 7in 衬管射孔段后,井口压力没有明显变化,于是用相对密度为 1.06 的海水把相对密度 1.25 的盐水替出。

冲砂第三段:在 4½in 衬管内磨铣、冲洗,捞出 25kg 碎屑,回收的材料主要是钢,预示衬管被挤毁,当冲洗到低于射孔段时压力也没有明显增加,最终冲砂至 7109m MD。

冲砂第四段:经电缆多臂井径仪检查,4½in 衬管被挤毁,证实了前面的分析,完成了本次冲砂作业。

第五节　带压钻磨工艺

带压钻磨工艺又称旋转作业,旋转作业包括钻磨桥塞和水泥塞、磨铣或套铣封隔器、锻铣、裸眼钻进、开窗侧钻以及磨铣小件落物等作业。带压作业旋转作业方案设计时应从钻磨套铣作业底部钻具组合、钻磨工具选择、防喷器组布置、地面流程设计、磨铣套铣参数优化等方面,完善作业程序。

一、钻磨工具

利用钻头、磨鞋、铣锥或套铣筒等工具解除井下复杂状况的作业过程称为钻磨套铣作业。除了工具和工艺参数不同,其工艺与常规钻井作业一样。

1. 钻水泥塞与桥塞

选好钻头和钻井工艺,按钻井要求进行钻进解除井筒内的水泥塞或桥塞。其钻具组合通常是钻杆 + 钻铤 + 单流阀 + 钻头。

1）刮刀钻头

刮刀钻头分为鱼尾刮刀钻头和三刮刀钻头。若在刮刀钻头的头部增加一段尖部领眼,称其为领眼刮刀钻头。尖部领眼的重要作用之一是使钻头沿原孔眼刮削钻进。主要结构如图 5 – 16 至图 5 – 18 所示,基本参数见表 5 – 6。

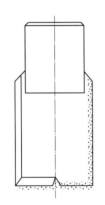
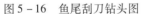
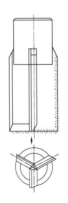
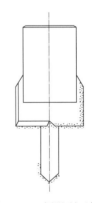

图 5 – 16　鱼尾刮刀钻头图　　图 5 – 17　三刮刀钻头图　　图 5 – 18　领眼刮刀钻头

表 5 – 6　刮刀钻头基本参数

适用套管,in	4½	5	5½	5¾	6⅝	7
外径,mm	92 ~ 95	105 ~ 107	114 ~ 118	119 ~ 128	136 ~ 148	146 ~ 158
总长,mm	300	350	350	350	380	400
接头螺纹	NC26	NC31	NC31	NC31	NC31	NC38

2）三牙轮钻头

三牙轮钻头由接头、巴掌、牙轮、轴承及密封件等组成。其结构如图 5 – 19 所示,基本参数见表 5 – 7。

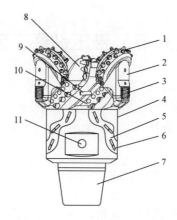

图 5 – 19　三牙轮钻头结构示意图

1—牙轮;2—滚柱;3—防磨块;4—本体;5—流道;6—岩石块;7—接头;8—牙床;9—切削块;10—牙齿;11—上扣本体

表 5 – 7　三牙轮钻头基本参数

钻头直径			连接螺纹	台阶倒角直径	
基本尺寸 mm	尺寸代号	极限偏差 mm	旋转台阶式外螺纹 规格和形式	基本尺寸 mm	极限偏差 mm
95. 2 ~ 114. 3	3¾ ~ 4½	+0.80 0	2⅜REG	78. 18	±0. 40
117. 4 ~ 127	4⅝ ~ 5		2⅞REG	92. 47	
130. 2 ~ 187. 3	5⅛ ~ 7⅜		3½REG	105. 17	

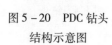

图 5 – 20　PDC 钻头
结构示意图

3）PDC 钻头

PDC 钻头是人造聚晶金刚石复合片钻头的简称,其基本特点是切削刃锋利耐磨,钻头无轴承,因而具有在低钻压、高转速措施下工作取得高钻速、高进尺的效果。从而大大降低钻井周期和钻井成本。并大大降低井下事故的发生。其基本结构示意图如图 5 – 20 所示。

2. 磨井下坚硬落物

磨鞋依其用途或外形分为平底磨鞋、凹底磨鞋、领眼磨鞋、梨形磨鞋和柱形磨鞋等。主要结构如图 5 – 21 至图 5 – 25 所示,基本参数见表 5 – 8。

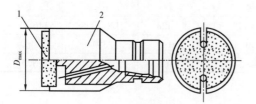

图 5 – 21　平底磨鞋
1—碳化钨材料;2—本体

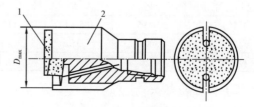

图 5 – 22　凹底磨鞋
1—碳化钨材料;2—本体

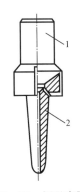

图 5 - 23　领眼磨鞋图

1—磨鞋体;2—领眼锥体

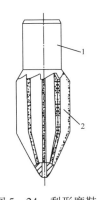

图 5 - 24　梨形磨鞋图

1—磨鞋本体;2—YD 合金

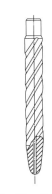

图 5 - 25　柱形磨鞋

表 5 - 8　磨鞋基本参数

型号		最大直径,mm	接头螺纹代号	堆焊合金厚度,mm	水眼直径,mm
MP90	MA9	90	NC26 2⅜IF		12
MP92	MA9	92			
MP94	MA9	94			
MP96	MA9	96			
MP100	MA100	100	2⅞REG		
MP102	MA102	102			
MP104	MA104	104			
MP106	MA106	106			
MP108	MA108	108			14
MP110	MA110	110			
MP112	MA112	112			
MP114	MA114	114			
MP116	MA116	116	NC31 2⅞IF NC38 3½IF	30	
MP118	MA118	118			
MP120	MA120	120			
MP138	MA138	138			
MP140	MA140	140			
MP142	MA142	142			
MP144	MA144	144			
MP146	MA146	146			16
MP148	MA148	148			
MP150	MA150	150	NC38 3½IF 3½REG		
MP152	MA152	152			
MP154	MA154	154			
MP156	MA156	156			

注:水眼个数为2。

3. 铣套管或坚硬鱼头

铣鞋可以分为内齿铣鞋、外齿铣鞋、裙边铣鞋和套铣鞋等多种。主要结构如图 5－26 至图 5－32 所示，基本参数见表 5－9 至表 5－11。

1
2
3
D_{max}

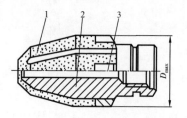

图 5－26　梨形铣鞋

1—碳化钨材料；2—本体；3—扶正块

1
2
3
D_{max}

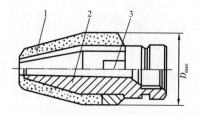

图 5－27　锥形铣鞋

1—碳化钨材料；2—本体；3—扶正块

d
L
D

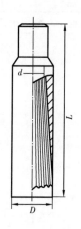

图 5－28　内齿铣鞋

图 5－29　YD 合金焊接式内铣鞋

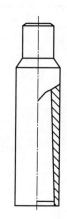

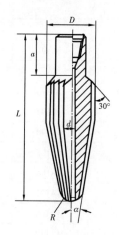

D
a
L
30°
d
R
α

图 5－30　外齿铣鞋

1
2
(a) 整体式
(b) 分离式

图 5－31　裙边铣鞋

1—磨鞋体；2—裙边

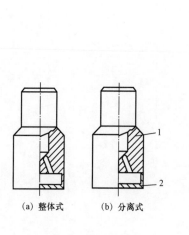

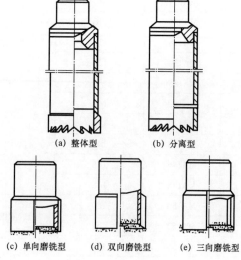

(a) 整体型
(b) 分离型
(c) 单向磨铣型
(d) 双向磨铣型
(e) 三向磨铣型

图 5－32　套铣鞋

表 5 – 9 梨形铣鞋和锥形铣鞋基本参数

型号		最大外径,mm	接头螺纹代号	堆焊合金厚度,mm	水眼直径,mm
XZ90	XL90	90	NC26 2⅜IF		15
XZ92	XL92	92			
XZ94	XL94	94			
XZ96	XL96	96			
XZ100	XL100	100			
XZ102	XL102	102	2⅞REG		
XZ104	XL104	104			
XZ106	XL106	106			
XZ108	XL108	108	NC31 2⅞IF NC38 3½IF	15	25
XZ110	XL110	110			
XZ112	XL112	112			
XZ114	XL114	114			
XZ116	XL116	116			
XZ118	XL118	118			
XZ120	XL120	120			
XZ138	XL138	138			32
XZ140	XL140	140			
XZ142	XL142	142			
XZ144	XL144	144			
XZ146	XL146	146			38
XZ148	XL148	148			
XZ150	XL150	150			
XZ152	XL152	152	NC38 3½IF 3½REG		
XZ154	XL154	154			
XZ156	XL156	156			

注:水眼1个。

表 5 – 10 内齿铣鞋基本参数

套管规范,in	D,mm	d,mm	L,mm	齿数,个	接头螺纹类型
4	95	61	400	24	NC26
5½	114	73	500	26	NC31
5¾	118	73	500	26	NC31
6⅝	136	89	425	30	NC31
7	152	114	450	30	NC38
7⅝	160	114	450	36	NC38
8⅝	185	141	550	44	NC40

表5-11 外齿铣鞋基本参数

序号	D	d	R	a	L	α	齿数 个	接头 螺纹
				mm				
1	106	15	55			18°26′	14	2A10
2	110	15	59			18°28′	14	210
3	115	15	64			18°30′	15	210
4	118	15	67		380	18°33′	15	210
5	121	15	70			18°36′	16	210
6	123	20	72			18°37′	20	210
7	126	20	75	100		18°38′	20	210
8	128	20	76			18°40′	22	310
9	131	20	79			18°46′	22	310
10	134	20	82			18°48′	24	310
11	136	30	84		430	18°50′	24	310
12	140	30	88			18°53′	26	310
13	144	30	92			18°56′	26	310
14	146	30	94			18°58′	26	310
15	148	30	96			19°10′	26	310
16	150	30	98			19°30′	26	410

二、磨铣与套铣参数优化

带压作业具有能很好保护油气层的特点,因此带压作业循环介质不同于常规压井钻磨作业,可以采用低于地层压力系数的钻井液、清洁无固相工作液,甚至是天然气或氮气,如页岩气桥塞钻磨通常采用压裂用滑溜水、KCl活性水等,一些低压生产气井也常用氮气作为循环介质。

磨铣与套铣进尺效果通常与磨铣对象的类型和稳定性有很大关系,这要从选择适应的磨铣工具上着手,进而优化钻压、转速和循环排量。带压钻磨作业不应追求过高的进尺速度,因为过高钻压和转速可能产生较大碎块,容易引起卡钻,因此必须控制钻磨速度,尽可能产生较小碎块,例如钻磨一个压裂复合桥塞,可以让操作手每分钟下放1~2cm,使每个桥塞的钻磨时间控制在1h,虽然时间很长,但这样产生的碎块小,不易卡钻。

按照工作介质、套管内径、磨鞋(铣鞋)直径、井底温度等选择相应的马达参数,应考虑最小环空返速和钻磨速度、钻压。一般要求钻磨时环空流体的上返速度必须大于0.6m/s,然后计算出管柱内要求的泵注排量,根据泵排量与给定马达转速的匹配关系,从而确定马达转速和最大与最小钻压。

磨鞋与铣鞋工具也有一个最大最小转速和钻压,应根据工具提供的参数,结合马达参数,进一步优化钻压、转速和排量。还可以通过返出的铁屑尺寸来进一步优化施工参数,理想的切削通常是铁屑厚 2.36 ~ 6.35mm、长 50.8 ~ 101.6mm,如果切削薄或像头发丝一样,转速又小,那么应增加钻压;如果切削较大,就要降低钻压、增加转速。

三、作业流程

1. 采用被动转盘辅助式带压作业机

1)作业条件及需要了解的详细信息

(1)井下磨铣物的信息(包括磨铣物的长度、连接螺纹、强度、井内的位置等)。

(2)井口结构和井下压力。

(3)被动转盘的最大额定扭矩、转速。

(4)油管或钻杆选择。

(5)钻具组合。

说明:磨铣物或落鱼深度及压力等决定了磨铣时的上顶力,也就决定了磨铣时是在重管柱还是轻管柱状态下进行磨铣作业。

钻具组合:磨鞋的选取请参考其他相关标准。

2)井下管柱

带压下入磨铣管柱,要确保管柱内壁的清洁,否则容易堵塞管柱内通道。要求磨铣管柱内壁必须干净,不可有铁屑或铁锈等,否则容易堵塞。若必须使用旧钻杆,必须事先进行通径和清洗。

作业管柱结构:钻头或磨鞋 + 液压丢手装置 + 适应带压作业的井下双瓣式单流阀 + 震击器 + 一柱钻铤 + N 型工作筒 + 油管或钻杆。

3)重管柱状态下的磨铣作业

(1)根据磨铣物的深度,下入油管或钻杆,探鱼顶。

(2)上提管柱。

(3)卸掉最上端一根油管。

(4)连接冲砂用旋塞阀。旋塞阀压力等级高于施工压力,并具有足够的抗拉强度。

(5)旋塞阀之上连接动力水龙头、高压水龙带连接到鹅颈管。注意水龙带和鹅颈管的连接处需要做限制固定保护,动力水龙头需要连接扭矩臂(如果用顶驱则不需要这个部件)。连接水龙头液压管线,水龙带另一端可以连接到钻机立管,同样需要限制保护(水龙带必须固定防护链)。

(6)钻机起吊动力水龙头,注意吊卡的锁紧。

(7)当动力水龙头到达操作台后,将修井机两个小绞车穿过反扭矩臂。

(8)然后继续上提直到整根管柱到达操作台面,对接螺纹。

(9)将小绞车钢丝绳按对角方式进行固定。一根在带压作业机前,另一根在后。同时地面绷绳进行地面固定。禁止将这些绷绳连接在防喷器或井口等存在压力的设备上。

(10)缓慢启动液压系统,上扣连接。观察绷绳的紧固程度,防止动力水龙头和管柱同时旋转,当管柱连接稍紧,立即停止动力水龙头。

（11）安装液压钳，用液压钳继续上扣到标准扭矩值。

（12）操作台上只留下必要人员，其他人员撤离。

（13）开井到节流管汇及测试分离器并建立循环。记录泵压以及节流管汇的设置参数。

（14）建立循环前，带压主操人员必须清楚现场循环泵组能够达到的泵压和排量。上提磨铣管柱，然后启动动力水龙头。注意扭矩不可超过管柱要求的最大允许扭矩。

（15）缓慢下放管柱，按设计进行磨铣作业。通过修井机的指重表观察钻压。磨铣过程中，当接箍到达环形胶芯时，扭矩增大，此时需要关闭下闸板防喷器，泄压后打开环形防喷器，利用闸板防喷器将接箍通过环形防喷器后，再关闭环形防喷器。

（16）继续钻进直到水龙头抵达操作台。循环至少一周确保所有钻屑循环出井筒。

（17）循环液清洁后，停止水龙头，尽量多下放管柱，关闭重力卡瓦。停泵，观察并确保管柱内压力释放到零。观察无流体返出，井下单流阀工作正常。

（18）松带压作业机前面的绞车缆绳。

（19）上提管柱，打开卡瓦，继续上提直到下端连接到操作台，坐卡瓦。注意修井机大钩保持1tf的拉力，这样做的目的是对连接水龙头的管柱不会造成弯曲变形。

（20）再次检查没有流体返出。安装液压钳卸扣。注意只是松扣而不是完全卸开。移开液压钳，改用动力水龙头将螺纹完全卸开。注意大钩和水龙头的配合一定要一致，沟通和手势要事先确定保持畅通。原则是螺纹的结合处保持自然状态。

（21）断开连接后，将水龙头部分向带压作业机后方推，移出操作台区域。不妨碍接单根作业。

（22）用小绞车提油管，接单根，液压钳上扣到标准扭矩。

（23）用带压作业机将这根钻柱下入井内。拆小绞车钢丝绳。如果钻柱的重量超过了带压作业机的能力，必须重复从以上第（6）步及以下的作业过程。此时，方便一点的做法就是将水龙头放到地面，接单根。

（24）将大钩下放，重新将小绞车钢丝绳穿过反扭矩臂并固定到原来位置，重复自以上第（9）步及以下的作业过程。

2. 采用主动转盘独立式带压作业机

1）作业条件及需要了解的详细信息

（1）井下磨铣物的信息（包括磨铣物的长度、连接螺纹、强度、井内的位置等等）。

（2）井口结构和井下压力。

（3）带压作业机的最大额定扭矩、转速。

（4）油管或钻杆选择。

（5）钻具组合。

说明：磨铣物的深度和压力决定了磨铣时的上顶力，也就决定了磨铣时是在重管柱还是轻管柱状态下进行磨铣作业。

钻具组合：磨鞋的选取请参考其他相关标准。

2）井下管柱

带压下入磨铣管柱。要确保管柱内壁的清洁，否则容易堵塞管柱内通道。要求磨铣管柱内壁必须干净,不可有铁屑或铁锈等,否则容易堵塞。若必须使用旧钻杆,必须事先进行通径和清洗。

作业管柱结构:钻头或磨鞋 + 液压丢手装置 + 适应带压作业的井下双瓣式单流阀 + 震击器 + 一柱钻铤 + N 型工作筒 + 油管或钻杆。

3)作业程序

(1)根据鱼顶深度,下入油管或钻杆,探鱼顶。

(2)上提管柱。

(3)卸掉最上端一根油管。

(4)连接冲砂用旋塞阀。旋塞阀压力等级高于施工压力,并具有足够的抗拉强度。

(5)地面连接轻便式带压作业专用水龙头,下接一根管柱。

(6)活动弯头连接高压水龙带。

(7)独立式带压作业机绞车起吊带轻便水龙头的管柱到操作台面;吊车吊活动弯头带高压水龙带,操作台上将活动弯头和水龙头连接并紧固。注意水龙带和活动弯头的连接处需要做限制保护。

(8)吊车和绞车配合上行,将整根管柱上提到操作台面,液压钳按照标准扭矩进行上扣。

(9)带压作业机下入管柱,当再次到达鱼顶后,上提1m。

(10)关闭固定卡瓦,液缸上行 1.5m,拆除移动卡瓦液压管线,连接转盘驱动液压管线。

(11)操作台上只留下必要人员,其他人员撤离。

(12)开井到节流管汇,测试分离器并建立循环。记录泵压以及节流管汇的设置参数。

(13)建立循环前,带压主操人员必须清楚现场循环泵组能够达到的泵压和排量。上提磨铣管柱,确认管柱表面光滑,然后缓慢启动转盘。注意扭矩不可超过管柱要求的最大允许扭矩。

(14)缓慢下行液缸,开始磨铣。随时观察带压作业机的指重显示。磨铣过程中,当接箍到达环形胶芯时,扭矩增大,此时需要关闭下闸板防喷器,泄压后打开环形防喷器,利用闸板防喷器将接箍部分通过环形防喷器后,再关闭环形防喷器。

(15)继续钻进直到轻便水龙头抵达操作台。循环至少一周确保所有钻屑循环出井筒。

(16)循环液清洁后,停止转盘。停泵,观察并确保管柱内压力释放到零,得到有效控制。观察无流体返出,井下单流阀工作正常。

(17)起出带水龙头的整根管柱,液压钳卸扣。

(18)吊车将其调离操作台。

(19)绞车上提地面管柱一根。连接并下入到井内。

(20)重新连接轻便带压作业水龙头。

(21)重复自第(8)步骤以下作业流程。

3. 轻管柱状态下的磨铣作业

(1)作业步骤与主动转盘独立式带压作业的作业程序(1)~(8)都一样。其他操作步骤如下:

（2）带压下入磨铣管柱,在上提动力水龙头（被动转盘）或轻便式带压作业水龙头（主动转盘）前,必须记录此时的下推力。当使用动力水龙头和主动转盘进行磨铣作业时,采取与前文第（14）之前相同的步骤。其他有一些不同,见下面的操作步骤。

（3）将举升机上升1.5m。注意,这个高度是最大的举升机升高度。关闭移动承重和移动防顶卡瓦。拆移动卡瓦的连接管线,解锁被动转盘。

（4）此时从带压作业机面板上可读取井下磨铣工具的加载钻压。

（5）在使用被动转盘设备作业时,在第（2）步中显示的下推力加上锁需要的钻压,其值显示在下推力的压力表上。现在需要注意的是在大钩上还有一个数值,这个数值只是卡瓦以上的张力数值。此时的状态必须要带压操作手和修井机操作手互相的密切配合。每进行一个步骤都必须进行事先的沟通和数据确认。此时,操作要缓慢,沟通要顺畅,现场的关键人员必须时刻清楚和关注作业动态。千万谨记事缓则圆。

（6）当确认下推力和指重表的数值准确无误,缓慢启动动力水龙头。此时卡瓦随之转动。当达到要求的转速后,液缸缓慢下行,开始磨铣。修井机操作手要时刻关注指重表的变化,保持指重表的数值。关键是缓慢动作,沟通顺畅,密切配合。

（7）当带压作业机下行到下死点后,停止转动水龙头,关闭固定防顶卡瓦。重新连接移动卡瓦液压管线,打开移动卡瓦,举升液缸上行1.5m。重复以上的作业步骤。

四、应用实例

1. 井基本数据

A点井深:2910m（垂深2679.13m）;靶前距:425.1m;闭合方位:217.3°;水平段长:737.59m;人工井底:3622.57m;侧钻点井深:2320m。采用φ139.7mm套管完井,壁厚9.17mm,抗内压75.22MPa,抗外压69.09MPa。井口压力10Mpa,井内流体为返出压裂液。

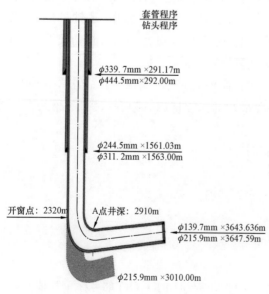

图5-33 威201-H3井身结构示意图

井口装置由下到上为:18/105液动平板阀+18/105液动平板阀+KQ65-70采气树。

2. 威201-H3井压裂改造遇阻情况

对威201-H3井进行5个桥塞分6段进行分段压裂改造施工,其井身结构如图5-33所示。下放桥塞施工过程中发现3335.36m处遇阻,桥塞无法正常下放,桥塞外径为114mm。下放桥塞施工过程中发现3001m处套管变形,桥塞无法正常下放,桥塞外径为114mm。后期钻磨桥塞施工时,在2940m处114mm外径平底磨鞋无法继续下入（射孔段最上端为2952m）。

第一次用 φ50.8mm 连续油管带 φ114mm 平磨鞋至井深 2940.0m 遇阻,检查平底钻头(D114mm),边缘有明显划痕,掉齿少许,缩径到 111.7mm。

第二次用 φ50.8mm 连续油管带 φ108mm 平磨鞋至井深 2940.0m 遇阻加钻压 4tf 未通过。

第三次用 φ50.8mm 连续油管带 φ114mm 铣锥下至井深 2939.1m 遇阻,检查铣锥磨损情况,划痕范围,外径 φ106.7mm ~ φ108.5mm 及以上铣齿明显严重磨损。

目前井内共 5 支桥塞,分别位于 3551.09m,3472m,3333.1m,3236.2m 和 3001m 处;其中 3335.36m,3001m 和 2940m 处发现 114mm 外径工具无法通过。

威 201 - H3 井不压井钻磨桥塞施工过程:

(1) 搬家就位。

将带有通信系统的生活住房和办公用房、现场生产设施、防喷器组及远程控制等搬迁至井场就位。

(2) 施工准备。

① 平井场,做各项准备工作。

② 距井口 10m 和 20m 四个方向各锚定 1 个地锚桩。

③ 井场四周用警示带围好,摆好警示牌,在明显处设立风向标。

④ 安全预防措施。

a. 专人巡视井场,阻止无关人员进入施工现场。

b. 井场内禁止使用手机。

c. 井场内严禁使用明火、电气焊等,并在明显处设立警示标志。需动明火时,严格执行动用明火审批程序。

d. 井场照明采用防爆灯和防爆升关。

e. 井场距井口 10m 处备防火砂和防火工具。

f. 进入井场的所有机械设备带防火帽。

g. 作好井场施工人员的安全培训与演练。

h. 施工前由技术人员向现场所有施工人员进行详细的设计交底。

(3) 拆卸压裂采气树。

① 检查液动平板阀的密封性。

关闭 4# 液动平板阀,泄掉采气树内压力后,关闭采气树阀门,用压力表测试压力值。观察 30min,如果压力不升,则认定 4# 平板阀密封合格。

关闭 1# 平板阀,打开 4# 平板阀,泄掉 1# 平板阀以上的压力后,关闭采气树阀门,用压力表测试压力值。观察 30min,如果压力不升,则认定 1# 平板阀密封合格。

密封合格,执行下步工序。如不合格,由甲方整改,直至合格。

② 用脚手架和操作台板或木板在井口四周搭建操作台至安全防喷器组上部位置。

③ 拆除 4# 液动平板阀以上采气树,安装 18/105 × 18/70 变径法兰。

④ 安全预防措施。

a. 吊放采气树时要平稳,以防损坏部件。

b. 采气树放置在稳妥位置,将易损坏部位和部件保护好。

c. 拆卸和安装时要防止工具或杂物掉入井内。

（4）安装安全防喷器组。

① 在闸板阀上安装安全防喷器组，从下至上为：18/105×18/70变径法兰0.25m+18/70试压四通0.6m+2FZ18/70双闸板防喷器（上2⅜in闸板，下全封闸板）1.35m+FZ18/70闸板防喷器（2⅜in闸板）0.9m+18/70×18/35变径法兰0.15m+18/35防喷管（2m×2根）4m，总高7.25m。

② 安全预防措施。

a. 钢圈槽擦拭干净、检查确保钢圈槽无损伤。

b. 钢圈采用新钢圈、螺栓螺帽上卸灵活。

c. 吊装时有专人指挥，吊装点保持平衡，吊索牢固，吊车平稳吊装。

d. 吊装时套管四通及井口覆盖防碰毛毡，井口液压管线圈闭保护。

（5）安装不压井作业设备。

① 不压井设备就位，在防喷器组上面安装240K型不压井作业独立式设备，并固定牢固，设备总高5.3m。

② 安全预防措施。

a. 确保锁销打开，液压管线摆在侧面合适位置。

b. 车轮固定，防止吊装时卡车后退。

c. 专人指挥吊装，吊装点平衡，吊索牢固连接正确；司钻和液控卷扬机操作手配合好，防止意外情况发生。

（6）平衡/放压管线及井口管汇连接。

① 连接平衡/放压管线及压井、节流管汇。

② 不压井作业设备和防喷器组与试压管汇、压井管汇和节流管汇连接并固定好。

③ 安全预防措施：

a. 压井放喷管线接在试压四通套管闸门上，放喷管线一侧紧靠试压四通的阀门应处于常开状态，并采取防堵、防冻措施，保证其畅通。

b. 螺纹用密封带缠好、上紧，所有管线要固定。

c. 尽可能减少弯头的使用，减小气体放压时的阻力。

（7）试压。

① 关闭全封闸板，对全封闸板及以下连接处进行试压。

② 下入2⅜in油管与油管旋塞阀至全封之上，用固定或移动卡瓦组卡住，对防喷器组和240K不压井作业设备及压井管线进行试压。

③ 试压时低压5MPa，高压35MPa，稳压15min，压力不降为合格。

④ 对放喷和节流管线按其最大的工作压力进行试压。

⑤ 起出试压油管和旋塞阀。

⑥ 安全预防措施。

a. 泵车摆放在上风头距井口25m以远，管线要连接牢固固定，试压和泵注过程中，施工人员远离高压管线，无关人员远离试压区。

b. 试压前认真检查所有试压设备、管线的阀门开关状态是否正确,阀门开关是否灵活。

c. 泵车操作手听从试压负责人的指挥,没有指令不得起停泵车。

(8) 带压下入磨铣管柱、磨铣变形套管、起出磨铣管柱。

① 地面连接变形套管磨铣整形工具串组合,从上至下为:变扣接头(OD:73mm,L:0.25m) + 单流阀(OD:73mm,ID:25.4mm,L:0.28m)[①] + 液压丢手(OD:73mm,ID:14.2mm,L:0.53m) + 循环阀(OD:73mm,ID:17.5mm,L:0.32m) + 双向震击器(OD:73mm,ID:25.5mm,L:2.09m) + 液压丢手(OD:73mm,ID:14.2mm,L:0.53m) + 马达(OD:73mm,L:3.2m) + 双公接头(OD:73mm,L:0.36m) + 双母接头(OD:73mm,L:0.31m) + 钻柱磨鞋(OD:108mm,L:0.45m) + 锥形磨鞋(OD:101mm,L:0.28m),工具串组合长8.62m。

② 工具组合上连接提升短节,吊车吊起并从操作台上垂直下放到井口组合密封腔内。卡瓦卡住提升短节,吊臂移开。

③ 不压井作业机桅杆起吊一根2⅜in油管,连接到提升短节上。

④ 关闭环形防喷器,平衡压力,打开液动平板阀。

⑤ 按指令带压下入工具串组合和2⅜in油管柱。

⑥ 连接循坏工具和设备,按指令进行磨铣作业。

⑦ 按指令带压起出2⅜in油管柱和工具串组合。

⑧ 安全预防措施。

a. 地面连接前确保工具可靠、安全。

b. 工具串地面连接,上紧。

c. 起吊工具串注意起吊程序。

d. 工具串在造斜段和水平段时应缓慢,禁止大力下压和上提。

e. 磨铣30min或进尺0.5m时,应停止磨铣,上提钻具,循环1周,防止碎屑沉降卡钻。

f. 在将钻具组合起出液动平板阀以上后,关闭液动平板阀,放掉密封腔内的压力,打开防喷器组,吊车将钻具吊回地面。

(9) 带压下入磨铣管柱、磨铣压裂桥塞、起出磨铣管柱。

① 地面连接磨铣压裂桥塞工具串组合,从上至下为:变扣接头(OD:73mm,L:0.25m) + 单流阀(OD:73mm,ID:25.4mm,L:0.28m) + 循环阀(OD:73mm,ID:17.5mm,L:0.32m) + 变扣接头(OD:73mm,ID:35mm,L:0.20m) + 双向震击器(OD:73mm,ID:25.5mm,L:2.09m) + 液压丢手(OD:73mm,ID:14.2mm,L:0.53m) + 马达(OD:73mm,L:3.2m) + 磨鞋(L:0.28m),工具串组合长7.15m。

② 工具组合上连接提升短节,吊车吊起并从操作台上垂直下放到井口组合密封腔内。卡瓦卡住提升短节,吊臂移开。

③ 不压井作业机桅杆起吊一根2⅜in油管,连接到提升短节上。

④ 关闭环形防喷器,平衡压力,打开液动平板阀。

⑤ 按指令带压下入工具串组合和2⅜in油管柱。

---

① OD—外径;ID—内径;L—长。

⑥ 连接循环管线和设备,按指令进行磨铣作业。

⑦ 按指令带压起出 2⅜in 油管柱和工具串组合。

⑧ 安全预防措施。

a. 地面连接前确保工具可靠、安全。

b. 工具串地面连接并上紧。

c. 起吊工具串注意起吊程序。

d. 工具串在造斜段和水平段时应缓慢,禁止大力下压和上提。

e. 磨铣 30min 或进尺 0.5m 时,应停止磨铣,上提钻具,循环 1 周,防止碎屑沉降卡钻。

f. 在将钻具组合起出液动平板阀以上后,关闭液动平板阀,放掉密封腔内的压力,打开防喷器组,吊车将钻具吊回地面。

(10) 带压下入打捞管柱、循环打捞、起出打捞管柱。

① 地面连接打捞工具串组合。

② 工具组合上连接提升短节,吊车吊起并从操作台上垂直下放到井口组合密封腔内。卡瓦卡住提升短节,吊臂移开。

③ 不压井作业机桅杆起吊一根 2⅜in 油管,连接到提升短节上。

④ 关闭环形防喷器,平衡压力,打开液动平板阀。

⑤ 按指令带压下入工具串组合和 2⅜in 油管柱。

⑥ 连接循环管线和设备,按指令进行循环打捞作业。

⑦ 按指令带压起出 2⅜in 油管柱和工具串组合。

⑧ 安全预防措施。

a. 地面连接前确保工具可靠、安全。

b. 工具串地面连接,上紧。

c. 起吊工具串注意起吊程序。

d. 工具串在造斜段和水平段时应缓慢,禁止大力下压和上提。

e. 在将钻具组合起出液动平板阀以上后,关闭液动平板阀,放掉密封腔内的压力,打开防喷器组,吊车将钻具吊回地面。

f. 按指令重复第(7)、(8)和(9)工序,直至整形、磨铣和打捞工作全部完成。

(11) 下入完井管柱。

① 管柱结构为:φ177.8mm 油管挂 + 双公短节 + 2⅜in 油管柱 + 2⅜in 油管坐落短节(内有堵塞器和平衡杆)+ 2⅜in 油管短节 + 2⅜in 接箍。

② 下入 2⅜in 油管接箍 + 2⅜in 油管短节 + 2⅜in 油管坐落短节(内有堵塞器和平衡杆)+ 2⅜in 油管 1 根,当油管接箍接近全封闸板时,关闭不压井作业机的环形防喷器或上闸板防喷器,平衡压力后打开全封闸板。

③ 带压下入 2⅜in 油管柱。

④ 带压导入双公短节 + φ177.8mm 油管挂 + 油管悬塞阀。

⑤ 上紧所有顶丝,放空防喷器组的压力,检查悬挂器坐到位后是否密封。

⑥ 安全预防措施。

a. 工作筒组合好后,需要进行双向试压,试压合格后方可入井。

b. 检查、丈量油管,清洗干净。

c. 上扣前螺纹处要涂抹密封脂,每根油管要用通径规通过。

d. 地面人员配合好井口操作人员,听从指挥。

e. 中途休息时,油管要安装悬塞阀并关闭,关闭闸板防喷器。

f. 丈量好井口防喷器尺寸,确保油管挂坐到位。

g. 在悬挂器上接悬塞阀并关闭。

h. 倒入油管悬挂器时,注意卡瓦,防止刮碰悬塞阀密封圈。

i. 检查确定悬挂器到位后,旋紧顶丝,放空密封腔内压力。

（12）拆卸150K不压井设备和防喷器组。

① 拆除不压井设备和防喷器组。

② 安全注意事项。

a. 吊设备前检查好吊索,确保安全。

b. 起吊时专人指挥,安排人员看好防止刮碰。

c. 司钻和不压井操作手配合好,手势一致、操作平稳,严禁顿刹。

（13）安装采气树。

① 拆除油管旋塞阀,安装采气树。

② 安全预防措施。

a. 井口采气树在地面连接好,试压合格,各部件开关灵活。

b. 做好安装采气树前的各项准备工作。

c. 安装操作平稳,吊装平衡,专人指挥。

d. 钢圈槽擦干净,螺栓紧固匀称。

（14）打捞平衡杆、堵塞器。

在采气树顶部法兰上安装钢丝作业防喷管,捞出平衡杆和堵塞器。

（15）收尾。

完工收尾。

第六节　带压拖动酸化作业

带压作业配合压裂作业主要用于拖动压裂管柱进行分段改造,既可实现单层精细改造,又能保证井筒全通径,也可免除后续钻磨作业。不同的压裂方式对应的井下压裂管柱结构不同,带压起下压裂管柱的工艺也不同。

一、工作原理

压裂工艺分为拖动管柱压裂和不动管柱压裂两种方式。拖动管柱压裂又分为双封单卡式拖动管柱压裂和水力喷射拖动管柱压裂两种,无论哪种压裂方式都建议在直井段位置预置1~3个工作筒,保证进行最后一段压裂时,至少有一个工作筒位于直井段。

1. 双封单卡式拖动管柱压裂的工作原理

双封单卡式压裂管柱的结构特点是在水力锚下端的两个 K344 封隔器之间夹一个滑套喷砂器,如图 5-34 所示。其中,两套 K344 封隔器跨隔压裂段,在满足压裂层段需要的情况下,两个封隔器之间的跨距应尽可能短,喷砂器一般选用滑套喷砂器。

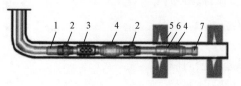

图 5-34　双封单卡式压裂管柱结构示意图
1—安全接头;2—扶正器;3—水力锚;4—K344 封隔器;
5—压裂层(段);6—滑套喷砂器;7—导锥

当管柱下到第一段后,坐封封隔器、水力锚锚定管柱,投球打开滑套喷砂器,对第一段进行压裂。完成压裂后,反洗井解封封隔器和水力锚,管柱内下入堵塞器密封管柱内压力,带压上提管柱至下一段压裂位置。捞出堵塞器,重新坐封封隔器和水力锚,完成下一段的压裂。通过逐步调整管柱深度,重复上述过程,对不同的目的段进行压裂施工。

2. 水力喷射拖动管柱压裂的工作原理

水力喷射拖动管柱压裂是一种集射孔、压裂、隔离一体化的储层改造措施。利用专用喷枪产生的高速流体穿透套管和岩石,形成孔眼,孔眼底部流体压力增高,超过岩石的破裂压力,起裂成单一裂缝,从而完成一个段的压裂。

将一个或多个滑套式喷枪连接在一起下入预定深度(此时其他喷枪处于关闭状态),先用最底部的喷枪通过拖动的方式进行最下部一段或多段喷砂射孔,然后进行压裂改造。依次向上拖动管柱,使喷枪对准相应的目的段,完成不同层段的射孔和压裂作业。当某个喷枪完成设计数量层段的改造或者出现故障时,投球打开上一个喷枪,同时将下部的喷枪隔离。水力喷射拖动管柱压裂的管柱结构由扶正器、喷砂器、筛管和导锥组成,如图 5-35 所示。

3. 不动管柱分层(段)压裂的工作原理

不动管柱分段压裂不同于拖动管柱压裂,是通过多级封隔器和滑套喷砂器组合压裂管柱来实现的,相比拖动管柱压裂,在压裂期间不需要上提管柱,不需要堵塞管柱,因此它的优势是压裂速度更快、效率更高,但是压后起管柱的难度更大。分段压裂管柱工具主要有水力锚、封隔器和滑套喷砂器,管柱结构自上而下为:油管 + 油管短节 + (工作筒) + 水力锚 + 多级高压封隔器 + 油管 + 多级滑套喷砂器 + 滑套(双向球座)筛管 + 导锥,如图 5-36 所示。其中,滑套(双向球座)筛管是在筛管上端安装一个盲堵式定压滑套(或双向球座),用于下管柱时控制井内压力,需要反洗井时,油管打压,滑套脱落(双向球座的阀落入球挡下部),建立反循环通道。

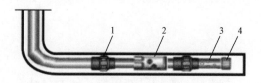

图 5-35　水力喷射压裂管柱结构示意图
1—扶正器;2—喷砂器;3—筛管;4—导锥

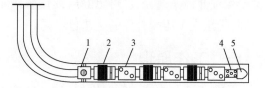

图 5-36　不动管柱分段压裂管柱结构示意图
1—水力锚;2—K344 封隔器;3—滑套喷砂器;
4—滑套筛管;5—导锥

多级封隔器将不同的压裂目的段分开,压裂某一段时,其他滑套喷砂器均关闭,只有对准目的层段的滑套喷砂器通过油管投入相应级差的低密度球打开压裂通道,压裂液通过此通道压裂目的段。从油管投球打开上一滑套喷砂器通道,同时封堵下面的滑套喷砂器,实现上一段的压裂,依此类推,自下而上不动管柱压裂多段,压裂完成后起出全部压裂管柱。

二、带压作业井口组合

为保证压裂期间施工安全,避免防喷器承受高压,同时还需要提高施工时效,因此压裂施工期间需要将管柱悬挂在油管头四通上,在油管头上直接安装压裂用液动或手动平板阀,然后安装压裂井口和平板阀,最后安装安全防喷器组、工作防喷器组和带压作业机,典型拖动管柱压裂井口组合如图 5-37 所示。

图 5-37 中两个 $7\frac{1}{16}$in 15K 平板阀是为了避免上部防喷器组承受高压,在压裂中液动平板阀处于关闭状态;在拖动管柱过程中,液动平板阀处于常开状态;$7\frac{1}{16}$in 15K 六通是为了提高施工效率,在带压拖动压裂管柱过程中,不重复拆压裂管汇,保证压裂施工的连续性。

三、压裂施工

(1)拖动压裂管柱完成第一段压裂后,关井(双封单卡管柱需要反洗井,解封封隔器后关井)扩散压力 2h 以上,平衡带压作业机与井内压力,打开液动平板阀,安装钢丝或电缆作业的井口密封装置,在大于拖动距离的工作筒内坐封堵塞器或在油管内坐封可回收式油管桥塞,控制油管内压力。堵塞器或油管桥塞坐封后,通过降压来验证油管压力控制效果,释放堵塞器或油管桥塞上部压力,且压力降为零后,观察 30min 以上无流体溢出时,表明坐封合格。

拆除井口密封装置,下油管导出油管悬挂器,起出需要拖动的油管,使喷砂工具对准下一段,再坐入油管悬挂器,重新在环形防喷器上安装井口密封装置,钢丝作业打捞出油管堵塞器或油管桥塞,进行第二段喷砂射孔和压裂施工。依此类推,重复上述作业,直至完成所有段的压裂。

(2)不动管柱分段压裂在不动管柱分段压裂中,带压作业机只起到压裂前的下管柱和压后起管柱的作用,在压裂时可将带压作业机及安全防喷器组拆开,重新安装压裂井口装置。

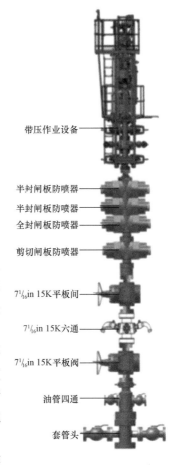

带压作业设备

半封闸板防喷器
半封闸板防喷器
全封闸板防喷器
剪切闸板防喷器

$7\frac{1}{16}$in 15K 平板间

$7\frac{1}{16}$in 15K 六通

$7\frac{1}{16}$in 15K 平板阀

油管四通

套管头

图 5-37　典型拖动管柱
压裂井口组合示意图

四、起下压裂管柱

为满足管柱内堵塞和压裂投球需要,双封单卡压裂管柱的喷砂器一般选用滑套式喷砂器。如选用非滑套式喷砂器,开放性压裂管柱需要按下入水力喷射压裂管柱的方式作业。

选用工作筒堵塞器作为拖动压裂管柱和起压裂管柱的油管压力控制工具,要求在管柱上依次预置通径依次增大的工作筒,要保证拖动管柱或起管柱过程中在直井段始终有工作筒。为降低钢丝作业事故率,压裂管柱下至设计深度时,位于直井段最下部的工作筒要求为非选择性。

如果压裂工具串长度小于环形防喷器至液动平板阀顶部的距离,下入压裂管柱工具串至液动平板阀上方,依次关闭环形防喷器、举升液压缸、关闭游动卡瓦、平衡带压作业机内压力、打开液动平板阀,将管柱下入设计位置;如果压裂工具串长度大于环形防喷器至液动平板阀顶部的距离,可按带压作业下入单个工具的方式操作,即平衡带压作业内部压力后,打开液动平板阀,利用环形防喷器和下工作闸板防喷器交替工作,依次将导锥、封隔器、喷砂器、扶正器、封隔器、扶正器和安全接头下入井内,使管柱下至设计深度。压裂工具串上部管柱下入同常规下管柱方法一样。

起压裂管柱前,安装钢丝(电缆)作业井口密封装置,在直井段最下部的工作筒或造斜点附近的油管内,坐封堵塞器或油管桥塞,然后拆除钢丝(电缆)作业井口密封装置。带压作业起出油管压力控制工具以上的管柱后,在油管上安装钢丝(电缆)作业井口密封装置,打捞出油管压力控制工具,再按以上操作重新坐封堵塞器或油管桥塞。最后将工具串上部带有油管压力控制工具的油管短节(工作筒)起至井口。根据工具串长度可采用绳索作业或分段油管压力控制工艺起出压裂工具串。

1. 下入和起出水力喷射压裂管柱

工作筒堵塞器或回收式油管桥塞试压合格后,将油管短节与压裂工具串连接。如工具串长度小于环形防喷器至液动平板阀顶部的距离,下工具串至液动平板阀上方,使工具串上部的油管短节位于环形防喷器位置,依次夹紧固定卡瓦、关闭环形防喷器、平衡带压作业机与井内压力、打开液动平板阀;如工具串长度大于环形防喷器至液动平板阀顶部的距离,将工具串套装在防喷管内,并将防喷管安装在环形防喷器上,依次平衡防喷管与井内的压力,打开液动平板阀,进行绳缆作业将工具串上部的调整短节置于环形防喷器顶部,夹紧固定卡瓦,关闭环形防喷器。

在工具串上部的油管短节上连接一根油管,举升液压缸,夹紧游动卡瓦,打开固定卡瓦,带压作业下入压裂管柱。工具串进入造斜点前,带有非选择性工作筒的管柱,可继续下入通径大于下部堵塞器的非选择性工作筒;工具串进入造斜点时,钢丝作业打捞出工作筒堵塞器或可回收式油管桥塞,重新在上部工作筒或井口附近的油管内坐封工作筒堵塞器或可回收式油管桥塞。

重复上述操作,依次下入选择性工作筒、打捞出下部油管堵塞器或桥塞、坐封堵塞器或油管桥塞,直至将压裂管柱下入第一段的压裂位置;坐入油管悬挂器,顶紧顶丝,安装钢丝作业井口密封装置,打捞出油管压力控制工具,关闭液动平板阀,连接压裂管汇,准备压裂。

压裂结束后起管柱工艺要求与起出双封单卡压裂管柱一样。

2. 带压起压裂管柱

压裂滑套试压合格,可不需再采取其他的油管压力控制措施。将带压下入压裂管柱简化,同下入双封单卡压裂管柱一样,可以分段导入井内。

压裂后,由于工具串上的滑套喷砂器都已打开,成为开放性工具,因此带压起出压裂管柱工艺较为复杂,包括工具串以上油管压力控制、带压起出工具串以上的管柱和分段压力控制起出工具串三个关键过程。

(1)工具串以上的油管压力控制在直井段的油管内坐封油管桥塞或工作筒堵塞器(在管柱上带有工作筒的情况下)。

(2)起工具串以上管柱油管压力控制合格后,拆压裂采油树,安装安全防喷器、密闭卸扣钳(卡瓦防喷器)和带压作业机。

按带压作业流程起出油管悬挂器和工具串以上的管柱,当油管压力控制工具起至井口附近或工具串进入直井段时,打捞出井下的油管压力控制工具,重新在工具串顶部坐封油管压力控制工具,起出工具串以上的管柱。

(3)起工具串。

由于井下滑套已经打开,每个喷砂器成为开放性工具并且喷砂器通径较小,因此需分段控制油管压力起出工具串。

首先将喷砂器(水力锚、封隔器)起至密闭卸扣钳腔体内,使喷砂器下端的油管接箍位于背钳卡瓦位置,夹紧安全卡瓦和背钳卡瓦,并在游动连接盘下端打上防顶卡瓦;接着启动卸扣钳,对喷砂器(水力锚、封隔器)进行卸扣,将工具外螺纹起至工作全封闸板防喷器上方,关闭工作全封闸板防喷器,打开泄压阀和环形防喷器,起出喷砂器(水力锚、封隔器);然后下入鱼顶堵塞器,打捞位于背钳内的油管接箍,并起出井口。重复上述操作,直至将导锥起至安全全封闸板防喷器上方,关闭安全防喷器。

五、应用实例

1. 基本井况

LP2 井完钻井深 3181.0m,统计了该井邻井 7 口井 8 层的扶余油层试油资料,4 口井测得地层压力,测深为 1871.80 ~ 2072.90m,地层压力为 17.80 ~ 24.77MPa,压力梯度为 0.95 ~ 1.18MPa/100m,平均压力梯度 1.04MPa/100m。预测该层地层压力为 22.87MPa/2199.22m(储层垂深)左右。统计了该井邻井扶余油层 6 口井 13 层破裂压力,破裂压力系数为 1.7 ~ 2.1,平均破裂压力系数为 1.9。预测该层地层破裂压力为 41.8MPa/2199.22m(储层垂深)左右。其井身结构图如图 5 - 38 所示。

2. 作业目的

LP2 井利用不压井作业拖动水力喷射压裂管柱,分 20 段压裂,压裂喷射点深度分别为:3090.0m、3055.0m、3020.0m、2985.0m、2950.0m、2910.0m、2875.0m、2840.0m、2805.0m、2770.0m、2735.0m、2695.0m、2570.0m、2530.0m、2492.0m、2456.0m、2418.0m、2383.0m、

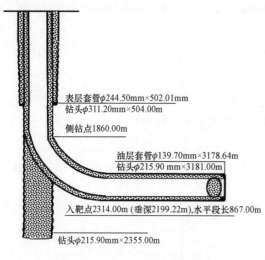

表层套管φ244.50mm×502.01mm
钻头φ311.20mm×504.00m
侧钻点1860.00m
油层套管φ139.70mm×3178.64m
钻头φ215.90mm×3181.00m
入靶点2314.00m(垂深2199.22m),水平段长867.00m
钻头φ215.90mm×2355.00m

图5-38 LP2井井身结构示意图

2343.0m,2286.0m。

3. 喷射工具选择

LP2井套管内径121.36mm,考虑到施工排量和打砂量的需求,该井可应用的水力喷射工具有3.75in外径,7喷嘴或8喷嘴喷射工具,由于8喷嘴工具具备更高的施工排量,结合管柱摩阻模拟数据,推荐使用3.75in,8喷嘴喷射工具。

4. 作业步骤

(1)连接地面流程及试压,泄压、压井观察。

① 从井口四通处连接地面放喷流程,对放喷管线试压15MPa,稳压30min,压降不大于0.7MPa为合格;试压合格后,开套管泄压,观察记录井口压力变化情况。

② 地面流程试压合格后,开井泄压,采用原井口流程进行压井作业,压井后静止观察。

③ 敞井观察48h,确认井内平稳后方可进行下步工作。

④ 观察期间,采用液面监测仪定时监测液面变化情况。计算漏速,为后期作业压井液量提供依据。

⑤ 井筒满足通井、刮管、下水力喷射管柱施工后进行下步工序。

(2)通井及探人工井底。

① 管柱结构:φ114mm通井规+φ88.9mm油管=3094m(人工井底:3094.17m)。

② 下通井管柱探至人工井底,起出通井管柱。

(3)下入刮管管柱,按照油田标准准备刮管器。

(4)视情况冲砂:如未通至3094m,则下入冲砂管柱,冲砂至3094m。

(5)下水力喷射压裂管柱,管柱组合:水力喷射工具+φ88.9mm油管1根长度在9m以内+堵塞器工作筒(3078m)+φ88.9mm油管+堵塞器工作筒(1470m)+φ88.9mm油管+油管挂+油补距=3090m。每根油管按照标准通径。

(6)安装压裂5通180~70MPa井口,上部连接带压作业机,对井口和带压作业机进行试压,井口试压60MPa,带压设备试压35MPa,连接地面压裂管线并按照压裂施工要求试压。

① 在压裂5通上安装剪切闸板封井器、半封闸板封井器(两个半封)、内置式卡瓦、全封闸板。

② 上全上紧全部螺栓。

③ 套管四通两侧的阀门开关应灵活。

④ 连接好井口封井器的远程控制液压管线。

(7)安装带压作业机。

① 带压作业载车倒至同作业机成90°~120°角,并停放在司钻操作台一侧。

② 用吊车吊起并安装带压作业设备。

③ 上全上紧所有螺栓后,按地面管汇示意图连接好平衡放压管线。

④ 牵好绷绳与逃生绳。调好各绷绳与逃生绳的张紧力,以保证安在井口上的带压作业装置始终在井口对中位置上。

⑤ 整个安装过程,安装人员必须捆绑安全带。

(8) 连接 700 型压裂车。

① 从试压四通连接管线到 700 型压裂车。

② 所有连接管线必须使用符合工作压力 70MPa 的硬管线。

③ 所有管线连接完成后,700 型压裂车进行试运行,并对带压作业设备试压 35MPa。

(9) 水力喷射压裂第一层(按照压裂施工工序表完成)。

(10) 带压设备上下入 1 根 ϕ88.9mm 油管,油管下部带接箍防止管柱上窜,关闭半封后试压 21MPa,钢丝作业车连接防喷管试压 21MPa。

(11) 钢丝作业车通井。

① 地面连接通井(通井规最大外径应大于堵塞器工作筒最小通径 1～2mm)工具串,整个入井工具串装入防喷管内用绳卡卡定,用吊车将防喷管吊到井口防喷器上安装好,检查各连接处的密封情况。

② 将钢丝计数器校零,下通井工具串,到达堵塞器工作筒深度 50m 时,记录钢丝深度、静重及上提悬重,随后以不大于 10m/min 速度下放;下放至 1# 工作筒深度遇阻后,记录工作筒深度;上提通井工具串。

③ 钢丝作业车下堵塞器。

④ 连接座放工具串,整个入井工具串装入防喷管内用绳卡卡定,用吊车将防喷管吊到井口防喷器上安装好,检查各连接处的密封情况。

⑤ 将钢丝计数器校零,下座放工具串,到达 1# 堵塞器工作筒深度 50m 内时,记录钢丝深度、静重及上提悬重,随后以不大于 15m/min 速度下放堵塞器至 1# 工作筒内坐放。

⑥ 上提丢手后的座放工具串,最后 50m 提升速度不大于 30m/min,待工具串进入防喷管,确认钢丝计数器回零后,用绳卡卡定。

⑦ 用吊车将防喷管和座放工具串一起吊下,拆卸清洗各部件。

⑧ 泄油管压力为 0 后,观察 1h。

(12) 带压拖动管柱 35m。

① 起油管挂:连接提升油管,关闭环形防喷器,平衡腔体压力;松顶丝,上提管柱至腔体内,关闭下闸板,泄腔体压力,将油管挂提出环形防喷器;关闭环形防喷器,平衡腔体压力,打开下闸板,起油管挂至操作台,卸油管挂。

② 井口压力控制在 21MPa 内,拖动管柱 35m。

③ 坐入油管挂:关闭下闸板防喷器,关闭平衡控制阀,打开控制阀放空至零,打开上闸板防喷器,下放管柱,将直管挂和旋塞阀置于上闸板防喷器 2 号半封闸板防喷器和之间,关闭上闸板防喷器,平衡井筒内压力,打开 2 号半封闸板防喷器,继续下放管柱,将直管挂坐放于油管头内,紧顶丝;随后,用带压作业设备上提井下管柱,若井内管柱未发生位移,则说明

直管挂已被顶紧;若直管挂未被顶紧,需要进行重新坐放,再紧顶丝。

（13）钢丝作业捞堵塞器。

① 地面连接打捞工具串,整个入井工具串装入防喷管内用绳卡卡定,用吊车将防喷管吊到井口防喷器上安装好,检查各连接处的密封情。

② 将钢丝计数器校零,下座放工具串,井深 50m 内下放速度不大于 10m/min。随后以不大于 50m/min 的速度下放。

③ 下放打捞工具串至工作筒深度打捞堵塞器成功。

④ 上提工具串,速度不大于 50m/min,最后 50m 提升速度不大于 10m/min,待工具串进入防喷管,确认钢丝计数器回零后,用绳卡卡定。

⑤ 用吊车将防喷管和座放工具串一起吊下,拆卸清洗各部件。

（14）水力喷射压裂第 2 层,重复第 1 层水力喷射压裂步骤,直到水力喷射压裂第 12 层完毕。

（15）带压起管柱更换水力喷射工具。

① 钢丝作业车下堵塞器至井深 1075m,泄油管压力为 0 后,观察 2h。

② 井口压力控制在 21MPa 内,起出管柱 1075m。

③ 钢丝作业车打捞堵塞器,再次下入堵塞器至井深 1608m,泄油管油管压力为 0 后,观察 2h。

④ 井口压力控制在 21MPa 内,起管柱完毕,起至最后一根油管时,将水力喷射工具起至全封闸板以上,关闭全封闸板。

（16）带压下水力喷射管柱。

① 管柱组合:水力喷射工具 + ϕ88.9mm 油管 1 根 + 堵塞器工作筒 2（2646m） + ϕ88.9mm 油管 + 堵塞器工作筒 1（1470m） + ϕ88.9mm 油管 + 油管挂 + 油补距 = 2658m。

② 用带压作业设备施加一定的下推力下至全封闸板上面后,关闭环形防喷器,平衡全封闸板上下压差,观察操作台上压力表的变化,压力稳定后,打开全封闸板,下入第一根油管。

③ 管柱下至 1800m 时,钢丝作业车打捞堵塞器,重新下入堵塞器至第一个工作筒位置。

④ 管柱下至 2658m 时,钢丝作业车打捞堵塞器。

（17）水力喷射压裂第 13 层,重复第 1 层水力喷射压裂步骤,直到水力喷射完毕,压裂各段投堵器位置和上提距离见表 5-12。

表 5-12　各段投堵器位置和上提距离

施工步骤	投堵器位置 m	管柱上提距离 m	射孔位置 m	压裂段
1	1470		3090	第 1 段
2	1435	35	3055	第 2 段
3	1400	35	3020	第 3 段
4	1365	35	2985	第 4 段

续表

施工步骤	投堵器位置 m	管柱上提距离 m	射孔位置 m	压裂段
5	1330	35	2950	第 5 段
6	1290	40	2910	第 6 段
7	1255	35	2875	第 7 段
8	1220	35	2840	第 8 段
9	1185	35	2805	第 9 段
10	1150	35	2770	第 10 段
11	1115	35	2735	第 11 段
12	1075	40	2695	第 12 段
13	第 12 段压裂结束后,带压起下管柱更换水力喷射工具			
14	1470		2570	第 13 段
15	1430	40	2530	第 14 段
16	1392	38	2492	第 15 段
17	1356	36	2456	第 16 段
18	1318	38	2418	第 17 段
19	1283	35	2383	第 18 段
20	1243	40	2343	第 19 段
21	1186	57	2286	第 20 段
22	607	把投堵器投到第 1 只工作筒上(在喷射工具上方)		

(18)带压起出水力喷射管柱。

① 按照第(15)步所述方法起出水力喷射管柱。

② 管柱起完后,关闭封井器全封闸板。

(19)拆全封闸板以上带压作业设备。

用 35t 吊车将带压作业机、双闸板封井器拆出。

(20)带压作业完毕、交试油队。

① 井口装置要求配件齐全,无渗漏,方向正确,肉眼观察平正。闸门、管线安装必须牢固,便于操作,保证安全。

② 恢复场地。

③ 完井资料提交要求:完井后修井队需向建设方和设计方提交试油修井井史、试油修井工程完井竣工报告、试油修井地质综合记录及原始记录及完井交接井书等。

参 考 文 献

江源,唐庚,覃芳,等,2013.气井带压作业风险因素分析及对策[J].天然气技术与经济,7(6):29-31,78.
李俊厚,2019.带压作业油管内堵塞方式探析[J].化学工程与装备(4):46-47.

第六章 气井带压作业风险识别及控制措施

气井相对油水井来说具有更大的风险,主要体现在:气体更易泄漏,容易发生爆炸;管柱腐蚀程度严重,修井难度大;普遍含 H_2S,对设备要求高,对人体危害大;原井油管可能含 FeS,到井口碰撞易产生火花,容易引起爆炸;井口可能有水合物产生,危害大;要防止氧气混入井内。

第一节 天然气燃爆安全技术

在气井带压作业过程中,安全是工作的最终目标,但由于天然气本身在多数情况下是无色无味的可燃气体,含硫天然气剧毒且具腐蚀性,含二氧化碳天然气也具腐蚀性,因此它的"不可见、燃爆性、腐蚀剧毒"决定了气井带压作业的高危险性。只有掌握了它的这些特性,才能在作业过程中采取措施有效地控制火灾爆炸、腐蚀中毒等恶性安全事故发生。

一、天然气燃烧特征

天然气是可燃气体,燃烧反应机理是含有自由基和自由原子的参与的链式反应,在助燃剂氧的作用下,一旦点燃,其余部分无须再由外界供给热量就可以燃烧。

1. 着火温度

可燃气体在氧气和空气中的着火温度见表6－1。

表6－1 各种气体的着火温度 单位:℃

气体名称	在氧气中着火温度		在空气中着火温度	
	测量方法一	测量方法二	测量方法一	测量方法二
H_2	625	585	630	585
CO	687[1],680[2]	650[3]	693[1],683[2]	651[3]
CH_4	664	556~700	722	650~750
C_2H_6	628	520~630	650	520~630
C_3H_8	—	490~570	—	—
C_5H_{12}	355	—	600	—
C_2H_4	604	510	627	513
C_3H_6	586	—	618	—
C_2H_2	—	428	435	429
C_6H_6	685	—	710	—

气体名称	在氧气中着火温度		在空气中着火温度	
	测量方法一	测量方法二	测量方法一	测量方法二
CS_2	132	—	156	—
H_2S	—	227	—	364

① 含 0.63% H_2O 的空气;

② 含 2% H_2O 的空气;

③ 含 5.3% H_2O 的空气。

2. 点火能量

点燃天然气的方式有常见的静电、压电陶瓷、电脉冲以及电气机械造成的火花,如井口作业中,铁制工具碰撞产生的火花等。最小点火能的大小随天然气的组成、压力以及温度等因素的变化而变化,最小点火能可采用如下公式计算:

$$E = \frac{1}{2}C(U_1 - U_2) \qquad (6-1)$$

式中　E——最小点火能,J;

　　　C——电容,F;

　　　U_1——气体的绝缘破坏电压,V;

　　　U_2——放电终结后的电压,V。

表 6-2 表示的是一些主要的可燃混合气体在常温、常压下的最小点火能。

表 6-2　几种可燃气体的最小点火能

气体种类	燃气与空气体积比 %	最小点火能 mJ	气体种类	燃气与空气体积比 %	最小点火能 mJ
氢气	29.5	0.019	乙烷	6.00	0.310
乙炔	7.73	0.019	丙烷	4.02	0.310
乙烯	6.25	0.096	正丁烷	3.42	0.380
丙炔	4.79	0.152	苯	2.71	0.55
1,3-丁二烯	3.67	0.170	氨	21.80	0.77
甲烷	8.50	0.280	异辛烷	1.65	1.35
丙烯	4.44	0.282			

3. 燃烧速度

燃烧速度也称为正常火焰传播速度,用来表示天然气等可燃气体燃烧的快慢。它指火焰从垂直于燃烧焰面向未燃气体方向的传播速度。常见的各种可燃气体的最大燃烧速度见表 6-3。

表6-3 各种可燃气体与空气(氧气)混合物的最大燃烧速度

燃气种类	燃烧速度,cm/s	混合比,%	燃气种类	燃烧速度,cm/s	混合比,%
甲烷—空气	33.8	9.96	氢—空气	270.0	43.00
乙烷—空气	40.1	6.28	乙炔—空气	163.0	10.20
丙烷—空气	39.0	4.54	苯—空气	40.7	3.34
丁烷—空气	37.9	3.52	二硫化碳—空气	57.0	2.65
戊烷—空气	38.5	2.92	甲醇—空气	55.0	12.30
己烷—空气	38.5	2.51	甲烷—氧气	330.0	33.00
乙烯—空气	38.6	2.26	丙烷—氧气	360.0	15.10
一氧化碳—空气	45.0	51.00	一氧化碳—氧气	108.0	77.00
丙烯—空气	68.3	7.40	氢—氧气	890.0	70.00

二、天然气爆炸特征

天然气爆炸是指极短时间内发生的由燃烧形成的高温高压气体膨胀对周围物体产生压力和破坏的机械作用。例如30MJ/m³的天然气与空气混合后,在0.2s的时间内便可以燃烧完全。

1. 爆炸极限

当空气中可燃气体的浓度比理论混合比低时,生成物虽然相同,但燃烧速度变慢,直至某一浓度以下火焰便不再传播。若可燃气体的浓度比理论混合比高,可燃组分则不能完全氧化而产生不完全燃烧,生成一氧化碳,此时燃烧速度也会减慢,直至在高于某一浓度时不能传播。像这样火焰不再传播的浓度界限,称之为爆炸极限。

因此,当可燃气体与空气或氧气混合时,存在着因可燃气体的浓度过高或过低而不发生火焰传播的浓度界限。其中,低浓度称为爆炸下限,高的浓度称为爆炸上限。上、下限之间称为爆炸界限,或称为燃烧界限、可燃界限。表6-4为常见燃气及蒸气常温常压下在空气中的爆炸界限。

表6-4 常见燃气及蒸气的爆炸界限　　　　　　　　　单位:%(体积分数)

燃气种类	乙烷	乙烯	一氧化碳	甲烷	甲醇	戊烷	丙烷
爆炸下限	3.5	2.7	12.5	4.6	6.4	1.4	2.4
爆炸上限	15.1	34	74	14.2	37	7.8	8.5
燃气种类	丙烯	丁烷	焦炉煤气	发生炉煤气	高炉煤气	氢	甲苯
爆炸下限	2.0	1.55	5.6	20.7	35.0	4.0	1.2
爆炸上限	11.1	8.5	30.4	74.0	74.0	76	7.0

对于不含氧和不含惰性气体的燃气的爆炸极限可按式(6-2)近似计算:

$$L = 100 / \sum (V_i / L_i) \tag{6-2}$$

式中 L——燃气的爆炸上、下限,%;

L_i——燃气中各组分的上、下限,%;

V_i——燃气中各组分的体积分数,%。

对于含有惰性气体的燃气之爆炸极限也可按式(6-3)近似计算:

$$L_d = L \frac{\left(1 + \dfrac{B_i}{1 + B_i}\right)100}{100 + L\left(\dfrac{B_i}{1 - B_i}\right)} \qquad (6-3)$$

式中 L_d——含惰性气体燃气的爆炸上下限,%;

L——不含惰性气体燃气的爆炸上下限,%;

B_i——惰性气体的体积分数,%。

当天然气含有氧气时,可扣除含氧量及相应空气比例的氮含量,调整天然气各组分的体积分数,按式(6-2)近似计算其燃爆上下限。

2. 爆炸能量

天然气爆炸的能量指天然气与氧气反应产生的化学热以及被压缩气体因膨胀而放出的物理能等。

(1)天然气的爆炸化学能量计算式为:

$$W_{TNT} = \eta \frac{Q_g}{Q_{TNT}} W_f \qquad (6-4)$$

式中 W_{TNT}——爆炸TNT当量,kg;

η——爆炸有效系数;

Q_g——燃气低热值,MJ/kg;

Q_{TNT}——TNT当量(TNT当量取4187kJ/kg),kJ/kg;

W_f——燃料的总质量,kg。

爆炸有效系数 η 的大小与燃料的种类有关,一般取值为0.02～0.05,表6-5是包括天然气在内的可燃气体TNT当量换算。

表6-5 可燃气体的TNT当量换算

可燃气体	分子式	热值 Q_g MJ/kg	Q_g/Q_{TNT}	可燃气体	分子式	热值 Q_g MJ/kg	Q_g/Q_{TNT}
甲烷	CH_4	50.00	11.95	异丁烷	$i\text{-}C_4H_{10}$	45.60	10.90
乙烷	C_2H_6	47.40	11.34	乙烯	C_2H_4	47.20	11.26
丙烷	C_3H_8	46.40	11.07	丙烯	C_3H_6	45.80	10.94
正丁烷	$n\text{-}C_4H_{10}$	45.80	10.93	氢	H_2	120.0	28.65

(2)物理能量。

因破裂而产生的爆炸效应主要是气体膨胀所致,也就是指的物理能量。爆炸过程可

视为等温过程,设气体的压力为 p,体积为 V,初始状态的温度为 T_1,则所做的功的计算式为:

$$W = \int_1^2 p\mathrm{d}V = nRT_1\ln\frac{p_2}{p_1} \qquad (6-5)$$

3. 爆炸效应

$$K_\mathrm{B} = 2.52(Q^2 + 1.0082 \times 10^7)^{1/9}R_\mathrm{L}/Q^{5/9} \qquad (6-6)$$

式中　K_B——爆炸效应参数。

不同 K_B 值时爆炸区内设施的破坏情况见表 6-6。

表 6-6　相应于 K_B 值时的爆炸效应

K_B	爆炸区内的爆炸效应
9.5	所有建筑物完全破坏
14.0	砖砌的建筑物外表 50% ~70% 的破损,墙壁下部危险,必须拆除
24.0	房屋不能再居住,物基部分或全部破损,外墙部分破损 1~2 面,承重墙受到大的破坏,必须更换
70.0	构筑物受到一定程度的损坏,隔墙、木结构需重新加固
140.0	经修理可继续使用,顶棚等有不同程度的破损,l0% 左右的门窗玻璃破损

三、气井不压井作业防火防爆措施

不压井作业设计中必须包括潜在燃烧与爆炸的可能性进行评估,并提供预防燃爆的措施。这里有两个主要的引起燃爆的因素:空气和井筒气体混合达到一定浓度形成易燃爆的混合物;井筒气体或易燃流体携带到地表逸散到大气中,形成易爆炸的混合物。

在不压井作业中,空气和天然气混合达到爆炸燃烧浓度的区域主要在两个地方:套管内和油管内。以下是在设计阶段减轻燃爆风险的一些准则和推荐做法。

1. 套管内

如果在射孔以前,套管环空内被抽干保持欠平衡条件,那么射孔后,产层中的气体将流入充满空气的套管环空中混合形成易燃易爆的混合气体。如果在射孔后就进行关井,并允许套压增加的情况下,这种燃爆性就更加恶化。在这种条件下进行不压井起下油管作业将可能检测到井下燃爆。

在关井或进行不压井作业之前,需要对套压进行放喷点火,直到环空内的空气被排尽。

2. 油管内

当采用不压井作业方式将油管下入井内,在堵塞器打捞上来之前,油管内通常将为空气。在这种情况下,如果将套管环空内的天然气导入油管内进行压力平衡以起出堵塞器,这将导致天然气和空气混合,存在燃爆的可能性。

这种情况下,在进行油套压平衡之前,就应该向油管内打入一段隔离液。在起堵塞器过程中,这段隔离液能防止天然气和空气的混合。这段隔离液体积的用量根据不同的井筒压力而定。但通常,采用 1/2 ~1m³ 的甲醇或甲醇水就足够了。

另外一种可替代的隔离液就是惰性气体,如氮气。可先采用惰性气体将套管环空内的天然气进行排空,然后再进行油套压平衡。

对于含水合物的井,在进行天然气或氮气平衡之前,需要向绳索作业的防喷管内打入甲醇隔离液。

为了防止产生易爆炸的气体混合物,防喷管中的氧气需要用氮气或不含 H_2S 的天然气进行排空。需要一个氧气监测器确保环空中的天然气已经将防喷管中的氧气排尽。也可通过一个开关短节慢慢地将环空中的气体导入防喷管中,并在防喷管下部的开关阀进行放喷来实现。必须确定放喷口氧气的含量大小来确定是否完成放喷操作。在打开井口的工作阀或者防喷器之前,应先对防喷管进行压力平衡。

在含 H_2S 环境下,金属受到腐蚀后生成的硫化铁和氧气接触也会自燃。在这种情况下,就应确保 BOP 闸板附近不能有任何的爆炸气体,可采用水倾倒在工具上,保持其呈湿润状态。

在设计阶段,为了尽量消除地面潜在的燃爆安全隐患,可参考以下的推荐做法:

(1)为了减小因堵塞器失效而造成井内气体从油管流向地表,形成爆炸的风险,应按照要求进行选择和安装堵塞器。

(2)为了减小在起出或送入闸板或卡瓦过程中,油管因压缩或拉伸造成失效的风险,应采用一切可能的监测技术。

(3)为了减小环空气流引起的地表燃爆的风险,如果条件允许,在进行不压井作业之前,尽可能采用氮气将环空中的天然气循环出来。这样做有助于防止闸板单元的损坏,延长橡胶密封件的使用寿命。由于氮气为惰性气体不可燃烧,提高了设备的安全稳定性。

(4)为了防止油管在起出过程中,油管内的气体或液态的碳氢化合物在地表发生燃爆,在起油管以前或过程中,均应进行合理的放喷操作。以下是三种可行的放喷操作程序:

第一,尽可能地将油管内抽干,然后再向油管内注入一些清水。应该留够足够的时间让清水和井内的危险气体进行置换。通常,可一直等到井内管柱呈润湿状态,或是关井一个晚上。当管柱已经达到润湿状态,再把管柱内的液体抽干。

第二,采用钢丝绳堵塞器,使得泵入的清水或氮气能在油管内进行驱替。如果油管内的全部驱替不现实的话,则尽可能用清水或氮气将油管内的液体清洗干净。

第三,打入一段甲醇前置液,并采用关井套压对油管内进行压力平衡,保持环空流动直到油管关井压力降下来。

(5)如果油管内的液体必须被返出,那么就应该采用连续油管和空气或氮气,但是油管内若有液态的烃类,则不能采用空气。

第二节　硫化氢安全防护技术

硫化氢的存在使其在气井带压作业过程中,极大地威胁着从业人员的健康和安全,我们必须掌握防护硫化氢危害的特征,最大限度地保护从业人员的健康和安全。

一、硫化氢危害特征

1. 毒理作用

硫化氢是强烈的神经毒物,对黏膜亦有明显的刺激作。它主要是经呼吸道进入人体内,在体内的游离硫化氢和硫化物来不及氧化时,使中枢神经麻痹,引起全身中毒反应,危害特征见表6-7。

表6-7 硫化氢对人体的危害特征

序号	空气中浓度,mg/m^3	生理影响及危害
1	0.04	感到臭味
2	0.5	感到明显臭味
3	5.0	在强烈臭味
4	7.5	有不快感
5	15	刺激眼睛
6	35~45	强烈刺激黏膜
7	75~150	刺激呼吸道
8	150~300	嗅觉有15min内麻痹
9	300	暴露时间长则有中毒症状
10	300~450	暴露1h引起亚急性中毒

2. 硫化氢火灾爆炸形成二氧化硫的危害

与普通天然气不同的是,高含硫化氢的天然气在燃烧过程中会同时生成二氧化硫这一化学化危险品,这是天然气中的硫化氢组分在燃烧过程中氧化反应的必然产物。二氧化硫是一种无色而有刺激性气味的气体,密度为$1.4337kg/m^3$,熔点$-76.1℃$,沸点$-10℃$,易溶于水。

当大气中的二氧化硫浓度达到$1.4mg/m^3$时,便已对人的健康存在潜在危害,最易受到危害的是呼吸器官和眼膜。如果吸入高浓度二氧化硫气体,可发生喉头水肿和支气管炎。长期吸入时,会发生慢性中毒,不仅使呼吸道疾病加重,而且对肝、肾和心脏都有危害。二氧化硫对植物的危害同样也不能低估,质量浓度在$0.3mg/m^3$时,在大气中酿成酸雨,可损坏农作物。因此,在钻井、开发和集输生产中,如果出现含硫化氢天然气大量泄漏,不得不点火燃烧时,务必要提前做好二氧化硫预防工作。

3. 金属铁的硫化物生成及其危害

在生产设备或容器中加工或储存含有硫、硫化氢和有机硫化物时,强的硫元素与管壁上的铁元素长期相互作用,便生成了FeS和Fe_2S_3,其主要危害特性是具有自燃性。应该特别强调的是,硫化物自燃时并不出现火焰,只发热到炽热状态,就足以引起可燃物质着火。尤其是当容器中存在可燃气体时,当浓度达到爆炸极限,便可发生自燃而引起火灾或爆炸。

二、硫化氢天然气泄漏扩散规律

含硫化氢天然气泄漏扩散规律的运用,对全面做好含硫化氢天然气田开发的安全环保工作具有十分重要的意义。

SY/T 5087—2017《硫化氢环境钻井场所作业安全规范》推荐了一种硫化氢气体的扩散模型。该模型采用简单筛选模型及模拟技术,得出了典型情况下硫化氢暴露半径的理想预计值。其基本计算方法为:

$$R_{OE} = \lg^{-1}(A\lg V_{H_2S} + \beta) \tag{6-7}$$

式中 R_{OE}——暴露半径,ft;

V_{H_2S}——连续或瞬时排放的 H_2S 气体体积,ft³;

A,B——硫化氢扩散计算系数,分为连续释放、瞬时释放、白天和晚上四种典型情况(取值方法见表6-8)。

表6-8 硫化氢扩散计算系数

时间	排放类型	浓度,mg/L	系数	
			A	B
白天	连续	10	0.61	0.84
		30	0.62	0.59
		100	0.58	0.45
		300	0.64	-0.08
		500	0.64	-0.23
夜晚		10	0.68	1.22
		30	0.67	1.02
		100	0.66	0.69
		300	0.65	0.46
		500	0.64	0.32
白天	瞬时	10	0.39	2.23
		30	0.39	2.10
		100	0.39	1.91
		300	0.39	1.70
		500	0.40	1.61
夜晚		10	0.39	2.77
		30	0.39	2.60
		100	0.40	2.40
		300	0.40	2.20
		500	0.41	2.09

注:白天气象条件为风速8.045km/h;夜晚气象条件为风速3.540km/h。

三、硫化氢监测仪及防护设备

1. 硫化氢电子监测仪

硫化氢电子监测仪分固定式和便携式两种,工作原理是应用了定电压电解法原理,硫化氢气体通过一个带孔眼的金属罩扩散进入传感器内,与热敏元件的表面发生作用,使传感器的电阻按照硫化氢的总量等比例地减小,然后经信号放大器将电信号放大,并转换为硫化氢的浓度显示在仪表上。同时,传感器还将信号输入报警电路,当硫化氢达到预先调节的报警值时,视觉和听觉警报器报发出警报信号,大多数仪器设计的警报浓度 10mg/L。硫化氢监测仪性能参数见表6-9。

表6-9 硫化氢监测仪性能参数

序号	参数名称	固定式	便携式
1	监测范围,mg/m³	0~145	0~77
2	显示方式	3½in 液晶显示	3½in 液晶显示
3	监测精度,%	≤5	≤5
4	报警点,mg/m³	0~154,连续可调	0~77,连续可调
5	报警精度,%	≤5	≤5
6	报警方式	(1)蜂鸣器;(2)闪光	(1)蜂鸣器;(2)闪光
7	响应时间,s	≤30(满量程90%)	≤0(满量程90%)
8	电源	220V,50Hz	干电池或镍镉电池
9	连续工作时间,h	连续	≥250
10	传感器寿命,a	≥1	≥1
11	工作温度,℃	-40~45	0-45
12	相对湿度,%	≤95	≤95
13	安全防爆性	防爆	防爆

2. 硫化氢防护设备

硫化氢防护设备包括过滤式防毒面具、氧气呼吸器和空气呼吸器等。

1)过滤式防毒面具

这种防毒面具,主要由三部分组成:滤毒罐、面罩、连接软管。外界空气经过过滤罐后供给人体呼吸。其不足之处是环境中氧气浓度不能低于18%,且呼吸阻力大;一种滤毒罐只能过滤一种或几种毒气,其选择性强。因此,在作业环境中遇到有毒气体浓度高,烟雾浓重、严重缺氧或不能正确判断现场有毒气体成分时,其使用安全性就存在一定的问题。

2)氧气呼吸器

氧气呼吸器是一种与外界大气隔绝,利用压缩氧气为气源的隔绝再生式供氧装备,根据各部件的作用不同可分为三大部分:低压部分包括口具、呼吸软管、呼吸阀、清净罐、水分吸收器、气囊、排气阀;高压部分包括氧气瓶、高压导管、分路器、减压器、压力表;外壳及辅助部分包括外壳、防烟眼镜、扳子、鼻夹及皮带。

3）空气呼吸器

空气呼吸器适用范围广，主要由钢瓶、背板、面罩和一些必要的配件组成，呼吸阻力小，空气新鲜，流量充足，呼吸舒畅，大多数人都能适应，操作使用和维护保养简便；视野开阔，传声较好，不易发生事故，安全性好；尤其是正压式呼吸器，面罩内始终保持正压，毒气不易进入面罩，使用更加安全。其不足之处是钢瓶重量较大，面罩气密性不如氧气呼吸器。

3. 含硫天然气中毒事故的预防

对于含硫化氢天然气的钻井，在试气和采气生产过程中，防毒问题十分重要。为了做好防毒工作，保护工人的健康和生命，除组织和法律的保证之外，必须提高各级领导干部的认识，完善防毒设备，加强职业安全与卫生的教育和训练，制订严格的防毒制度和具体措施。

1）教育和训练

为了使全体工作人员自觉地认识到防毒的重要性，严格遵守防毒制度，了解并会应用各防毒设备，必须对全体人员进行防毒的教育和训练。教育和训练的基本内容和要求如下：

（1）详细说明硫化氢的物理化学特性及其各种浓度对人体的影响，从而自觉认识到生产过程中，特别是钻井时遇到硫化氢的严重性。

（2）了解风向和充分通风的重要性，正确应用风向标，熟悉紧急情况下作业人员的撤离路线。

（3）正确使用防毒面具的训练前必须了解各种防毒设备的特点，会选择和使用各种型号防毒面具，尤其要懂得过滤式防毒面具的限制性，无论何时工作人员接近疑有危害人身健康或危及生命浓度的硫化氢井口、装置、罐区或管道，甚至在校核硫化氢浓度或抢救中毒者时，都应在开始接近前戴上防毒面具；要进行佩戴防毒面具的实际操作训练，佩戴防毒面具作短时间的钻井操作演习。

（4）会使用、保管和一般地维修下列设备：

① 防护用的供氧设备（配套的供氧装置、急救氧气瓶、软管线等）。

② 便携式硫化氢探测仪。

③ 易燃气体指示计。

④ 二氧化硫探测仪。

⑤ 复苏器。

⑥ 紧急警报系统。

（5）懂得如何救护中毒者，当有人硫化氢中毒时应采取以下措施：

① 救护者进入染毒区时，首先应佩戴好防毒面具，系上安全带和安全绳，安全绳的另一端由非毒区负责人员握住。

② 迅速将中毒者转移至处于上风的非染毒区。

③ 如果病员呼吸停止，立刻进行口对口人工呼吸，一直进行到恢复自主呼吸为止。在可能的条件下，最好是尽快使用复苏器，同时给予呼吸中枢兴奋剂。

④ 病人开始自主呼吸时，要持续给氧。

（6）懂得万一事先未得到警报,遇到突然逸出毒气时,全体人员应采取下列措施:

① 首先屏住呼吸。

② 迅速佩戴防毒面具。

③ 到指定的临时地点待令行动,不能惊慌乱跑进入硫化氢易于积聚的低凹地区和下风地带。

2）防护设备

在石油天然气钻采施工作业现场,一旦硫化氢气体浓度超标,将威胁施工作业人员的安全,引起人员中毒甚至死亡,因此防止硫化氢中毒安全设备的配备尤其重要。而硫化氢检测仪和防护器具的功能是否正常关系到作业者的生命安全,作业者应了解其结构、原理、性能和使用方法及注意事项。

第三节　天然气水合物生成及预防

对气井不压井作业来说,即使没有流动也可形成水合物,在冬季夜晚暂停作业后,第二天重启作业时,管柱也可能被"冻住"。天然气在节流降温的过程中可能产生水合物,可能形成一定的圈闭压力,当没有预见到该风险时,可能引起人身伤害。带压作业过程中,防喷器组内需要不断平衡压力、释放压力,由于闸板腔较小,在悬挂器起下作业时也容易形成水合物。2014 年加拿大某井在连接套管侧平衡/泄压管线时,发现水合物堵在阀门处,由于采取了不当的措施,导致了严重的人身伤害;2014 年 12 月,JY6 – 3HF 井在下入悬挂器时,由于对水合物预见不够,在平衡泄压过程中发生了悬挂器"冻结"在闸板腔位置,不仅处理水合物耽误了大量时间,也给作业带来较大安全风险。

一、水合物生成的临界温度及其预测方法

1. 水合物生成的临界温度

指水合物可能存在的最高温度,高于此温度,不论压力多高,气体也不会生成水合物。各种气体水合物的临界温度见表 6 – 10。

表 6 – 10　气体水合物生成的临界温度

气体	甲烷	乙烷	丙烷	异丁烷	正丁烷	二氧化碳	硫化氢
临界温度,℃	21.5	14.5	5.5	2.5	1.0	10.0	29.0

2. 水合物生成预测方法

1）统计热力学方法

适用于已知天然气组成,迭代法求压力为 p 条件下水合物生成温度 T。

$$T = 6.38\ln(9.869p) + 262 \qquad\qquad (6 – 8)$$

式中　p——水合物生成压力,MPa;

T——水合物生成温度,K。

迭代格式:

$$T_{n+1} = T_n - \frac{F(T_n)}{F'(T_n)} \tag{6-9}$$

其中

$$F(T) = a - bT - cp/T + d\ln(1 + \sum C_{1i}y_i \times 9.869p) + e\ln(1 + \sum C_{2i}y_i \times 9.869p) \tag{6-10}$$

$$F'(T) = -b - d\frac{9.869p}{1 + \sum C_{1i}y_i \times 9.869p}\sum B_{1i}C_{1i}y_t + cp/T^2 -$$

$$e\frac{9.869p}{1 + \sum C_{2i}y_i \times 9.869p}\sum B_{2i}C_{2i}y_i \tag{6-11}$$

$$C_{1i} = \exp(A_{1i} - B_{1i}T) \tag{6-12}$$

$$C_{2i} = \exp(A_{2i} - B_{2i}T) \tag{6-13}$$

系数 a,b,c,d 和 e 以及 A_{1i},A_{2i},B_{1i} 和 B_{2i} 见表 6-11 和表 6-12;y_i 为对应气体的组分含量。

表 6-11　天然气在不同条件下的系数

气体类型	系数				
	a	b	c	d	e
$p \leqslant 6.865$MPa 天然气	3.69974	0.01476	0.6138	0.11766090	0.05883045
$p > 6.865$MPa 天然气	8.975110	0.03303965	0	0.11766090	0.05883045
含 H_2S 的天然气	5.40694	0.02133	0	0.11766090	0.05883045

表 6-12　不同组分天然气的系数

组分		CH_4	C_2H_6	C_3H_8	C_4H_{10}	N_2	CO_2	H_2S
系数	A_{1i}	6.0499	9.4892	-43.6700	-43.6700	3.2485	23.0350	4.9258
	B_{1i}	0.02844	0.04058	0	0	0.02622	0.09037	0.00934
	A_{2i}	6.2957	11.9410	18.2760	13.6942	7.5990	25.2710	2.4030
	B_{2i}	0.02845	0.04180	0.04613	0.02773	0.024475	0.09781	0.00633

2) 波诺马列夫方法

该方法适用于不同相对密度气体天然气水合物生成条件预测。

对 $T > 273$K:

$$\lg p = -1.0055 + 0.0541(B + T - 273) \tag{6-14}$$

对 $T \leqslant 273$K:

$$\lg p = -1.0055 + 0.0171(B_1 - T + 273) \tag{6-15}$$

式中　T——温度，K；

　　　p——水合物生成压力，MPa。

　　　B,B_1——系数，可根据气体相对密度从表 6 – 13 查得。

表 6 – 13　不同密度天然气的系数

γ_g	0.56	0.58	0.60	0.62	0.64	0.66	0.68	0.70	0.72	0.75	0.80	0.85	0.90	0.95	1.00
B	24.25	20.00	17.67	16.45	15.47	14.76	14.34	14.00	13.72	13.32	12.74	12.18	11.66	11.17	10.77
B_1	77.4	64.2	64.2	51.6	48.6	46.9	45.6	44.4	43.4	42.0	39.9	37.90	36.20	34.5	33.1

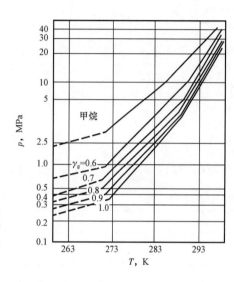

图 6 – 1　预测生成水合物的压力 – 温度曲线

3）水合物 p—T 图版法

适用于酸性气体含量较低、已知天然气相对密度的天然气水合物生成条件预测，图 6 – 1 为预测水合物生成的 p—T 图。

4）Katz 等人方法

该方法适用于已知组分的天然气。

$$K_{vs} = \frac{Y}{X_S} \tag{6-16}$$

式中　K_{vs}——固体蒸发平衡系数；

　　　Y——气相中烃类组分的摩尔分数；

　　　X_S——固相水合物中烃类组分的摩尔分数。

当满足下列方程时，将会形成水合物。

$$\sum_{i=1}^{n}(Y_i/K_{vsi}) = 1 \tag{6-17}$$

二、水合物防治方法

常见防治井筒中生成水合物的方法见表 6 – 14。本节只介绍水合物抑制剂加注法。

表 6 – 14　常用井筒水合物防治方法对比表

防治方法	工作原理	工艺特点
井下节流法	通过节流降低天然气压力来降低水合物形成温度，通过地热提高天然气温度来防治水合物形成	通过钢丝作业下入井下节流器，定期维护，调产不方便
加热法	通过提高天然气温度来防治水合物形成	用电热转换装置或热液循环加热井口附近油管；需井口穿越
加注抑制剂法	通过降低水合物形成温度来防治水合物的形成	需泵将抑制剂注入井内

1. 常用水合物抑制剂物理化学性质

常用水合物抑制剂物理化学性质见表 6-15。

表 6-15 常用抑制剂的物理化学性质

物理化学性质	甲醇	乙二醇	二甘醇
分子式	CH_3OH	$C_2H_6O_2$	$C_4H_{10}O_3$
相对分子质量	32.04	62.1	106.1
沸点(760mmHg),℃	64.7	197.3	244.8
蒸气压,mmHg	92(20℃)	0.12(25℃)	0.01(25℃)
密度,g/cm³	0.7928(20℃)	1.110(25℃)	1.113(25℃)
冰点,℃	-97.8	-13	-8
黏度,mPa·s	0.5945(20℃)	16.5(25℃)	28.2(25℃)
表面张力,10^{-3}N/m	22.99(15℃)	47(25℃)	44(25℃)
折光指数	1.329(20℃)	1.430(25℃)	1.446(25℃)
比热容,J/(g·℃)	2.512(20℃)	2.428(25℃)	2.303(25℃)
闪点(开杯法),℃	15.6	116	138
汽化热,J/g	1101.1	845.7	540.1
与水溶解(20℃)	完全互溶	完全互溶	完全互溶
性 状	无色易挥发,易燃液体,有中等毒性	无色、无臭、无毒,有甜味液体	无色、无臭、无毒,有甜味,黏性液体

2. 水合物抑制剂加注

对生产时井筒可能形成水合物的井,一般在开井前 2~3 天,先从油管中注入水合物抑制剂。

抑制剂水溶液的质量分数 W 与天然气水合物生成温度降 ΔT 的关系用 Hammerschmidt 半经验式计算:

$$W = 100 \frac{M\Delta T}{\Delta T M + K} \qquad (6-18)$$

式中　W——抑制剂在液相水溶液中必须达到的最低浓度(质量分数);

　　　　M——抑制剂分子量,取值见表 6-16;

　　　　ΔT——根据工艺要求而确定的天然气水合物形成温度降,$\Delta T = t_1 - t_2$,℃;

　　　　t_1——未加抑制剂时,天然气在管道或设备中最高操作压力下形成水合物的温度;

　　　　t_2——要求加入抑制剂后天然气不会形成水合物的最低温度;

　　　　K——与抑制剂种类有关的常数,取值见表 6-16。

表 6 – 16　常用抑制剂的 K 值

抑制剂种类	甲醇	乙二醇	二甘醇
分子量	32. 04	62. 1	106. 1
K 值	1228	2195	24250

第四节　带压作业安全风险分析

带压作业是在油井、气井和水井存在井口压力的状态下,进行带压起下管柱、带压钻磨、带压打捞、带压冲砂等作业,可能发生井喷(环空密封失效、内防喷失效)、油管飞出、油管落井、卡瓦失效、着火爆炸、硫化氢中毒、机械伤害、高压伤害、高空坠落等风险,属典型高风险作业。

一、工艺安全分析

工艺安全管理的目的是确保工艺设施得到安全的设计和运行,专注于预防重大工艺事故,如火灾、爆炸和有毒化学品的泄漏等,将管理控制(计划、程序、审核和评价)用于处理危险物质或能量,这些控制有助于识别、了解和控制工艺危险。工艺安全分析是工艺安全管理的重要组成部分。

工艺安全分析是综合了科学、技巧以及判断,以系统的方法来识别、分析、评估并制订控制措施,以消除和减少与工艺相关的危害事件的过程。

开展工艺安全分析前,首先应收集全面准确的分析资料,一般包括物料的危害性、相关的管理制度、技术标准、操作规程、工艺流程、工艺、设备参数、相关事故调查报告、变更资料、该工艺以前的工艺安全分析报告等内容,这是确保工艺安全分析完整有效的先决条件。然后建立流程图,一般以项目施工流程为主线,明确作业过程的主要工序,确定每个工序中的工作内容,通过评估,识别流程中的相对高风险工序,从而确定分析的优先顺序。

带压作业可以以"接受任务"为初始工序,以"总结提交资料"为终止工序来建立流程图,也可以以每个工艺来建立流程图。

进行工艺安全分析的第一步是对所分析的对象进行危害辨识,帮助分析小组认识所分析对象中存在的风险点和风险源,以确保危害分析不会遗漏。危害分析的目的是在事故之前通过科学的方法,尽可能地识别事故发生的途径,其包括识别生产过程中可能发生的"危害事件",此危害事件可能造成的最严重的"后果",以及阻止后果产生的"现有防护措施"。

危害辨识的方法通常包括:使用危害清单、回顾事故与未遂事件报告、现场观察、回顾以往的工艺安全分析报告等。

工艺安全分析方法根据所分析的对象不同,可以从故障假设分析(What – If)、故障模式与影响分析(FMEA)、危害性与可操作性研究(HAZOP)、故障树分析(FTA)、人员因素分析等方法中选择适合的分析方法。

经过危害分析,对危害性大的,必须提出可靠的风险削减建议措施,将风险水平降至可接受水平;对于其他风险等级,也可提出建议措施来改进。建议措施可以分为工程设计、设备硬件方面的措施和管理方面的措施三类,其中应优先选择工程设计及设备硬件方面的措施。工程设计及设备硬件方面的措施,宜按照消除、替换、从危险源入手降低风险、采用物理措施限制(隔离)危险源(个人防护装备应该被视为最后一道安全保障)的顺序优先考虑;管理方面的措施包括建立健全规章制度、完善操作规程、培训、改善目视化措施、建立监督检查和奖惩机制、制订应急预案并演练等。所有这些建议、措施,最终都应以书面形式,纳入管理制度、技术标准、员工操作标准三类文件,以达到规范化和制度化的目的。

1. 故障假设(What – If)/检查表法(CheckList)

故障假设/检查表法组合了两个基本的方法:故障假设法和检查表法。

故障假设法是运用头脑风暴的形式,对研究的对象提出各种可能故障问题的假设,产生后果及发生原因,然后识别现有的防护措施并判断其合适性和充分性,需要的话提出建议措施。

检查表法是利用预先准备的检查表,对研究对象进行逐项查对,如有不符合的地方,进行判断,需要的话提出建议措施。

故障假设/检查表分析法相对比较容易使用,所有首次工艺安全分析应使用这一方法。采用故障假设法分析吊油管上操作平台的作业步骤、假设问题、后果、发生原因、建议措施见第七章表7 – 1。

2. 故障模式与影响分析法(FMEA)

故障模式与影响分析法是有关组件故障的研究方法。通过对系统或设备各组件故障模式的分析,确定每一种故障模式对整个系统的影响,并对其关键度进行评估并制订建议措施。运用故障模式与影响分析,可以保证设计、运行已经考虑到所有可预见的故障模式,以及对系统顺利运行所产生的影响,同时也为将来现场的故障排查、设备设施的维护保养计划建立了基础。例如,动力源柴油机突然熄火故障,带压作业无液压源导致系统不能使用,可能导致井喷、油气水不能有效密封等,风险非常高,针对这一过程制订的维护保养检查制度。

3. 危害性和可操作性研究法(HAZOP)

危害性和可操作性研究法是有条理有组织地研究工艺各参数偏离的形成原因及其对整个工艺系统的影响。此项研究的结果可用来辨识哪些标准操作条件的偏离可能造成危害事件,同时也辨识防护措施。该方法中工艺参数包括流量、温度、压力、液位、腐蚀量、时间等;偏离包括偏大、偏小、无、反向、部分、伴随、异常。例如,带压作业井口压力因天然气产量波动突然升高,关闭环形防喷器起下管柱可能造成气体泄漏,需使用工作半封闸板起下管柱。

4. 故障树分析法(FTA)

运用树形图和成功/失败的逻辑判断,对一个危险事件(危险物料、能量的泄漏)的各种可能后果(火灾、爆炸、有毒物扩散等)进行分析,分析结果可用于判断危险事件的后果及关键性的防护措施。这一分析方法从一起顶级事件(如管柱内天然气泄漏)开始着手,逐层逆向追溯造成顶级事件的原因,直至追溯到管理上的缺陷或工作范围以外的影响因素。描绘了导致不希望发生的顶级事件的故障链,以及可能导致这种顶级事件的故障组合。采用故障树分析带压作业内堵塞失效的因素。

5. 人为因素分析法

人为因素分析法针对人员及其工作环境相互作用,主要关注人员与其环境中设备、系统和信息之间的关系,重点是辨识和避免人为失误可能发生的情况。潜在人为失误的情况可能涉及有缺陷的操作程序、不合理的任务(工作量过大)、沟通不畅、优先关系不明确、不合理的布置或控制等。例如,某些人为失误很有可能引起带压作业工艺不正常、工艺事故逐步升级或削弱工艺防护措施性能等情况。工艺安全分析方法的选择受到多种因素的影响,例如,工艺系统的规模和复杂程度、操作人员是否有相关的生产操作经验及对工艺系统的掌握程度、工艺系统已经投产的时间和变更的情况(变更是否频繁)等。

以上5种常用工艺安全分析方法在带压作业危害分析中各有特点及针对性,不是单一的,在具体工艺安全分析时,可以选择多种分析方法来进行更全面的危害辨识、评估和控制。由于带压作业各类标准、程序在逐步完善中,首次工艺过程建议采用故障假设法,头脑风暴式提出各种可能故障问题的假设,分析产生后果及发生原因,然后识别现有的防护措施并判断其合适性和充分性,需要的话提出建议措施。待施工工艺较成熟后,可省略工艺安全分析较复杂的步骤,直接进行工作安全分析。

二、工作安全分析

工作安全分析(Job Safety Analysis,JSA)又称作业安全分析,就是事先或定期对某项工作任务进行风险评价,并根据评价结果制订和实施相应的控制措施,达到最大限度消除或控制风险目的的方法。工作安全分析有事前工作安全分析和计划性工作安全分析两种。事前工作安全分析通常是办理作业许可的前提条件,是针对特定的非常规作业,其目的是控制此次作业的风险;而计划性工作安全分析是针对整个作业流程中的关键任务,多数是常规作业或者是可预见的非常规作业,其目的是通过工作安全分析评估现有作业程序的有效性和补充关键任务的作业程序。

工作安全分析是生产过程中员工进行危险识别的基本方法、工具和管理程序,工作安全分析由参与作业的人员来进行,且是一线员工必须掌握的危害识别与风险控制的基本方法。其目的是在作业前,通过作业人员共同讨论,识别出工作任务的关键步骤及其主要危害,并制订出合理的控制措施,从而将作业风险消减或控制在可接受的范围内。实施工作安全分析不仅能控制作业风险,而且还是对员工进行操作培训、评估作业程序有效性的重要手段。实施工作安全分析主要包括作业步骤、危害辨识、风险评价和控制措施4个步骤。

1. 作业步骤

组织作业现场技术人员、实践经验丰富的操作人员共同梳理工作流程,识别出关键工作任务,理出需要进行工作安全分析的关键任务清单,就是把工作分解成具体工作任务或步骤,按工艺过程先后顺序分解为相连的作业步骤,分解步骤时应注意不可过于笼统,也不可过于细节化。一旦选定了某项作业需要进行工作安全分析,就将该项作业的作业步骤列在《工作安全分析表》上。工作步骤的区分是根据该作业完成的先后顺序来确定的,工作步骤需要简单说明"做什么",而不是"如何做"。工作步骤不能太详细以至于步骤太多,也不能太简单以至于一些基本的步骤都没有考虑到,通常不超过 7 个步骤。如果某个工作的基本步骤超过 9 步,则需要将该作业分为不同的作业阶段,并分别做不同阶段的工作安全分析。

如"带压起出油管挂"可分解为联顶节顶部安装旋塞阀、连接联顶节、关卡瓦、关闭环形防喷器、平衡防喷器压力、松顶丝、起悬挂器和卸悬挂器 8 步;"轻管柱时分段起出油管接箍"可分解为平衡防喷器内压力、打开闸板、起油管接箍至闸板以上、关闸板、泄闸板上部压力和起出接箍 6 步。

2. 危害辨识

危害辨识就是识别危害的存在,并识别工作流程中每一步骤的危害。这里的危害是指能引起人员的伤害或对人员的健康造成负面影响的情况,这些危害因素包括物理的、化学的、生物的、心理的、生理的、行为的、环境的等。物理性危害因素包括设备设施缺陷、电危害、电磁辐射、噪声、振动、标志缺陷、机械、明火、高低温物质、粉尘与气溶胶;化学性危害因素包括物质类型[易燃易爆性物质、自燃物质、有毒物质、腐蚀物质(液体、气体、固体)];进入人体的方式[吞咽(口)、吸入(皮肤)、吸入(呼吸)];行为性危害因素包括指挥错误、操作失误、监护失误、其他错误。

应尽可能多地识别各个步骤中的风险,对每个步骤都应该问"这个工作步骤过程中可能存在什么样的风险,这些风险可能导致什么样的后果",识别危害时应充分考虑人员、设备、材料、环境和方法 5 个方面以及正常、异常和紧急 3 个状态。

如作业步骤中"带压起出油管挂"可能发生包括拉断油管、损坏油管、损坏油管挂、顶丝受损、卡瓦钳牙掉落等物理危害,同时也可能发生硫化氢泄漏、天然气泄漏等化学性危害;作业步骤中"轻管柱时分段起出油管接箍"可能发生包括管柱拉断、闸板损坏、释放气体/液体、地面管线异常带压、管柱喷出等物理的危害,也可能因释放气体/液体造成人员受压力刺伤、眼睛受伤等生理的危害。

3. 风险评价

风险评价可分为定性评价、半定量评价和定量评价 3 种方法。

风险评价方法通常采用作业条件危险性评价法(LEC 法)和风险矩阵法,风险评价是对在危险状态下可能损伤或危害健康的概率和程度进行全面评价的过程。

鉴于带压作业是高风险作业环境,因此采用这种简单易行的作业条件危险性评价方法来评价。员工在具有潜在危险环境中作业时危险性的半定量评价方法——作业条件危险性评价法,是由美国格雷厄姆(Graham)和金尼(Kinney)提出的,他们用下面的公式来衡量风险的大小:

$$R = LEC \tag{6 - 19}$$

式中　R——风险(Risk),表示风险发生的危险性,可以按值的大小划分风险等级;

　　　　L——发生的可能性(Likelihood),表示事故发生的频率,通常用极高、高、中、低、极低、不可能发生来表示;

　　　　E——频繁程度(Exposure),表示人员连续、每天、每周、每月或是每年暴露于危险环境的频繁程度;

C——后果(Consequence),就是一旦发生事故可能造成的后果,如死亡、终身残疾、损失工时事故、医疗救助受伤、轻伤、无后果。

带压作业的风险评价,对事故发生的可能性(L)、人员暴露于危险环境中的频繁程度(E)、事故可能造成的后果(C)分别赋值为"0,1,2,3,4,5"6个分值,并按三个因素分值的乘积分为低风险作业、中等风险作业、高风险作业、关键工作4个等级,详见表7-2。

(1)风险值(R)介于0~49时,为低风险作业任务,记为"D";

(2)风险值(R)介于50~74时,为中等风险作业任务,记为"C";

(3)风险值(R)介于75~100时,为高风险作业任务,记为"B";

(4)风险值(R)介于101~125时,为关键工作任务,记为"A"。

对于实际的风险,应以现场作业条件为基础(考虑所采取的措施),由熟悉作业条件的人员组成,按规定标准给L,E和C分别打分,取三组分值集的平均值作为L,E和C的计算分值,用计算的危险性分值(R)来评价作业条件的危险等级。

4. 控制措施

控制措施是工作安全分析的最重要步骤,有效的控制措施能将不可接受风险降低到可接受的程度,消除危害避免事故或减轻危害可能导致的事故后果,达到安全进行工艺过程的目的。控制措施包括工程控制和管理控制,在进行工艺过程时应先采用工程控制措施来降低风险,当工程控制不能降低风险到可接受的程度,再用管理控制措施来进行安全作业。在制订风险控制措施时,工程控制措施按顺序考虑以下几个方面:

(1)消除。取消工作中的一个步骤,用其他安全的新的技术手段取代危险的操作。

(2)替代。用更安全的方法替代现有操作。如含硫化氢井作业,硫化氢是有毒有害气体,易损坏井口防喷器等设备,采用注入满井筒氮气,把含硫化氢气体憋入井内,让作业介质变成氮气。

(3)降低。使用其他设施降低风险。如井口大阀门关闭不严,天然气泄漏聚集形成易燃易爆状态,采用防爆排风扇吹散;235K带压作业机液缸平台连接升高法兰短节时,避免吊装重物下站人,使用支撑座来承载液缸平台的重量。

(4)隔离。隔离与控制能源,用距离/屏障/护栏防止员工接触危险。如井口试压时用警戒线隔离高压区域,防止员工进入高压危险区域;带压设备安装时用牵引绳远处控制起吊设备;钢丝桥塞内堵后,坐入止滑器,增加一道安全屏障。

管理控制有程序、减少员工暴露时间、个人防护三种方式。

(1)程序:用规定的安全工作系统,降低风险。如带压作业操作规程、工艺变更管理、工艺流程图、带压作业现场检查表、人员因素检查表等。

(2)减少员工接触时间:限制接触风险的员工数量,控制他们的接触时间。如工作岗位轮换、实行倒班制度、合理设计带压作业场所等。

(3)个人防护:配置适用充分的个人防护用品。如上下带压作业机穿戴安全带、敲击作业佩戴护目镜、气体泄漏时使用空气呼吸器进行应急抢险或逃生、用气体监测仪对空气中气体含量进行判断等。

下面以防喷器试压作业工作安全分析来举例。

三、风险评价、采取措施及安全要求

1. 人员伤害

（1）领结图。

人员伤害领结图如图6－2所示。

（2）采取措施及安全要求。

① 增强员工的安全意识,组织安全学习,加强安全教育,使全体员工明白安全的重要性。

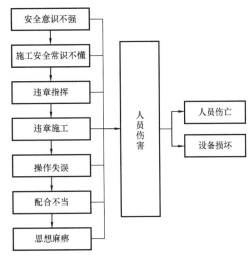

图6－2　人员伤害领结图

② 加强安全施工的学习,施工前对施工工艺、施工步骤要有一个详细地了解,对施工存在的不安全因素要有一个清醒地认识,逃生设备安全有效并明确逃生路线,对紧急情况的联系电话及时更新并张贴在显要的位置。

③ 现场指挥和现场监督要及时沟通,施工前对施工工艺、施工要求、施工步骤等做到心中有数,可能发生的危险情况要事先作预案,现场指挥和现场监督在施工前的安全会上要明确提出当天的安全要求,在施工过程中要及时纠正各种不安全施工,现场监督和现场指挥要及时提醒下步工作中可能发生的不安全因素并提出应对措施。

④ 参与施工人员必须取得各种上岗培训,持证上岗。

⑤ 参与施工人员要有丰富的施工工作经验,重要工序如安装,要有专人统一指挥、统一手势。

⑥ 正常起下作业操作台上应有两人在场并相互提醒。

⑦ 参与施工人员要精力集中,配合默契,施工前统一手势。

⑧ 施工期间不准喝酒。

⑨ 施工期间晚上10时以前必须就寝,如特有其他商务活动而不能就寝的,10时以后不要回基地,生活管理员尽职尽责,做好员工的生活保障,确保员工有足够的精力投入工作。

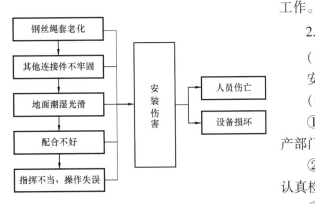

图6－3　安装伤害领结图

2. 安装伤害

（1）领结图。

安装伤害领结图如图6－3所示。

（2）采取措施及安全要求。

① 安装前召开安全会,安全会上由生产部门提出详细的施工步骤并明确分工。

② 使用专用、合格的钢丝绳套,使用前认真检查,超过使用期限的坚决不用。

③ 安装前检查不压井作业机的连接

件,确保连接紧固。

④ 安装前清理井口,确保井口周边不滑。

⑤ 安装过程中有专人指挥、各岗位配合默契。

3. 高压伤害

(1)领结图。

高压伤害领结图如图 6 - 4 所示。

(2)采取措施及安全要求。

① 施工前召开安全会,明确分工,提出施工安全预案。

② 使用合格的满足压力要求的管线,施工前试压合格。

③ 除特殊施工外不使用软管线。

④ 管线固定牢靠。

⑤ 施工之前要认真评估可能存在的不安全因素并制定出相应的措施。

⑥ 施工期间严禁跨越管线,非工作人员远离施工区域。

4. 油管飞出

(1)领结图。

油管飞出领结图如图 6 - 5 所示。

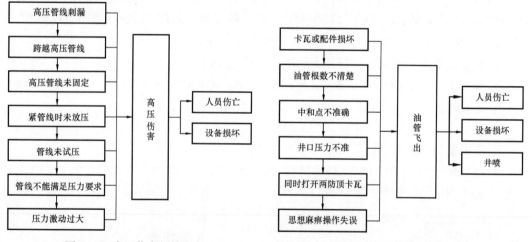

图 6 - 4　高压伤害领结图　　　图 6 - 5　油管飞出领结图

(2)采取措施及安全要求。

① 起钻前召开安全会,明确施工目的和要求,分工明确。

② 起钻时操作台要保持两人并相互检查提醒。

③ 起钻要在保证安全的逐步提高起管速度,开始 50 根不要超过每小时 20 根。

④ 操作手必须保证不能同时打开两个防顶卡瓦。

⑤ 根据井口压力确定中和点并要考虑安全系数。

⑥ 在条件允许的情况下,井口套管尽量放压,以减少井内上顶力。

5. 油管落井

（1）领结图。

油管落井领结图如图 6 - 6 所示。

（2）采取措施及安全要求。

① 施工前召开安全会,明确要求和分工。

② 施工前检查卡瓦及配件,发现损坏或磨损严重要及时更换。

③ 和修井机操作手统一手势,明确要求。

④ 使用合格的符合要求的新油管。

6. 卡瓦失灵

（1）领结图。

卡瓦失灵领结图如图 6 - 7 所示。

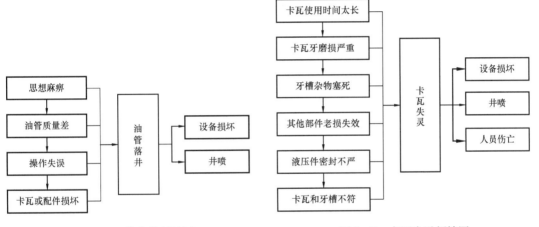

图 6 - 6　油管落井领结图　　　　　图 6 - 7　卡瓦失灵领结图

（2）采取措施及安全要求。

① 建立卡瓦使用记录,实行强制报废制度。

② 施工前检查卡瓦型号、尺寸是否合管柱一致。

③ 施工前检查卡瓦相关部件,发现磨损严重及时更换。

④ 施工前及施工过程中清理牙槽内的脏物。

⑤ 严格按操作程序施工,和修井机司钻默契配合,不猛提猛放,认真检查后再给司钻手势。

⑥ 根据实际情况控制起钻速度,开始控制在每小时 20 根内。

7. 井喷

（1）领结图。

井喷领结图如图 6 - 8 所示。

（2）采取措施及安全要求。

① 操作人员接受井控培训,提高防喷意识。

② 保证合格人员持证上岗。

③ 建立防喷器使用记录,实行闸板、胶芯强制报废。

④ 施工前对防喷器认真全面检查。

⑤ 使用合格的油管堵塞器并由专业施工队伍下入并确保油管定位准确、根数清楚。

⑥ 施工中注意检查液压管线、蓄能器压力及液压油,保证液压系统正常工作。

⑦ 施工前一定要按照规定试压。

8. H_2S 中毒

(1)领结图。

H_2S 中毒领结图如图 6-9 所示。

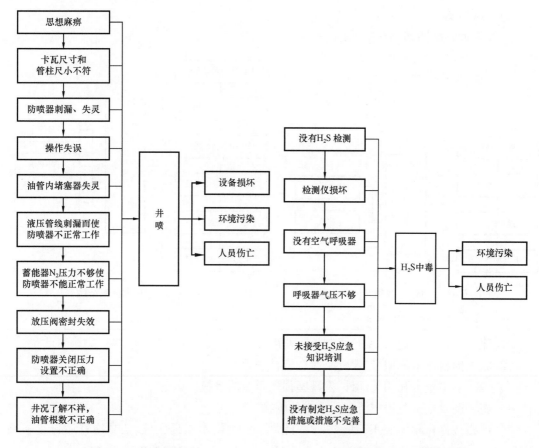

图 6-8 井喷领结图   图 6-9 H_2S 中毒领结图

(2)采取措施及安全要求。

① 可能出 H_2S 的井一定要配有 H_2S 检测仪。

② H_2S 检测仪要定期到具有检验资格的单位检验,确保检测仪正常工作。

③ 施工人员要接受 H_2S 逃生培训并取得相应的资格证。

④ 井场配备有空气(或氧气)呼吸器,并确保足够的气压。

⑤ 呼吸器要定期到具有检验资格的单位检验,确保正常工作。

⑥ 施工前要检验呼吸器的密封性。

⑦ 施工前召开安全会,明确分工,清楚应急措施。

⑧ 出现紧急情况听从指挥。

⑨ 制定完善的 H_2S 应急措施。

9. 高空坠落

(1) 领结图。

高空坠落领结图如图 6 – 10 所示。

(2) 采取措施及安全要求。

① 6 级以上大风停止作业。

② 修井机司钻要密切注意观察滑车和操作台。

③ 施工前巡回检查护栏和攀梯,发现损坏及时修理或更换。

④ 超过 2 米以上的作业必须系安全带,系安全带前应认真检查安全带。

⑤ 将安全带固定在牢固的地方。

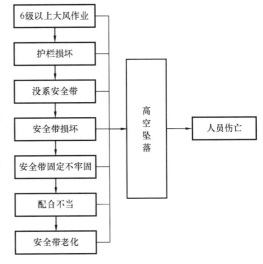

图 6 – 10　高空坠落领结图

10. 噪声伤害

(1) 领结图。

噪声伤害领结图如图 6 – 11 所示。

(2) 采取措施及安全要求。

噪声超过 85dB 时应佩戴听力保护装置。

11. 液压钳绞手

(1) 领结图。

液压钳绞手领结图如图 6 – 12 所示。

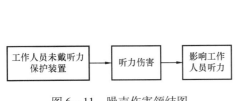

图 6 – 11　噪声伤害领结图

图 6 – 12　液压钳绞手领结图

(2) 采取措施及安全要求。

① 液压钳必须安装防护装置。

② 维修液压钳时必须将离合器分开。

③ 工作台操作人员注意力要集中。

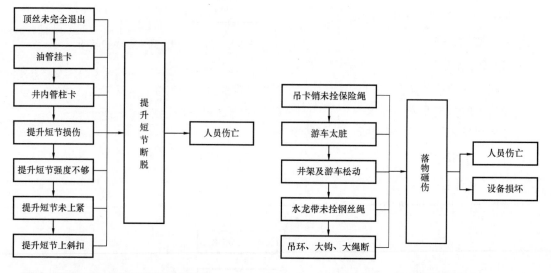

④ 不准两人同时操作液压钳。

12. 提升短节断脱

（1）领结图。

提升短节断脱领结图如图 6 - 13 所示。

（2）采取措施及安全要求。

① 提升管柱前完全松开顶丝。

② 提升管柱前应先进行试提。

③ 使用提升短节前应认真检查。

④ 选择与管柱重量相匹配的提升短节。

⑤ 按上扣标准上紧螺纹。

⑥ 提升管挂时要匀速缓慢并注意观察重力变化。

13. 落物砸伤

（1）领结图。

落物砸伤领结图如图 6 - 14 所示。

图 6 - 13 提升短节断脱领结图

图 6 - 14 落物砸伤领结图

（2）采取措施及安全要求。

① 起下作业前检查吊卡销,保证拴好保险绳。

② 作业机的游动滑车必须清理干净。

③ 高空作业的小件物品必须拴好保险绳。

④ 检查井架、游车、不压井作业装置,发现松动及时整改。

⑤ 进行冲砂、钻塞作业时水龙带栓好保险绳。

⑥ 操作台使用的工具必须拴保险绳,不用的工具要及时收到工具箱里。

⑦ 巡回检查吊环、大勾,发现损坏,及时更换,严禁超负荷和带病工作。

14. 交通伤害

（1）领结图。

交通伤害领结图如图 6 – 15 所示。

（2）采取措施及安全要求。

① 非司机不要驾驶。

② 司机要遵守国家和当地政府的有关法律、法规和规定，文明驾驶，礼貌行车。

③ 司机和乘客必须要系好安全带。

④ 行车时不要和司机交谈。

⑤ 行车时司机和乘客头手不要伸出窗外。

⑥ 不要在车厢内来回走动。

⑦ 不能超速行驶。

⑧ 通过村庄和闹市区时要减速行驶。

⑨ 车未停稳，不要急于开门下车。

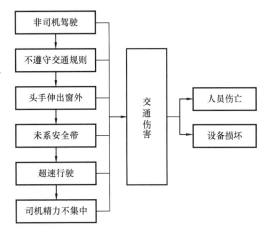

图 6 – 15　交通伤害领结图

15. 井场着火

（1）领结图。

井场着火领结图如图 6 – 16 所示。

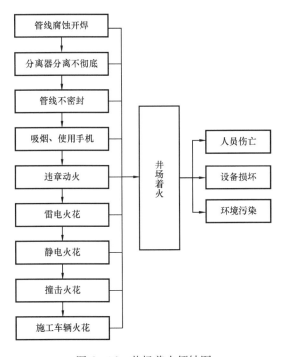

图 6 – 16　井场着火领结图

（2）采取措施及安全要求。

① 管线使用前要试压合格。

② 巡回检查焊接处，发现开焊及时处理。

③ 井场内严禁吸烟。

④ 进入井场关闭所有手机和对讲机。

⑤ 分离器、储油罐和发电机等大型设备要按规定正确接地。

⑥ 所有人员要穿戴纯棉劳保用品。

⑦ 雷雨天气不能施工。

⑧ 施工车辆要戴好防火帽。

⑨ 井场照明必须采用防爆措施。

⑩ 动火时必须按规定申请。

16. 泄漏

（1）领结图。

泄漏领结图如图 6 – 17 所示。

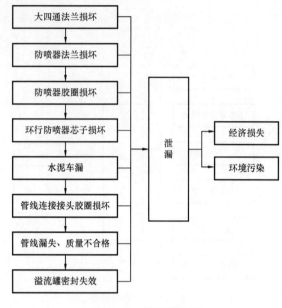

图 6-17 泄漏领结图

（2）采取措施及安全要求。

① 设备在上井作业前要进行检查，发现不合格的零件要及时更换。

② 井下防喷器吊装前要进行试压，确保密封。

③ 认真检查井下防喷器的法兰和钢圈槽及连接螺栓，保证符合要求。

④ 开工前用清水严格按设计进行逐级试压，发现有漏失点及时进行处理。

⑤ 管线在连接的时，连接处必须加密封垫并保证连接牢固。

⑥ 连接管线在连接前要进行仔细检查，全部使用硬管线连接。

⑦ 水泥车在上井前要检查，确保漏失点无漏失情况发生。

⑧ 操作要平稳，不要猛提猛放。

⑨ 溢流管线要固定牢并直接排放到罐内。

⑩ 在每个施工步骤开始前，加强安全会的作用，时刻提醒全体人员注意环境保护。

气井压井作业主要风险及安全要求见表 6-17。

表 6-17　气井压井作业主要风险及安全要求

序号	主要风险	原因	后果	安全要求	岗位
1	人员伤害	安全意识不强 施工安全常识不懂 违章指挥 违章施工 操作失误 配合不当 思想麻痹	人员伤亡设备损坏	（1）增强员工的安全意识，加强安全施工的学习； （2）逃生设备安全有效并明确逃生路线； （3）现场指挥和现场监督要及时沟通； （4）参与施工人员必须持证上岗； （5）正常起下作业操作台上应要有两人在场并相互提醒； （6）施工期间不准喝酒； （7）施工期间晚上 10 点以前必须就寝； （8）做好员工的生活保障	HSE 监督、操作手、操作助手、场地工、生活管理员
2	安装伤害	钢丝绳套老化 其他连接件不紧固 地面潮湿、光滑 配合不好 指挥不当、操作失误	人员伤亡设备损坏	（1）安装前召开安全会，明确分工； （2）使用专用、合格的钢丝绳套，使用前认真检查，超过使用期限的坚决不用； （3）安装前检查不压井作业机的连接件，确保连接紧固； （4）安装前清理井口，确保井口周边不滑； （5）安装过程中有专人指挥	HSE 监督、操作手、操作助手、场地工

续表

序号	主要风险	原因	后果	安全要求	岗位
3	高压伤害	高压管线刺漏 施工时跨越高压管线 高压管线未固定 紧管线时未放压 高压管线未试压 管线不能满足压力要求 施工时压力激动过大	人员伤亡设备损坏	(1)施工前召开安全会,明确分工,提出施工安全预案; (2)使用合格的满足压力要求的管线,施工前试压合格; (3)除特殊施工外不使用软管线; (4)管线固定牢靠; (5)施工期间严禁跨越管线,非工作人员远离施工区域	HSE监督、操作手、操作助手、场地工
4	油管飞出	卡瓦或配件损坏 有关根数不清 Snubbing点不准 同时打开两个防顶卡瓦 井口压力不准 思想麻痹	人员伤亡设备损坏井喷	(1)召开安全会明确目的和要求,分工明确; (2)操作台要保持两人并相互检查提醒; (3)起钻要在保证安全的前提下再追求速度,开始50根不要超过每小时20根; (4)操作手保证不能同时打开两个防顶卡瓦; (5)根据井口压力确定Snubbing点并要考虑安全系数; (6)压力控制在不压井设备安全工作压力范围内	HSE监督、操作手、操作助手
5	油管落井	思想麻痹 油管质量差 操作失误 卡瓦及其配件损坏	设备损坏井喷	(1)施工前召开安全会,明确要求和分工; (2)施工前检查卡瓦及配件,发现损坏或磨损严重要及时更换; (3)与修井机操作手统一手势,明确要求; (4)使用合格的符合要求的新油管	HSE监督、操作手、操作助手
6	卡瓦失灵	卡瓦使用时间过长 卡瓦磨损严重 牙曹杂物塞死 其他部件老损失效 液压件密封不严 卡瓦和牙槽不符	人员伤亡设备损坏井喷	(1)建立卡瓦使用记录,实行强制报废制度; (2)施工前检查卡瓦及相关部件,发现磨损严重及时更换; (3)施工前及施工过程中清理牙槽内的脏物	HSE监督、操作手、操作助手、场地工
7	井喷	思想麻痹 防喷器刺漏、失灵 操作失误 堵塞器失灵 液压管线刺漏,防喷器不正常工作 氮气压力不够,防喷器不正常工作 放压阀密封失效 防喷器关闭压力设置不正确 井况不了解,油管根数或井下工具未搞清	人员伤亡设备损坏	(1)操作人员接受井控培训,提高防喷意识; (2)保证合格人员持证上岗; (3)建立防喷器使用记录,实行闸板、胶芯强制报废; (4)施工前对防喷器认真全面检查; (5)使用合格的油管堵塞器并由专业施工队伍下入; (6)施工中注意检查液压管线、蓄能器压力及液压油,保证液压系统正常工作; (7)施工前一定要按照规定试压	HSE监督、操作手、操作助手、场地工

序号	主要风险	原因	后果	安全要求	岗位
8	硫化氢中毒	硫化氢监测设施 硫化氢监测设施损坏 无空气呼吸器 空气呼吸器气压不够 员工未接受硫化氢应急知识培训 无施工应急预案或应急预案不完善	人员伤亡	(1)可能出 H_2S 的井一定要配有 H_2S 检测仪； (2)H_2S 检测仪要定期检验确保正常工作； (3)接受 H_2S 逃生培训并取得相应的资格证； (4)井场配备有合格空气(或氧气)呼吸器； (5)呼吸器要定期检验确保正常工作； (6)施工前要检验呼吸器的密封性； (7)施工前召开安全会,明确分工,清楚应急措施； (8)出现紧急情况听从指挥； (9)制订完善的 H_2S 应急措施	HSE 监督、操作手、操作助手、场地工
9	高空坠落	6 级以上大风作业 护栏坏 未系安全带 安全带损坏 安全带固定不牢固 配合不当 安全带老化	人员伤亡	(1)6 级以上大风停止作业； (2)修井机司钻要密切注意观察滑车和操作台； (3)施工前巡回检查护栏和攀梯,发现损坏及时修理或更换； (4)超过 2m 以上的作业必须系安全带,系安全带前应认真检查安全带； (5)将安全带固定在牢固的地方	HSE 监督、操作手、操作助手、场地工
10	噪声伤害	酸化、压裂洗井施工时未戴听力防护装置	影响工作人员听力	噪声超过85dB 时佩戴听力保护装置	HSE 监督、操作手、操作助手、场地工
11	液压钳绞手	液压钳无防护装置 维修时未分开离合器 思想麻痹	人员伤亡	(1)液压钳必须安装防护装置； (2)维修液压钳时必须将离合器分开； (3)工作台操作人员注意力要集中； (4)不准两人同时操作液压钳	HSE 监督、操作手、操作助手、场地工
12	提升短节断脱	顶丝未完全退出 油管挂卡 井内管柱卡 提升短节损伤 提升短节强度不够 提升短节未上紧 提升短节上斜扣	设备损坏人员伤亡	(1)提升管柱前完全松开顶丝； (2)提升管柱前应先进行试提； (3)使用提升短节前应认真检查； (4)选择与管柱重量相匹配的提升短节； (5)按上扣标准上紧螺纹； (6)提升管挂时要匀速缓慢并注意观察重力变化	HSE 监督、操作手、操作助手、场地工

续表

序号	主要风险	原因	后果	安全要求	岗位
13	落物砸伤	吊卡销未拴保险绳 游车太脏 井架及游车太脏 水龙带未拴保险绳 吊环断 大钩、大绳断	设备损坏 人员伤亡	(1)起下作业前检查吊卡销拴好保险绳; (2)作业机的游动滑车必须清理干净; (3)高空作业的小件物品必须拴好保险绳; (4)检查井架、游车、不压井作业装置,发现松动及时整改; (5)严禁吊环、大勾超负荷和带病工作	HSE监督、操作手、操作助手、场地工
14	交通伤害	非司机驾车 不遵守交通规则 投手伸出窗外 未系安全带 超速行驶 司机精力不集中	人员伤亡 设备损坏	(1)非司机不要驾驶; (2)遵守交通法规; (3)司机和乘客必须要系好安全带; (4)行车时不要和司机交谈; (5)行车时司机和乘客头手不要伸出窗外; (6)不要在车厢内来回走动; (7)不能超速行驶; (8)通过村庄和闹市区时要减速行驶; (9)车未停稳,不要急于开门下车	HSE监督、操作手、操作助手、场地工
15	井场着火	管线腐蚀开焊 分离器分离不彻底 管线不密封 井场吸烟 井场使用手机 违章动火 静电火花 雷电火花 撞击火化 施工车辆火化	设备损坏 人员伤亡	(1)管线使用前要试压合格; (2)巡回检查焊接处,发现开焊及时处理; (3)井场内严禁吸烟; (4)进入井场关闭所有手机和呼机; (5)分离器、储油罐和发电机等大型设备要按规定正确接地; (6)所有人员要穿戴纯棉劳保用品; (7)雷雨天气不能施工; (8)施工车辆要戴好防火帽; (9)井场照明必须采用防爆措施; (10)动火时必须按规定申请	HSE监督、操作手、操作助手、场地工
16	泄漏	大四通法兰损坏 防喷器法兰损坏 防喷器胶圈坏 环行防喷器芯子坏 水泥车漏 管线连接接头胶圈坏 管线漏失、管线质量不合格 溢流罐密封失效	环境污染 经济损失	(1)设备在上井作业前要进行检查; (2)井下防喷器吊装前要进行试压,确保密封; (3)认真检查所有法兰连接和钢圈槽及连接螺栓,保证符合要求; (4)开工前用清水严格按设计进行逐级试压,发现有漏失点及时进行处理; (5)管线连接必须加密封垫并保证连接牢固; (6)全部使用硬管线连接; (7)水泥车在上井前要检查; (8)操作要平稳,不要猛提猛放; (9)溢流管线要固定牢并直接排放到罐内; (10)加强安全会的作用,注意环境保护	HSE监督、操作手、操作助手、场地工

第五节　带压作业应急响应计划

带压作业是一项高风险性作业,高风险是源于其发生险情后反应时间短、危害大、难于控制的特点。有效的风险识别和科学的应急响应是确保带压作业安全施工和发展的根本保障。风险控制包含两个方面的内容:风险预防和应急响应(风险发生后的处置),其中风险预防是带压作业中的关键。

带压作业过程危害程度最大、最关键的风险事件主要有油管内压力控制工具失效、环空密封失效、卡瓦失效、动力源失效、管柱失稳、硫化氢泄漏等,其相应的预防措施和控制应急处置程序是带压作业过程风险控制关键,在现场中,推荐使用"疑似失效关井检查,发现失效立即关井"的做法。

一、油管内压力控制工具失效

1. 油管内压力控制工具失效的原因

带压作业油管内压力控制是通过投放或安装管柱堵塞工具来实现的,压力控制工具常简称为堵塞器,常见管柱堵塞器有:电缆桥塞、钢丝桥塞、单流阀、破裂盘、盲堵等。在实际使用过程中,因其使用前未检测、未按规定使用、坐封工艺措施不当、井下情况复杂、操作不当等原因,导致出现管柱内压力控制工具无法达到密封或完全失去效力的情况。如何进行预防、控制以及发生堵塞工具失效后的应急处置,是带压作业风险管控的重要内容。

管柱内压力控制工具失效的原因:

(1)使用前未检测或未按规定使用。

油管内压力控制工具种类较多,还未形成统一的行业标准。根据作业区块自身特点量身研制的产品,不同的生产厂家、不同的结构及坐封方式,如果未严格进行检测及未按规定使用,极易发生堵塞工具失去密封效果、密封不良甚至完全失效的情况,从而增加带压作业风险。

① 使用未检验或检验不合格的堵塞器,导致在作业过程中堵塞器功能异常而失效。

② 入井前未检查堵塞器外观以及测量相应尺寸并校核,出现实际尺寸大于或小于设计尺寸。

③ 地面堵塞工具入井前或井下堵塞工具坐封后未按规定试压检验。

④ 密封元件失效,如温度不合适、介质不匹配。在含硫井作业未使用抗硫密封橡胶,在含盐量高的井作业未使用抗盐及抗酸碱的堵塞工具。

⑤ 堵塞器工具承压能力过低。

(2)坐封工艺措施不当。

① 未按技术措施选用合理堵塞工具。

② 油管内壁结垢或腐蚀严重造成堵塞器锚定不牢固。

③ 未按标准执行双屏障堵塞方式。

（3）井下情况复杂。

随着带压作业方式不断扩展，由单一下完井管柱，扩展至带压打捞作业、带压钻磨、带压冲砂等多项带压修井作业，不同作业井况考验油管内压力控制工具的密封效果，常见复杂井况有以下几种：

① 井筒内管柱穿孔、腐蚀或断落。

② 井筒内管柱结构复杂，带有多种工具串，堵塞工具坐封困难。

③ 井筒内沉砂超过设计要求。井内沉砂是由在前期生产过程中出现地层砂或压裂砂进入井筒，致使砂面升高，作业前未进行测量或条件限制无法测量，对砂面具体位置不清楚等多方面原因所致。

（4）操作不当。

① 先期入井堵塞器连接过程操作不当，造成堵塞工具轻微损伤。

② 送入式坐封工具未按规程操作，坐封未完全到位，导致脱落。

③ 内防喷工具受较大冲击（井口落物、井下介质冲击、起下振动过大等）。

④ 坐封位置发生变动而未准确判断出坐封位置。坐封位置发生变动，往往发生在钢丝桥塞等移动性强的坐封工具，通常指锚定不牢固，堵塞工具在管柱内发生位置移动，造成提前起出并卸开堵塞器所在管柱，发生失效。

⑤ 入井管柱未按规定扭矩上扣，螺纹未清洗干净，错扣，致使管柱螺纹泄漏。

2. 油管内压力控制工具失效后的应急程序

（1）发信号。

操作手判断油管内压力控制工具失去控制功能，油、气、水从管柱内喷出，应立即按下声光报警装置，时间达到15s以上，警示参与带压施工的相关人员当前出现紧急状况，需立即进入应急响应状态。

（2）泄压，同时调整液缸至适当位置。

地面通过套管闸阀对井筒进行紧急泄压，其目的是减轻抢装全通径旋塞阀的难度；调整液缸至适当位置是便于操作平台的作业人员抢装全通径旋塞阀。

（3）抢装全通径旋塞。

抢装全通径旋塞阀和压力表等，上紧螺纹并关闭旋塞阀。全通径旋塞阀便于下步下油管内压力控制工具，调整油管柱位置，使工作防喷器闸板或安全防喷器闸板关闭位置避开油管接箍。在不具备抢装条件时，人员应紧急撤离操作台。

（4）关卡瓦组。

轻管柱作业时应根据当时作业工况，关闭一组防顶卡瓦，如正在下管柱期间，此时移动防顶卡瓦处于关闭状态，就在液缸位置调整合适后关闭固定防顶卡瓦；在中和点附近作业时，由于内堵塞失效，有效横截面积减小，油管受到的上顶力减小，油管自重大于上顶力，管柱瞬间转换为重管柱状态，因此，应立即关闭一组承重卡瓦。

（5）关防喷器。

根据管柱接箍位置，关相应工作闸板防喷器，再关安全闸板防喷器，保证环空有两级及以上的机械屏障,需要注意避免闸板夹到管柱接箍位置,然后释放防喷器组内压力,确保环形空间密封可靠。

(6)应急集合点集合。

在集合点主要清点人数和检查人员受伤情况,判断与讨论险情程度,确定应急措施。

3. 油管内压力控制工具失效的预防措施

由于作业井型、压力和堵塞器坐封方式存在差异,避免失效的措施各不相同。有针对性地制订预防油管内压力控制工具失效措施,是降低带压作业风险的有效保障。

1)不按规范使用堵塞器的预防措施

(1)严把产品质量关,入井堵塞工具有合格证明和产品序列号,使用产品可追溯,严格执行使用工具的操作程序及相应技术规程。

终端用户选用的材料满足油井、气井和水井使用环境要求,接受制造商建议,具有制造商提供的产品合格证。

(2)入井前仔细检查卡瓦、胶筒以及各连接部位完整性。

对于使用的新产品,入井前仔细测量刚体、胶筒外径,检查各连接部件无异常,如盲堵、破裂盘、桥塞和单流阀。组装重复使用的产品,组装后检查和测量数据与原始产品数据校核无误,各连接部位应可靠。

(3)按照相应堵塞工具要求,对入井堵塞工具进行严格的试压检验。

地面安装的油管内压力控制工具,下井前应从油管内压力控制工具底部进行试压,试压压力为井底压力的 1.2 倍。电缆和钢丝等输送坐封工具坐封后,放掉油管内压力,观察 30min 以上,油管压力为零,油管封堵合格;对于高压油井、气井和水井封堵观察时间应大于换装井口时间。

(4)堵塞工具的密封元件适用介质必须与作业井介质相符。

地层水含盐量高的井必须使用抗盐性强的胶筒,含硫井必须使用抗硫胶筒。选用堵塞器的抗压等级满足井压要求。选取原则按堵塞器抗压力大于作业井底压力的 1.1 倍以上。

2)工艺措施不当的预防措施

(1)合理选用满足工艺技术措施要求的堵塞器。

井下管柱带有预置工作筒且完好的情况下,优先选取与工作筒匹配的堵塞器;井下管柱无预置工作筒,优先选取钢丝桥塞或电缆桥塞;工作管柱宜选取单流阀等油管内压力控制工具;完井管柱宜选用尾管堵塞器或可捞式堵塞器。

(2)管柱内壁结垢或腐蚀严重时,采用通刮、电测方法清理和检验管柱内壁完整性。

用小于油管内径 2~4mm、长度不小于堵塞器长度的油管规通井内管柱,验证管柱通径;通井如达不到预定深度或管柱内有砂子、蜡或结垢的井,用钢丝(连续油管)带刮削器对油管进行除垢(蜡)或冲洗作业,直至油管通径及深度符合油管堵塞器的下入深度及坐封要求;天然气井油管堵塞后,应向油管内灌入一定量的清水。

(3)参照第三章第一节要求设置相应数量的油管内压力控制工具。

井下管柱带有座放接头且完好的情况下,优先选取与座放接头匹配的堵塞器。井下管柱无座放接头或者共同失效时,优先选取钢丝桥塞或电缆桥塞。

3)井况复杂的预防措施

(1)腐蚀严重或穿孔的管柱,在坐封油管内压力控制工具前,电测或桥塞检验管柱腐蚀情况或准确判断穿孔位置,不具备坐封条件的井应放弃带压作业。能准确判断穿孔位置,在穿孔点上下各下入一个电缆桥塞且试压合格,起至井口时,需验证下部堵塞器是否移位造成堵塞失效。

(2)对于多工具串管柱的入井或起出,入井管柱可在底部安装双屏障堵塞器;起多工具串管柱时,要满足油管内压力控制工具下入管柱底部的要求,或采用液体胶塞、冷冻塞达到油管内压力控制工具要求。

(3)沉砂使堵塞器破损失效的预防。具备条件时应提前探得砂面深度,如使用试井车、连续油管等。管柱结构尽量采用筛管 + 盲堵 + 破裂盘,或者破裂盘应连接在最下面一根油管的上部,预留一定管柱深度。

4)操作不当的预防措施

(1)控制好起、下速度,平稳操作,在井斜度较大位置严格控制速度。

(2)钢丝、电缆、泵送、投入等坐封堵塞器作业严格执行相应产品技术操作规程。

(3)检查好井口工具,通井规等工具由专人负责,严禁物体落入油管内。

(4)使用钢丝、电缆或泵送桥塞坐封后,因管柱振动,造成堵塞器位置发生变化,堵塞器失效。

(5)向管柱内注入定量液体,发现液体后可判断堵塞器位置。

(6)使用示踪器判断堵塞器位置,即向管柱内投入一根质量较轻、长度大于单根管柱长度的示踪杆,当看到示踪杆时可预知堵塞器位置。

(7)清洗干净入井管柱螺纹,仔细检查螺纹;清洗干净管柱内壁;上扣扭矩达到相应规格管柱扭矩值;上扣时液压钳背钳与转动钳应咬合管柱本体。

二、环空密封失效

带压作业环空密封失效即指管柱外与井眼之间的环形空间密封装置失效,通常表现为环形防喷器密封失效和工作闸板防喷器密封失效。其失效往往是因为密封装置和控制系统失去效力。

1. 环空密封失效的原因

(1)密封件失效。

密封装置是指带压作业过程中使用的环形防喷器胶芯总成和闸板防喷器胶芯总成。

① 环形胶芯、闸板胶芯质量不满足作业要求,过快损坏,造成密封失效。

② 闸板芯子总成密封不严。

③ 闸板轴、侧门密封装置失效。

(2)控制系统失效。

① 动力源失效,不能及时补充液压油。

② 控制液压管线渗漏、爆管和脱落等造成控制油压不能进入防喷器关闭系统。

③ 未及时调整控制压力,致使控制压力不能满足密封要求。

(3) 操作原因造成失效。

管柱接箍位置判断不准,闸板关闭在管柱接箍位置。

(4) 其他原因造成失效。

① 因管柱外表面腐蚀严重,出现长槽段腐蚀。

② 产生水合物,使封井器关闭不严。

2. 环空密封失效后的应急程序

按下声光报警装置,时间达到 15s 以上,警示参与带压施工的相关人员当前出现紧急状况,需立即进入应急响应状态。

(1) 关防喷器。

① 环形胶芯密封失效,关下工作闸板防喷器或调高环形防喷器关闭压力。

② 上工作闸板防喷器失效,关下工作闸板防喷器。

③ 下工作闸板防喷器失效,关上工作闸板防喷器。

(2) 调整液缸至适当位置。

调整液缸至便于装旋塞阀的适当位置,使油管接箍避开工作防喷器闸板或安全防喷器闸板,同时有利于安装回压阀或旋塞阀。

(3) 关安全闸板防喷器。

一旦工作防喷器密封失效,应及时更换密封胶芯。如果是环形胶芯密封失效或上工作闸板防喷器失效,应关闭安全闸板防喷器,释放安全防喷器以上压力,再关闭下工作闸板防喷器,然后组织更换;如果是下工作闸板密封失效,应关闭安全防喷器组,释放安全防喷器以上压力,然后组织更换。

(4) 关相应卡瓦。

轻管柱作业关闭一组防顶卡瓦;中和点作业时关闭一组防顶卡瓦、承重卡瓦;重管柱作业关闭一组承重卡瓦。

(5) 装旋塞阀,关闭旋塞阀。

抢装全通径旋塞阀、压力表等,上紧螺纹并关闭旋塞阀。

(6) 应急集合点清点人员。

在集合点主要清点人数、检查人员受伤情况,判断、讨论险情程度,确定应急措施。

3. 环空密封失效的预防措施

1) 密封件失效的预防措施

(1) 带压作业胶芯必须采用耐压值高、抗酸碱能力强、使用寿命长、与井内介质相符的橡胶件。

(2) 定期试压检测,发现闸板总成磨损或密封件损坏及时更换。

(3) 闸板轴和侧面密封位置加强检查,每井按设计要求试压合格。

2）控制系统失效的预防措施

（1）做好功能测试，在完成一个工作闸板防喷器、平衡/泄压旋塞阀开、关一次动作，或只关闭环形防喷器，观察 10min 后，蓄能器的压力至少保持在 8.4MPa 以上。

（2）控制液压管线定期试压，检测合格。

（3）环形防喷器、闸板防喷器控制压力根据使用时间及磨损情况，调试至 3.5～8.4MPa（500～1200psi）。

3）操作不当的预防措施

主操作手应清楚井下管柱结构，对管柱接箍与闸板相对位置做到心中有数；也可采用接箍探测仪辅助判断。

4）其他原因造成失效的预防措施

（1）起老井油管时，应加强对管壁腐蚀情况的检查，发现外壁腐蚀严重，采用上下工作闸板倒换起管柱方式起出管柱。

（2）易产生水合物的井，对防喷器应进行保温或加入水合物抑制剂。

三、卡瓦失效

卡瓦失效其实质就是卡瓦抱不住管柱，造成管柱打滑，或操作失误使管柱失去控制，或管柱断落、下压挤毁瞬时改变卡瓦受力方向，管柱失去控制；管柱下顿或上窜，损坏设备，甚至管柱落井或飞出，造成施工井失控等重大井控风险以及人员伤亡事故。

1. 卡瓦失效的原因

卡瓦失效其实质就是卡瓦抱不住管柱，造成管柱打滑，或操作失误使管柱失去控制，或管柱断落、下压挤毁瞬时改变卡瓦受力方向，管柱失去控制；管柱下顿或上窜，损坏设备，甚至管柱落井或飞出，造成施工井失控等重大井控风险以及人员伤亡事故。

（1）卡瓦装置原因。

① 卡瓦牙、卡瓦座、卡瓦碗磨损严重。

② 卡瓦牙槽被填满。

③ 卡瓦总成超过使用期限。

（2）控制系统原因。

① 动力装置未提供液压动力能。

② 控制管线堵塞或脱落。

③ 开闭卡瓦液缸功能失效。

④ 开启或关闭压力调试过低。

（3）操作原因。

① 操作速度过快或操作失误。

② 卡瓦夹持在管柱接箍位置。

（4）其他原因。

① 卡瓦牙硬度与管柱钢级不匹配。

② 卡瓦牙方向装反。

③ 冰雪致使卡瓦开关困难。

2. 卡瓦失效的应急程序

（1）发信号。

操作手判断卡瓦无法正常卡住管柱,出现管柱无控制上窜或下落现象,应立即按下声光报警装置,时间达到15s以上,警示参与带压施工的相关人员当前出现紧急状况,需立即进入应急响应状态。

（2）关闭卡瓦。

主操作手迅速判断卡瓦失效是否得到控制,如未控制住,在判断油管接箍避开工作防喷器闸板关闭位置后立即果断关闭相应的工作防喷器。如情况紧急,可直接将所有卡瓦开关控制手柄推至关位。

（3）关防喷器。

关闭工作闸板防喷器或关闭安全防喷器,使环空密封可靠。

（4）释放防喷器压力。

释放安全防喷器以上压力,确保更换卡瓦时人员操作安全。

（5）装旋塞阀。

抢装全通径旋塞阀、压力表、等,上紧螺纹并关闭旋塞阀。

（6）应急集合点清点人员。

在集合点主要清点人数和检查人员受伤情况,判断与讨论险情程度,确定应急措施。

3. 卡瓦失效的预防措施

1）卡瓦装置原因造成失效的预防措施

（1）加强卡瓦牙、卡瓦座和卡瓦碗使用情况检查,发现卡瓦牙出现较大磨损时应进行更换。

如果卡瓦牙尖或槽磨亮,就需要更换卡瓦牙;如果卡瓦碗和卡瓦座接合处锥度磨损超过使用期,应更换;若卡瓦碗内的接触锥度磨损,应更换。

（2）在进行载荷转移操作过程中出现管柱打滑迹象时,应检查、清洗或更换卡瓦牙。

（3）设备运行中发现卡瓦打开或关闭迟缓现象,应停止运行并检查、分析。

2）控制系统原因造成失效的预防措施

（1）操作手随时注意动力源、蓄能器和控制管线压力。

（2）确认各控制管线连接处无渗漏、无脱落现象。

（3）作业一定时间应对卡瓦液缸进行功能试验。

（4）作业过程中控制压力应无较大波动。

3）操作原因造成失效的预防措施

（1）操作人员精力集中,操作速度不应过快,卡瓦载荷转移确定后方能开启另一组卡瓦。

（2）操作人员清楚卡瓦与管柱接箍的相对位置,严禁卡瓦卡在管柱接箍上。

4）其他原因造成失效的预防措施

（1）清楚卡瓦牙相应技术参数和使用范围,其硬度与管柱钢级匹配。

（2）安装卡瓦牙时,确保牙齿方向正确。

（3）在冰雪天气作业时,应及时清理卡瓦上的冰块。

参 考 文 献

《带压作业工艺》编委会,2018.带压作业工艺[M].北京:石油工业出版社.

第七章　带压作业监督及管理

随着我国针对致密气和页岩气的大力开发及带压作业相关配套工艺设备的发展,川渝地区气井带压作业区块及工作量逐年攀升,因此相应作业承包商队伍数量也逐渐增加,作业井施工压力及作业工艺也日趋提升和丰富,同时参差不齐的队伍素质、装备配套及技术管理水平也影响了现场风险的可控程度。而为进一步规范气井带压作业现场施工管理,推进气井带压作业业务发展,确保安全生产,中国石油天然气集团有限公司(以下简称集团公司)也相继制定及发布了相应的标准及规范,例如《油气水井带压作业技术规范》《气井带压作业现场施工管理办法》等。带压作业作为一个专项施工风险作业,需要对作业工艺、设备、QHSE 管理及关键过程比较熟悉,才能更有效地在现场施工中进行安全管控。因此,重视和落实相应的带压作业技术监督及 QHSE 管理成为日趋的需要。

第一节　带压作业的监督管理

一、带压作业监督管理模式及制度情况

现国内油气勘探开发已普遍为油公司管理模式,针对过程中的勘探、钻井、试油等环节基本都是专业化的油气技术服务公司或承包商提供。随着国家对安全管理及过程管控的逐步重视,集团公司内部单位甲乙同责的严肃体制,各油气田公司承包商 HSE 管理办法的要求落实,带压作业作为一个专项风险作业,建设方对于作业中井控、安全、质量、环保的过程监管也越发重要,因此很有必要明确相应的管理模式和管理架构,发布及制定相关的政策文件及管理制度,有指导性地开展现场工作。

二、带压作业监督的管理职责及工作权限

1. 管理职责

带压作业现场属于专项技术服务,施工过程中关键点涉及工艺、设备和人员素质等诸多因素,因此带压作业监督需要熟悉带压相关技术规范、工艺和 QHSE 管理,熟悉带压作业现场生产组织程序的成熟技能人员,并且身体健康能适应现场工作环境,因而现场监督人员更应归口到技术部门进行架构管理,同时归口管理部门应负责带压作业监督的技术支撑、培训、能力审查和带压作业监督的业务管理。

2. 监督的工作权限

由于各油气田或建设业主单位的管理模式及所处环境或许不同,带压作业监督的工作权限也会有许差别,但结合带压作业的特点,其应包含或不限于以下大致几点:

（1）对不符合合同、设计、标准和规范的施工行为,应及时制止;当危及安全、环保和工程质量时,应向施工单位下达《停工整改通知书》。

（2）对施工单位各项技术资料进行检查,发现有误应责令更正;熟悉施工单位制订的施工设计、技术措施,发现问题应向施工单位提出质询或建议。

（3）项目建设单位下达的指令,应及时向施工单位传达并监督实施。

（4）按有关规定对现场物资器材进行检查权(查验料单、生产厂家、产品质量检验报告、产品合格证、有效期等),发现问题,责令停止使用。

（5）对带压作业现场提出的设计变更具有第一审查权。

（6）对项目施工全过程有监督检查并督促整改权,对施工作业队伍具有违规施工处罚权或建议处罚权,对施工作业队伍具有过程考核权。

（7）对现场带压作业队伍完成上报甲方的请示、报告和工作量等具有签认权。

（8）协助及配合现场试油工程监督或甲方代表进行带压作业技术监督管理。

三、带压作业监督的工作职责

1. 作业前的准备

带压作业监督作业前应提前领取并熟悉《井下作业工程设计》和《井下作业地质设计》,熟悉相关《井下作业井控实施细则》和"带压作业规范",同时根据对应井的实际情况编制《带压作业监督工作计划书》(表7-1),分析出当前井的作业风险并制定好相应管控措施,以便于指导后期作业。

表7-1　××井带压作业监督工作计划书

1. ＿＿＿＿＿＿井井下作业设计。 2.《井下作业井控实施细则》《中国石油天然气集团公司带压作业技术规程》等相关标准、规范。
井号：　　　　　施工队伍：　　　　　完钻井深及层位： 1. 作业目的： 2. 作业方案： 3. 作业最大井深及对应井斜：　　　4. 作业管柱最大累重： 5. 预计作业井底压力：　　　　　　6. 预计作业井口最大关井压力： 7. 带压作业机型号及压力等级：　　8. 作业控制井口最大施工压力： 9. 井内管柱内外径及抗内压情况：
1. 中和点：　　　　　　　　　　　2. 最大举升力设置(10^6N)： 3. 最大下压力设置(10^6N)：　　　4. 安全范围内无支撑长度： 5. 高压下液缸最大上升高度：　　　6. 无支撑长度： 7. 工作闸板最小关闭压力：

续表

监督计划	
难点分析:	
应对措施:	
填报日期:	

2. 现场验收

熟悉施工单位制定的施工设计、技术措施,审查其是否符合《井下作业设计》《井下作业井控实施细则》《气井带压作业现场施工管理办法》等相关要求。

(1)审查作业队伍及作业人员资质,查看其是否满足集团公司颁发的作业队伍资质,且当前作业内容与作业范围相匹配;查看作业人员基本信息、岗位配置及持证情况是否满足要求。

(2)审查作业队伍设备及工具、应急物资配置,查看其是否满足设计及实际作业要求,相关设备或设施、工具应能正常使用,并按要求在资质检测单位出具的有效检验检测合格期内。

(3)参与由建设方组织的开工验收、提出意见建议,并督促作业队伍整改落实。

(4)督促落实重大施工作业、关键施工环节现场把关及升级管理人员到位情况。

开工验收前,带压作业监督可根据《带压作业检查内容》(表7-2)审查作业队伍"施工方案""队伍资质""人员及设备配备"等要素,同时督促作业队伍按照《带压作业自验收检查参考表》(表7-3)进行自检自查。

表7-2 ＿＿井带压作业检查内容

序号	检查内容	检查项目	项目内容	检查结果
1	施工方案检查	施工方案	现场施工作业设计依据井下作业地质设计、工程设计编制,包括工程计算、设备工具选型、施工准备、油管内压力控制、设备安装与试压、具体施工工序、风险削减与控制措施、完井收尾、应急处置等内容,且按程序完成作业审批	
			施工设计及技术措施应符合井下作业设计,井控实施细则等规范,符合本井实际情况	
			作业井关键计算参数[包括:中和点、最大举升力设置(10^6N)、最大下压力设置(10^6N)、无支撑长度、安全范围无支撑长度、高压下液缸最大上升高度、工作闸板最小关闭压力等]	

序号	检查内容	检查项目	项目内容	检查结果
2	作业应急方案检查	应急组织机构	应急组织机构包括:应急组织体系以及突发事件应急信息报告流程	
		预案学习	现场应急方案完成审批、相关人员已进行学习和培训,了解并知晓应急程序	
		应急演练	作业队伍施工作业前按现场处置预案组织应急演练,演练应设计防喷防火及逃生内容并在规定时间内完成,结束演习后做好相关记录	
3	作业队伍资质检查	队伍资质	所作业队伍必须具备集团公司资质办颁布的作业资质,所作业井的作业内容和该队伍的资质范围相匹配	
		人员资质	作业人员必须持有国家、集团公司颁发所干工作相对应、在有效期中的证件	
			主操作手必须持有中国石油井控培训合格证、中国石油硫化氢防护培训合格证、中国石油带压作业操作手培训合格证技能、高空作业证	
			副操作手必须持有中国石油井控培训合格证、中国石油硫化氢防护培训合格证、高空作业证	
			技术员必须持有中国石油井控培训合格证、中国石油硫化氢防护培训合格证、中国石油带压作业操作手培训合格证技能	
			其他人员必须持有中国石油井控培训合格证、中国石油硫化氢防护培训合格证以及电工证、吊装司索证等其他相关证件	
4	作业设备检查	带压作业设备	带压设备规格型号、生产厂家、投产时间以及按照《中国石油带压作业技术规程》要求对主要设备包括但不限于闸板防喷器、环形防喷器、卡瓦总成、平衡/放压管线、节流阀、软管线和硬管线、储能器、四通检测,并具备有效的第三方检测合格报告	
			设备举升/下压能力、卡瓦承载能力、作业封井器的通径、压力等级、平衡/放压四通的通径、压力等级、液动阀、针形阀的压力等级、平衡/放压管线压力等级等必须符合工程设计要求	
		安全封井器组及其控制系统	安全封井器组包括半封闸板封井器、全封封井器以及剪切闸板封井器。其压力等级、规格型号以及配置情况符合工程设计要求	
			安全封井器组中的封井器符合《井下作业井控实施细则》中要求,每3个月进行第三方检测机构的试压,并取得检测合格报告后在现场使用	

序号	检查内容	检查项目	项目内容	检查结果
4	作业设备检查	节流压井管汇、内防喷工具	安全封井器组的控制系统符合《井下作业井控实施细则》中要求,每3个月进行第三方检测机构的检测,并取得检测合格报告后在现场使用	
			节流压井管汇、内防喷工具都必须符合工程设计要求,同时符合《西南油气田分公司井下作业井控实施细则》中要求	
			内防喷工具每3个月进行第三方检测机构的检测,并取得检测合格报告后可在现场使用	
5	作业工具物资检查	应急物资、安防器材	现场应急物资,消防器材、气体检测仪、空气呼吸器、对讲机等安防器材配置满足设计及作业方案要求	
			逃生装置配置满足设计及作业方案要求,应急集合点设置符合现场实际	
		甲供料、乙供料检查	对到井甲供料检查,符合工程设计要求。核对油管挂及其各个零件的规格尺寸、螺纹类型以及压力等级是否符合油管头生产厂家提供该井油管挂的数据,检查以及测量转换短节的材质报告、螺纹类型、内径、外径、长度都是否符合要求,油管根数、材质、规格尺寸、长度、螺纹类型、压力等级以及总长度符合工程设计要求,同时有相应的检测合格证等	
			对乙方提供的入井工具进行检查。包括工具以及其他入井材料的材质、长度、内径、外径、压力等级以及螺纹类型等是否符合工程设计要求以及相应的合格证	

检查人: 　　　　　　　　施工队伍: 　　　　　　　　日期:

表7-3　带压作业自验收检查参考表

井号:			日期:		
自验收人员:					
井口/BOP/带压设备高度测量					
1	油管悬挂器顶丝到安全防喷器组底部高度				m
2	安全防喷器组高度				m
3	工作防喷器组高度				m
4	带压作业机高度(到操作台面)				m
5	设备总高				m
6	油管悬挂器顶丝外露长度				mm
检查细节					
带压作业机			合格/不合格	忽略	不需要
1	所有防护装置准备就绪				

	带压作业机	合格/不合格	忽略	不需要
2	带压作业机基垫			
3	支撑装置平整并锁定			
4	绷绳固定牢靠并紧固			
5	绷绳器状况			
6	走道、工作台和梯子的栏杆准备就绪			
7	栏杆状况			
8	操作台栏杆底部安装牢靠			
9	操作台干净整洁			
10	从操作台到地面的梯子固定牢靠			
11	操作台入口梯子状况			
12	操作台应急撤离系统已安装			
13	操作台控制面板干净、无杂物			
14	液控锁定装置准备就绪			
15	发动机紧急熄火准备就绪			
16	操作手标记了恰当的控制位置			
17	承重和防顶卡瓦系统经过检查			
18	举升板上转盘轴承			
19	转盘驱动系统			
20	转盘锁定装置工作正常			
21	绞车			
22	绞车钢丝和吊卡状况			
23	液压钳吊臂			
24	液压钳			
25	液压钳钳门工作正常			
26	液压钳尾绳是否安装			
27	液压钳管线、仪表和接头			
28	安全防喷器在远程都进行了功能测试			
29	主液压管线工作状况			
30	气喇叭进行了功能测试			
31	卡瓦互锁系统是否安装并进行功能测试			

结论/说明：

	动力泵站	合格/不合格	忽略	不需要
32	所有防护装置准备就绪			

	动力泵站	合格/不合格	忽略	不需要
33	设备无泄漏			
34	液压油油罐液位			
35	液压系统控制阀（正常）			
36	紧急熄火准备就绪			
37	工作防喷器及储能器功能测试			

结论/说明：

	电力系统	合格/不合格	忽略	不需要
38	所有设备都有正确的接地			
39	灯泡都是防爆的			
40	电源开关是防爆的			
41	所有电缆接头、插座都是防爆的			

结论/说明：

	安全防喷系统	合格/不合格	忽略	不需要
42	安装了：			
	剪切闸板防喷器			
	双闸板防喷器			
	半封闸板防喷器			
	其他			
43	BOP 上所有堵头、螺栓、螺帽			
44	密封橡胶元件状况			
45	液压管线连接情况			
46	交叉区域管线保护			
47	BOP 保温适当			
48	相应尺寸和接头的安全旋塞阀准备就绪			
49	安全旋塞阀开关工具准备到位			

结论/说明：

	安全防喷器储能器系统	合格/不合格	忽略	不需要
50	储能器和 BOP 功能测试完毕			
51	储能器控制手柄			

	安全防喷器储能器系统	合格/不合格	忽略	不需要
52	储能器压力表			
53	控制手柄和压力表正确标记			
54	储能器操作压力			
55	储能器管汇压力			
56	储能器备用压力			
57	储能瓶工作压力			

结论/说明：

	人员、健康与安全	合格/不合格	忽略	不需要
58	职业健康安全资料在现场			
59	BOP 检验合格报告在现场			
60	在用安全帽			
61	在用安全鞋			
62	在用防护服			
63	在用耳朵防护/面部防护			
64	听力防护准备就绪			
65	消防设施			
66	急救包准备就绪且相应药物储存			
67	急救记录手册在现场			
68	洗眼器			
69	担架			
70	H_2S 检测仪			
71	可燃气体检测仪			
72	正压式空气呼吸器在现场且气瓶压力合格			
73	安全警示标识齐全			
74	作业人员按要求持证			
75	人员能力及健康状态			

结论/说明：

	环境	合格/不合格	忽略	不需要
76				
77	所有设备无可见渗漏			
78	现场无易燃材料			
79	所有废弃物清理干净并正确处理			

续表

76	环境	合格/不合格	忽略	不需要
结论/说明:				

80	走道和管排架	合格/不合格	忽略	不需要
81	走道垫平、固定			
82	管排架垫平、固定			
83	管排架调节液缸锁定			
84	走道状况			
85	疏散通道无障碍			
结论/说明:				

3. 日常巡检

带压作业监督在现场验收通过开始施工作业后应照《带压作业技术监督日巡回检查表》(表7-4)开展日常巡回检查,巡检点包括值班房、动力泵站、液压系统、井口、转盘、卡瓦及智能系统、液缸、操作台、防喷工具、储备罐(池)、平衡/泄压系统、发电机组、电器设施、远程控制台、消防室、场地等。

表7-4 带压作业技术监督日巡回检查表

序号	检查项目	检查内容	合格打√ 不合格打× 无该项打/	备注栏
一	值班室	1. 任务书明确本班工作内容、操作要点及风险提示,下达的作业参数和指令满足设计或甲方指令要求		
		2. 井控设备及作业机主体设备检查保养记录齐全		
		3. 班报表数据是否齐全、准确		
二	动力泵站	1. 控制面板各阀件、仪表清洁,数据显示清晰准确,阀件开关状态及标识正确		
		2. 储能器压力及密封满足设备施工要求,满足控制对象开关要求后压力不低于1200psi		
		3. 高压管汇固定可靠,不刺、不漏		
三	液压系统	1. 液压管线、接头安装连接牢固,无渗漏,有防碾压保护装置		
		2. 液压管线与作业机接触部位防磨装置齐全完好		
		3. 液压泵组连接牢固,无渗漏,液压油油量、油质、油温符合要求		
		4. 液压阀件无渗漏,开关符合工况		

续表

序号	检查项目	检查内容	合格打√ 不合格打× 无该项打/	备注栏
四	井口	1. 防喷器液控管线、侧门无渗漏		
		2. 防喷器、套管四通、试压四通开关状态与工况相符,开关标识清楚正确		
		3. 防喷器的绷绳绷紧状态符合要求		
五	操作台	1. 参数仪表工作正常,标识清楚,液气管线、阀件无渗漏		
		2. 操作台固定牢靠,操作手柄、阀件固定牢固,无锈蚀、卡阻现象,开关状态与工况相符,各标识清晰齐全		
		3. 调压阀灵活完好		
		4. 底座的拉筋保险销安装齐全、平直、无扭斜、变形,底座结构件无严重腐蚀		
		5. 操作平台及栏杆固定稳固,无损坏和断裂现象		
		6. 操作平台工具、配件、保险绳齐全完好		
		7. 防坠器连接正确,安装可靠		
		8. 操作平台逃生装置安装正确、可靠,缓冲垫(沙坑)符合要求		
六	卡瓦及智能系统	1. 卡瓦、卡瓦座固定牢靠、完好、清洁		
		2. 卡瓦尺寸与作业管柱匹配,卡瓦牙满足使用要求,安装顺序正确		
		3. 卡瓦活门锁销固定可靠、卡瓦智能、互锁系统灵敏可靠		
		4. 智能系统显示屏开关状态与实际一致		
七	转盘	1. 转盘油温正常,油质、油量符合要求		
		2. 转盘阀门开关正确		
		3. 转盘液压管线连接正确、无渗漏,转盘连接螺栓紧固		
八	液缸	1. 有保养记录及保养人签字(此点在值班房审签)		
		2. 螺栓、销子齐全紧固		
		3. 液缸密封完好,无渗漏		
		4. 液缸球阀开关灵活可靠,开关正确		
九	防喷工具	1. 旋塞螺纹完好、处于开位,专用扳手放置位置正确		
		2. 防喷单根连接扣型及与井内管柱连接的配合接头齐全		
		3. 固定绳摆放位置、专用手工具配置在合理位置		
		4. 根据带压作业内容是否配备满足要求的全通径旋塞阀		
十	储备罐(池)	1. 储备压井液密度、数量是否符合设计		
十一	平衡/泄压系统	1. 闸阀开关正确,标识明确,平衡/泄压管线连接、固定可靠		
		2. 压力表齐全、可靠,满足各工况要求		
十二	发电机组	1. 设备是否按要求进行运行、维护及保养		
		2. 各仪表及控制部件是否齐全且正常运转,油量充足,设备满足正常使用要求		

续表

序号	检查项目	检查内容	合格打√ 不合格打× 无该项打/	备注栏
十三	电器设备设施	1. 防爆区域内的用电器、控制器及线路是否符合防爆要求		
		2. 设备设施是否按要求进行接地		
		3. 关键电器设备工具是否满足漏电保护		
十四	节流压井管汇	1. 各闸阀开关状态与工况是否一致,挂牌是否准确		
		2. 高低量程压力表是否完好、开关是否正确,压力表校验是否在有效期内		
十五	消防房	1. 消防器材或正压式呼吸器按要求进行配置		
		2. 灭火器等设备按要求定期检查,压力表值在有效范围内,销钉灵活、管线无破损(包括作业区域消防器材)		
		3. 现场消防沙按要求进行准备		
十六	远程控制台	1. 三位四通转向阀与控制对象开关状态是否一致,剪切全封有防误操作装置		
		2. 液压油油面是否符合要求		
		3. 储能器压力、管汇压力、环形压力是否符合要求		
		4. 液压管线排列是否整齐,管线是否完好,连接部位无渗漏		
十七	值班房	1. 接班时明确本班工作任务、操作要点及风险提示,掌握各岗位交接情况		
		2. 交班时审签交接班记录表等表格		
十八	场地	1. 备用管柱数量符合要求、螺纹清洗干净,目测螺纹及本体完好		
		2. 绷绳基墩无裂纹,绳卡紧固、数量齐全,调节螺栓无倒扣现象,绷绳完好		
		3. 放喷或泄压放空管线安装固定及出口符合要求		
		4. 按要求准备防爆风扇、风向标,逃生通道畅通,应急集合点设置符合要求		
		5. 现场人员按要求配置及使用气体检测仪器		
十九	其他			
检查情况:				

施工队伍负责人: 带压监督: 日期:

备注:(1)针对部分需要登高作业落实的巡检监督内容,现场监督可督促作业队伍按要求进行。

　　　(2)第十九项检查内容可根据实际带压作业工艺情况进行补充。

（1）值班房:查看任务书、班报表、井控设备检查保养记录表等台账。

（2）动力泵站:查看控制面板各阀件和仪表应清洁,数据显示是否清晰准确,高压管汇是否固定可靠,不刺、不漏,气瓶压力正常,阀件开关灵活,开关状态正确。

（3）液压系统:查看液压管线、接头安装连接是否牢固,无渗漏,接触部位有防碾压及防磨保护装置,液压阀件无渗漏,开关符合工况,液压油油量、油质、油温符合要求。

（4）井口:查看井口防喷器、内控闸阀开关状态及挂牌是否符合工况,井口是否固定牢靠,查看各级套管头环空压力情况,查看井口作业压力变化情况是否满足正常作业。

（5）转盘、卡瓦及智能系统:查看卡瓦和卡瓦座是否固定牢靠、完好、清洁,卡瓦尺寸是否与作业管柱匹配,卡瓦牙安装及使用是否满足要求,卡瓦活门锁销是否固定可靠,卡瓦智能系统是否正常。

（6）液缸:查看液缸螺栓、销子是否齐全紧固,液缸密封应完好、无渗漏,液缸球阀开关灵活可靠,开关正确。

（7）操作台:操作台固定牢靠,操作手柄、阀件固定牢固,无锈蚀、无卡阻现象,开关状态与工况相符,各标识清晰齐全,参数仪表工作正常,标识清楚,液气管线、阀件无渗漏,操作平台及栏杆固定稳固,无损坏和断裂现象,操作平台工具、配件、保险绳齐全完好,防坠器连接正确,安装可靠。

（8）防喷工具:防喷单根连接按要求准备到位、旋塞螺纹完好、处于开位,专用扳手放置位置正确,配备有满足要求的全通径旋塞阀。

（9）储备罐（池）:查看储备压井液密度和数量是否符合设计要求。

（10）平衡/泄压系统:平衡/泄压管线连接、固定可靠,压力表齐全、可靠,满足各工况要求,闸阀开关正确,标识明确。

（11）发电机组:查看设备是否按要求进行运行、维护及保养,各仪表及控制部件是否齐全且正常运转,油量充足,设备满足正常使用要求。

（12）电器设施:查看防爆区域内的用电器、控制器及线路是否符合防爆要求,设备设施是否按要求进行接地,关键电器设备工具是否满足漏电保护。

（13）节流压井管汇:查看各闸阀开关状态与工况是否一致,挂牌是否准确,关井压力提示牌内容是否正确。

（14）远程控制台:查看三位四通转向阀与控制对象开关状态是否一致,储能器压力、管汇压力、环形压力是否符合要求,液压油油面是否符合要求。

（15）消防室:查看消防器材、正压式空气呼吸器是否在有效期内,是否按要求配备且定期检查。

（16）场地:查看备用管柱数量是否符合要求、螺纹是否清洗干净,目测螺纹及本体是否完好,井场清污分流沟是否畅通,井场边坡、护坡、堡坎是否存在安全隐患,应急池无内、外渗,放喷或泄压放空管线出口是否符合要求,绷绳基墩无裂纹,绷绳绳卡紧固、数量齐全,调节螺栓无倒扣现象,绷绳完好,现场防爆风扇及风向标安装是否满足要求,逃生通道畅通,应急集合点设置符合要求。

考虑带压作业的特殊性,上操作台属于登高作业,因此针对巡检内容中涉及操作台、液缸、转盘等需要登高作业进行检查的内容,现场监督可通过监督作业队伍专业岗位人员进行巡检检查进行落实,督促检查结果中不合格项的整改完善。

4. 旁站监督

带压作业中关键环节及关键点的把控应该是现场监督工作的重点,此时应到现场进行旁站监督,旁站内容包括但不仅限于以下(考虑具体作业井涉及的实际情况可能有所区别,因此监督工作计划中应提前分析和判断出下步作业需要重点关注和旁站的环节):

(1)检查大闸门验封,顶丝试顶或退出情况。

(2)观察工具现场组装、入井、出井情况。

(3)管柱、入井工具通径情况,并核实通径工具规格。

(4)心轴式悬挂器的检查坐挂、验封及顶丝顶入、卸联顶节情况。

(5)卡钻、打捞、处理复杂、冲砂、钻磨、管柱内投堵等作业的关键环节。

(6)井控装置及井口装置静水试压、注脂试压。

(7)井口及采气树安装、拆卸关键环节。

(8)憋破裂盘或验证可溶堵头等打开管柱内堵通道作业。

(9)其他监督工作计划中分析后需要旁站的重点环节。

带压作业关键环节的旁站监督确认点可见表7-5《带压作业旁站监督检查表》。

表7-5 带压作业旁站监督检查表

作业队伍: 作业内容: 作业井号: 监督:

作业项目	检查内容	是打√ 否打× 无该项打／	日期及 备注
大阀门验封, 顶丝试顶或 退出情况	检查大阀门及油管头外观状态,手轮、标牌齐全,无渗漏		
	检查油管头顶丝顶杆及背帽齐全		
	试紧顶丝,检查油管头顶丝能正常顶入、退出到位(记录好顶丝顶入和退出长度,核实是否满足油管头技术规格书中参数)		
	确保井口完整,采气树阀门关闭情况下逐步打开大闸门,记录闸门开启圈数,核实大阀门能全开到位		
	关闭大阀门,记录阀门关闭圈数,确保阀门关闭到位		
	通过采气树旋塞阀逐级(每5MPa间隔2min)放压至0,关闭放压旋塞阀观察30min,压力不涨为合格		
工具现场组 装、入井、 出井情况	入井工具应有合格证,破裂盘、可溶堵头等管柱内压力控制工具入井前应进行现场试压		
	工具方应对现场工具及附件按要求进行检查、确认		
	工具内外通径、材质、压力等级、螺纹类型、连接方向、下入深度等参数应满足设计或规程要求		
	工具现场组装、上扣时应按其技术要求选择密封脂涂抹、上扣等方式,确保扭矩及工具保护达到要求		
	工具入井通过井口时应注意平稳操作,避免磕、碰、挂、卡		
	工具出井时应提前核对好起出管柱,核实好工具具体位置,避免造成操作失误		
	工具出井及卸工具作业时,应注意压力是否按要求释放,避免圈闭压力伤人		

续表

作业项目	检查内容	是打√ 否打× 无该项打/	日期及备注
管柱、入井工具通径	入井油管应有合格证及出库检测报告		
	入井油管相关参数及到井数量应满足设计并有足够备料		
	通径规格尺寸应满足设计或技术规范要求		
	入井油管及工具应按其要求逐根进行通径,并做好记录,通径不合格的应做好标记严禁入井		
油管挂的检查、坐挂、验封、卸联顶节	油管挂及双公短节上下端螺纹类型在管柱中相互匹配,同管柱的连接及上扣满足要求		
	双公短节通径满足设计要求,是否为甲供料,若其他方提供是否有合格证		
	油管挂尺寸经核实同现场油管头四通匹配,满足其技术规格书中相关参数		
	油管挂应清洗干净,经地面检查橡胶件齐全,密封端及本体关键部位无划痕满足入井使用要求		
	地面连接好"双公短节 + 油管挂 + 旋塞阀(关闭) + 送入油管"的送入管柱组合,油管挂入井操作平稳,避免造成磕碰和挂卡		
	提前将油管头四通的顶丝退出到位,确保退出距离满足其技术规格参数		
	计算并丈量好油管挂坐封时联入长度,确认下压坐挂到位后应再进行核实		
	油管挂坐挂到位后按对角依次顶紧顶丝,上紧背帽,确认其顶丝顶入尺寸满足技术规格参数		
	验封检查油管挂是否密封到位		
井控装置及井口装置静水试压、注脂试压	试压前应检查现场装置及其安装是否符合设计要求		
	现场采气井口应具有出厂合格证及第三方气密封检验资料		
	指定对象试压时,相应阀门开关状态正确,并做好标识		
	试压过程、试压压力、稳压时间、试压压降满足设计要求		
	井控试压有试压曲线,做好试压记录,由相关方签字确认		
	完井采气井口应进行注脂试压,试压腔体内应采用液压油或试压密封脂		
	试压结束后,检查各连接螺栓情况,如有松动应进行紧固		
井口及采气树安装、拆卸关键环节	井口及采气树吊装时应吊平吊稳,严禁磕碰损坏连接法兰钢圈槽或油管挂等密封部位		
	井口安装时应对角依次上平上紧螺栓,连接法兰时应使用合格配套的螺杆螺栓,安装后余扣不少于 2 ~ 3 扣		
	安装时应检查好钢圈和钢圈槽,清洗干净,使用 BX 型钢圈时必须更换新钢圈		
	下管柱油管挂坐挂后拆井口防喷器组装采气树前,应检查核实好油管挂实际坐挂情况,顶丝是否顶到位		

作业项目	检查内容	是打√ 否打× 无该项打/	日期及 备注
憋破裂盘或验证可溶堵头等打开管柱内堵通道作业	液体憋破裂盘和溶解可溶堵头时,注入液体性质满足要求		
	液体憋破裂盘时计量注入情况,是否存在憋通后压力突降,若一直未起压,注入液体体积是否已超过管柱内容积		
	打开内堵通道作业后油管压力是否起压		
	液氮憋破裂盘时现场有经审核的施工方案,并按其内容作业		
其他作业关键环节			

注:针对不同带压作业井实际情况的区别,可由监督根据工作计划书分析及判断重点环节,并制定管控和旁站的细节及措施。

第二节　带压作业的施工管理

带压作业作为一种高风险作业,井下状况存在着一定的复杂或故障,员工在施工中存在着一系列潜在的威胁,同时作业现场也存在环保污染的可能性。所以针对性的规范和加强气井带压作业现场施工管理,推进气井带压作业业务发展,确保安全生产就显得迫切重要。而对于带压作业中的过程管理,主要体现在设备、人员队伍、施工及 QHSE 管理几个方面。所以对带压作业队与作业现场落实施工过程及 QHSE 管理体系相关内容,可以有效地控制"三违"现象,及时整改现场隐患,保证作业人员对现场风险可知,从而达到对安全的管控作用。

一、带压作业设计管理

1. 设计内容及相关数据要求

气井带压作业设计包括地质设计、工程设计和施工设计。地质设计应提供井场周围人居情况调查资料、目前地层压力、流体性质及组分、井身结构、生产情况、射孔参数、重点风险提示等资料。工程设计应提供设计依据与工程目的、钻完井数据及历次作业简况、井口套管头规格型号及压力等级、施工工序、主要设备工具及器材配备要求、施工步骤及要求、安全环保技术要求、风险评估等资料。施工设计应依据地质设计、工程设计编制,包括工程计算、设备工具选型、施工准备、油管内压力控制、设备安装与试压、具体施工工序、风险削减与控制措施、完井收尾、应急处置等内容。

2. 设计应严格执行审批及变更制度

地质设计和工程设计由建设方设计和审批,施工设计由施工方设计和审批。设计实行分级审批,一类井工程设计、施工设计应报一级企业工程技术主管部门审批,二类及以下井工程设计、施工设计由二级企业审批。设计发生变更时,应在施工前完成设计变更审批。设计变更审批流程与设计审批流程一致,实行分级审批。

二、带压作业设备和工具的管理

1. 带压作业机主体设备

(1)带压作业机额定下推力不低于预计最大下推力的1.2倍,举升系统最小举升力是预计最大上提力的1.4倍。带压作业机安装就位游动卡瓦应与井口同轴,偏差不大于10mm,并对带压作业机进行支撑和蹦绳加固,绷绳不少于4根。带压作业机配备被动转盘进行旋转作业时,应配套井下螺杆或动力水龙头;配备主动转盘进行旋转作业时,应具有抗扭装置。

(2)带压作业机卡瓦系统应至少包括游动卡瓦组及固定卡瓦组各2套;平衡绞车应具备紧急刹车装置,操作手柄应具备锁定装置。平衡/泄压管汇的压力等级与半封工作防喷器额定工作压力匹配,平衡/泄压管汇上应具备节流装置。

(3)根据集团公司要求,带压作业配备安全监控及数据采集系统(图7-1),用于监控工作防喷器内压力、卡瓦开关位置、管柱状态、防喷器闸板位置以及作业数据的采集等。正常带压作业过程中,通过带压作业数据系统(图7-2)对作业过程的各个参数进行监控,并对所有数据进行储存。

图7-1　带压作业数据

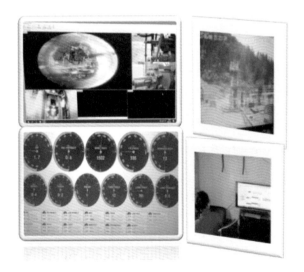

图7-2　带压作业数字识别与显示系统

(4)按照设备生产厂商提供的使用说明书对设备进行定期维护保养,并做好记录;建立设备操作规程,设备运行不得超压、超速、超负荷运行。设备铭牌保持完好,不能涂改遮盖铭牌,保持醒目清楚。带压作业机承压部件和承载部件应按期检测(表7-6),检测机构应有相应资质,并出具书面检测报告存档备查。

表 7-6 气井带压作业装置检测时间表

序号	对象类别	名称	周期①	项目	备注
1	承压件	工作防喷器组	P1	检查和关闭试验	
			P2	声发射检测	
		平衡管线、泄压阀门、平衡阀门、泄压/平衡四通等	1年	试压、功能试验	
			3年	测厚	
			3年	无损检测	
		升高法兰、悬挂法兰	1年	试压	
			3年	无损检测	
2	承载件	卡瓦总成	1年	功能试验	
			3年	无损检测	
		液压缸、承载板	1年	功能试验	
			3年	无损检测	
		转盘、吊耳、桅杆、连接盘	1年	功能试验	
			3年	无损检测	
		支撑腿或角钢、承载螺栓和螺母	6年	无损检测	
3	控制系统	液压泵、液压阀件、气压阀件等	1年	功能试验、密封试验	
4	仪表	下压力表、指重表	1年	自检	
		扭矩表、液压压力表			
		井口压力表	6个月	校准(或检定)	
5	其他	损伤部位、易受腐蚀部位、焊缝部位等	3年	无损检测	

① P1—常规、一年期、三年期;P2—投用5年后或修复后进行声发射检测,以后按安全状况等级确定检测周期。

2. 防喷器组及其控制设备

(1)工作闸板防喷器的额定工作压力应大于预测最高施工压力的1.25倍。如预测最高井口关井压力大于工作防喷器组的额定工作压力,应采用放喷降压或注入工作液降压等方法将井口压力降至工作防喷器组额定工作压力的80%以内。

(2)安全防喷器组的压力等级应大于预测最高井口关井压力的1.25倍。使用剪切闸板时,应独立配套全封闸板,不能用剪切全封闸板的密封功能代替全封闸板。

(3)防喷器内通径应大于油管悬挂器最大外径;安装在采油树上作业时,通径应大于采油树主通径;安全防喷器应配备手动锁紧杆。

(4)防喷器胶芯、前端密封以及其他非金属密封件材质应满足井内流体介质和工作温度要求,备用件储存在温度不高于27℃、避光的环境内。

(5)液压控制装置应配备两套:一套设置在操作台上用于控制工作防喷器组;另一套用于控制安全防喷器组,实行远程控制。安全防喷器液压控制装置配置应符合 SY/T 5053.2 的要求,摆放位置距离作业井至少25m。

(6)压井管线和防喷管线压力等级不低于预测最高井口关井压力的1.25倍。现场应安装并固定至少一条节流放喷管汇,放喷管线出口端应处于井场下风方向,并接出井口以外30m 以上,放喷/泄压管线上应安装防回火装置;在有试气、地面计量测试的施工井,可用地面计量测试流程当节流放喷管汇使用。

(7)开工前应对安全防喷器组、工作防喷器组、平衡/泄压管汇、节流放喷管汇、压井管汇以及旋塞等进行试压,记录并保留试压曲线。

3. 带压作业配套工具

(1)操作平台上应配备至少一套全通径旋塞阀和开关工具,旋塞阀处于开位;地面上应配有带全通径旋塞阀的防喷单根,旋塞阀处于开位;操作台上应配备至少一套报警装置。

(2)根据管柱内通径、井内压力、温度和流体性质及工艺要求选择油管内压力控制工具,包括堵塞器、电缆桥塞、钢丝桥塞、单流阀、破裂盘等。

(3)油管内压力控制工具的工作压差应不低于最大井底压力的 1.25 倍;含硫井工具材质应满足 GB/T 20972.2 要求,电缆作业应符合 SY/T 6821 要求。

(4)油管内压力控制工具应靠近管柱底部位置进行设置,一类井、二类井和三类井(表7 – 7)带压作业油管内应至少设置两个压力控制工具;四类井带压作业油管内应至少设置一个压力控制工具。油管内压力控制工具应封堵在同一根油管上。

表7 – 7　中国石油气井带压作业施工井类型划分

井的分类	一类井	二类井	三类井	四类井
施工压力,MPa	≥35	21 ~ 35	10 ~ 21	≤10
含硫化氢情况	高含硫化氢气井	含硫化氢气井		
施工工艺	应急抢险、隐患治理	钻、磨、铣等旋转作业	增产作业、冲洗等循环作业、打捞管柱作业	带压起下管柱作业

(5)起下较长大直径或不规则工具时,应配备防喷管或法兰升高短节,其高度不小于单个大直径或不规则工具的长度。

三、带压作业人员及队伍管理

气井带压作业队伍实行资质管理,应取得集团公司气井带压作业队伍资质方可施工。二类及以上井的施工队伍应具备甲级资质,三类及以下井的施工队伍应具备乙级资质。气井带压作业岗位设置包括(但不限于)队长、技术员、主操作手、副操作手甲、副操作手乙、动力操作手、场地工等岗位。队长、技术员、主操作手和副操作手应经专业培训机构培训,并取得操作手技能培训合格证(图7 – 3)后方可

图7 – 3　中国石油带压作业操作手技能培训合格证

上岗。操作手技能培训合格证有效期为三年,到期应重新培训,考试合格后持证上岗。

现场作业人员应持有有效的井控操作证、硫化氢防护培训合格证(含硫地区),从事其他特种作业应根据要求持有特种作业证件,包括且不限于高处作业、电工、司索等。

四、带压作业施工管理

带压作业整个施工作业过程涉及界面交接(接井)、技术交底、应急演练(详见 QHSE 管理)、作业井开工验收与审批、班前班后会交底及作业巡检、中途暂停作业井控与恢复作业、完井与交井等环节。

1. 接井

建设方代表和施工方代表共同确认井口情况、井场条件及井口周边环境等,满足带压作业要求后,双方在接井交接书上签字确认,完成交接井程序。

2. 技术交底

现场由带压作业队队长(或技术员)组织现场办公会进行技术交底,所有人员均应参加,做好会议记录。交底事项至少包括下述内容:

(1)作业目的;

(2)工艺流程及技术要求;

(3)技术难点、风险提示与控制措施;

(4)人员与设备的评估及选择;

(5)具体的安全与操作要求;

(6)作业通信程序(如手势信号、无线电通信等);

(7)紧急关井程序、岗位职责及出口提示;

(8)要求与会人员理解自身工作范围,并知晓技术交底会议上所讨论的内容。

3. 开工验收与审批

开工验收包括自验收和建设方验收,自验收由施工方组织,检查表参见表7-3。由建设方或委托代表组织验收,施工方根据检查结果完成整改并回执,验收合格后,由双方代表在开工验收书上签字。开工验收至少包括下述内容:

(1)施工设计;

(2)现场处置预案;

(3)现场施工人员持证情况;

(4)安全防护和应急设施配置情况;

(5)设备设施安装、固定、调试、试压等情况;

(6)油管内压力控制工具准备情况;

(7)技术交底情况;

(8)应急演练情况。

4. 班前班后会

作业前根据生产任务书要求召开班前会,生产结束后召开班后会,现场所有作业人员均

应参加。班前(后)会交流事项至少包含下述内容:

(1)生产任务;

(2)工作安全分析(JSA);

(3)当日生产情况;

(4)发现问题及建议;

(5)事项传达。

5. 巡回检查

施工过程中,交接班时各岗位应现场一对一交接。交接班前,各岗位接班人员按岗位巡检路线进行一次巡回检查,并填写岗位交接班检查记录表。

6. 完井与交井

施工结束后,作业井口恢复到接井状态或建设方要求状态,双方共同签字确认,完成交井程序,作业结束。

五、带压作业 QHSE 管理

对带压作业现场进行风险识别可知,带压作业现场的风险主要集中在带压装置的吊装、运输和拆卸,起下管柱施工过程中井内高压的威胁,设备设施维护保养及防雷接地安全,以及作业过程中对井场环境的污染等几个方面。

1. 带压装置的吊装、运输和拆卸的管理

带压作业施工前要进行带压装置的安装,施工后要将带压装置进行拆卸及搬运,由于带压装置设备体积大、零件多、质量重,因此带压作业中带压装置的吊装、运输和拆卸施工过程中存在着较大的潜在风险,所以必须清醒地认识到风险,加强现场管理。施工前,劳保防护用品(如工衣、工鞋、手套和安全帽等)要穿戴整齐;吊车要摆放在适当的位置;吊车支撑架脚下方要垫放枕木;检查吊索吊具是否完好。

2. 环境环保的管理

在带压作业施工的整个过程中,为避免对井场及周边环境造成污染,这就需要从以下几个方面来着手行动:带压设备及管桥下面铺设防渗布,避免起出的油管内部存留的污水及管柱外壁的污油落到地面上;根据作业情况,考虑井场内配制环保罐等污油污水收集装置;施工中产生的工作液按甲方指定方式、指定地方排放或处理;施工结束后,对井场(作业区域)进行全面清理,将井场内的生活垃圾统一收集处理。

现场含油废弃物和普通废弃物应分类存放,做好防雨措施,并建立含油废弃物台账。

3. 应急管理

1) 应急物资和安全物资的配置

操作平台至少配备一套逃生装置,逃生装置可以选择逃生杆、逃生带、逃生梯、载人吊车、高空逃生柔性滑道和柔性筒式逃生带等防火应急逃生装置,操作台高度超过 7.0m 时,不能采用逃生杆作为逃生装置;井口到应急集合点的路线应保持畅通。现场应配备相应数量的防爆对讲机或具有同等功能的通信设备、正压式空气呼吸器、硫化氢及可燃气体检测仪等。

现场作业人员个人防护用品应配套齐全,防护用品包括护目镜、安全帽、防砸工鞋、安全带以及阻燃棉质工服、手套、雨衣等;并配备小型急救包,设置 2 个以上紧急集合点。消防房内及各设备与营房点按要求配置消防器材及工具。气井带压作业现场安全设施设备配备可参考表 7 – 8 至表 7 – 13。

表 7 – 8　其他气体带压作业现场气体安全防护设施设备

名称	设施描述	配备数量	配备位置	备注
复合式气体检测仪	能检测 H_2S,CO 和 O_2 及可燃气体	1 台	值班房	
正压式空气呼吸器	气瓶容积不少于 6.8L	5 具	材料房	
空气压缩机	与现场正压式空气呼吸器相配,排量每分钟不少于 100L	1 台	材料房	

表 7 – 9　带压作业现场放坠落系统配备

名称	设施描述	配备数量	配备位置	备注
差速自控器	15m	1 只	带压作业机（地面至操作平台）	可由具备同等防护功能的其他防坠落装置替代,差速自控器长度规格可根据带压作业机操作平台高度增加或减少
全身式安全带	配置:双安全绳,腰侧两个 D 型环用于工作定位,背部 1 个 D 型环用于防坠落	8 副	材料房	

表 7 – 10　有毒有害区域气井带压作业现场气体安全防护设施设备

名称	设施描述	配备数量	配备位置	备注
固定式硫化氢气体检测仪	至少 4 通道,应具有 H_2S 气体检测功能和声光报警功能	1 套	控制器安装在值班房,探测器分别安装在方井、操作台	
便携式硫化氢气体检测仪	量程 0～100ppm（0～150mg/m³）,第 Ⅰ 级报警值设置为 10ppm（15mg/m³）,第 Ⅱ 级报警值设置为 20ppm（30mg/m³）	6 台	应配备到容易受到有毒有害气体侵害的生产岗位	可由具备 H_2S、CO 和 O_2 及可燃气体等监测功能的复合式气体检测仪替代
高量程硫化氢气体检测仪	量程 0～1000ppm,第 Ⅰ 级报警值设置为 50ppm（75mg/m³）,第 Ⅱ 级报警值设置为 100ppm（150mg/m³）	1 台	值班房	硫化氢浓度可能超过在用检测仪量程时配置

续表

名称	设施描述	配备数量	配备位置	备注
便携式可燃气体检测仪	第Ⅰ级报警值设置为20%LEL,第Ⅱ级报警值设置为40%LEL	1台	操作台	可由具备 H_2S,CO 和 O_2 及可燃气体等监测功能的复合式气体检测仪替代
复合式气体检测仪	能检测 H_2S,CO 和 O_2 及可燃气体	1台	值班房	
正压式空气呼吸器	气瓶容积不少于6.8L	8具	材料房	生产班每人配备一套,另配一定数量公用
空气压缩机	与现场正压式空气呼吸器相配,排量每分钟不少于100L	1台	材料房	

表 7-11 气井带压作业现场消防设施配备

名称	设施描述	配备数量	配备位置	备注
干粉灭火器	35kg,ABC 干粉	2具	消防箱	
消防铲		4把		
消防桶		4只		
消防斧		2把		
消防钩		2把		
消防水龙带	$\phi65mm$	150m		
直流水枪	$\phi19mm$	1只		
消防水泵	自带动力	1台		
干粉灭火器	8kg,ABC 干粉	2具	动力泵站	
干粉灭火器	8kg,ABC 干粉	2具	材料房区域	
干粉灭火器	8kg,ABC 干粉	2具	值班房	
烟雾报警器		1只/间		
二氧化碳灭火器	5kg	2具	发电机/发电房	
消防沙		$2m^3$	井场左侧	

表 7-12 气井带压作业现场污染清理设施设备

名称	设施描述	配备数量	配备位置	备注
吸油毡		10kg	材料房	现场5kg时及时补充
集污袋	20L	50个	材料房	现场低于20个时及时补充

表 7-13 气井带压作业现场应急逃生设施设备

名称	设施描述	配备数量	配备位置	备注
操作台逃生装置	满足操作台作业人员连续逃生	1 套	操作台	
安全集合点	应保证一个集合点在当地季风的上风方向	2 个	分别设置在井场前后场	
风向标	布置防水风向袋,标杆有效长度不少于 5m	4 只	操作台、安全集合点(分别设置)、泄压口	
手摇式报警器		1 台	井场大门	
紧急洗眼器		1 套	操作台	
急救箱		1 个	值班房	
担架		1 副	值班房	
防爆手电筒		2 个	值班房	
防爆探照灯		2 个	值班房	
应急发电机		1 台	井场	
防爆对讲机		5 部	队长、带压作业工程师、主操作手、动力操作手	可由具备同等通信功能其他通信设备替代

2)应急演练

带压作业应按现场处置预案组织应急演练,演练内容可针对该井实际情况进行开展,并在技术交底中涵盖应急处置和预案相关内容,所有现场涉及的作业岗位人员均应了解应急处置程序,知晓在事件发生时自己该做的工作。根据集团公司气井带压作业现场施工管理办法,在开工验收及作业前应组织 2 次应急演练,包括环空密封失效和内堵塞失效应急演练,每周组织 1 次紧急逃生演练,做好演练记录。

第三节　带压作业的培训管理

自 2010 年中国石油天然集团有限公司带压作业工作会议部署以来,带压作业技术由于不压井、不泄压的技术特点,在保护地层产能、缩短作业周期、增产稳产等方面具有独特的优势,作为"稳定和提高单井产量"的三把利剑之一,为集团公司走"高效、低耗、零排放"的可持续发展之路具有重要的意义。但同时对比起国外带压作业的发展及成果,国内带压作业还处于起步和摸索阶段,随着页岩气和致密气等非常规油气资源的大力开发,带压作业具有"技术新、需求大、风险高"的特点,而特别针对带压作业操作手这一现场作业的关键岗位,尚缺乏系统健全的培训体系和培训管理,而且也成了制约带压作业行业发展的壁垒,成了保障现场作业安全管控环节的隐患。因此中国石油在 2017 年启动了"良匠"计划,致力于带压作业的稳步发展与进步。

一、带压作业操作手培训的意义和目的

（1）建立一套完整的带压作业操作手技能训练和培养的体系；

（2）为带压作业的发展培育出充足的现场作业关键岗位人才；

（3）为公司及行业带压作业管理提供坚实的后盾和坚强的支持；

（4）提供成熟和合格的技能人才，是现场作业安全管控的基石。

二、带压作业操作手培训的要点和关键环节

对于带压作业现场，操作手的能力、经验和关键处置判断，往往对作业的安全及质量有着很大的影响。特别是现在带压作业在气井和高压井、工艺井的运用越来越广泛。因此，在操作手培训方面，"懂工艺、精装备、知风险、明制度"4个方面的重视及指导方向就更加重要。从这4个方向入手，带压作业操作手培训的关键点应包括以下环节：

（1）工程参数、施工参数的计算与设置；

（2）油管内压力控制工艺和工具的熟悉；

（3）带压作业机功能及结构的了解；

（4）带压作业机保养与维护的操作；

（5）带压作业机基本故障的处理与应急情况的处置；

（6）带压作业工艺及工作安全分析；

（7）对行业和企业带压作业相关标准及规范的了解。

三、带压作业实况培训系统

带压作业模拟仿真系统即模拟带压作业设备操作和工艺设计，将三维可视化技术应用于仿真训练，可以真实地模拟带压作业设备动态情况，为学员提供一个逼真的操作环境，并能追踪显示受训者的操作，准确再现实际培训过程。通过带压作业模拟仿真系统对操作人员进行技能培训，不受客观条件限制，让学员在较短时间内，从不熟悉到熟悉设备和工艺，从不合理的操作达到规范化操作，并从根本上克服现场培训所带来的负面影响。

四、模拟培训系统整体布局

1. 操作台布局

操作台完全按照实际控制台尺寸制作（现场进行实际测量，与实际尺寸完全相符），包括动力源控制部分，举升机控制部分和防喷器控制部分（图7-4至图7-8）。

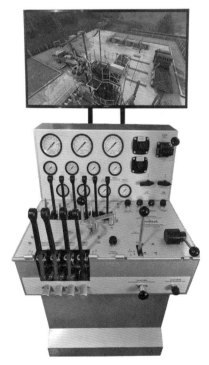

图7-4　带压操作台

图 7-5　带压上面板

①举升压力表;②平衡泄压压力表;③下压力压力表;④系统压力表;⑤环形压力表;⑥上闸板压力表;
⑦下闸板压力表;⑧备用表;⑨卡瓦压力表;⑩液压钳压力表;⑪平衡腔体压力表;⑫刹车阀压力调节;
⑬举升机压力调节;⑭动力阀关断;⑮刹车阀;⑯防滑阀

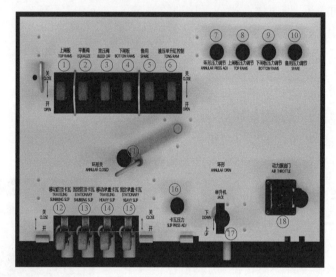

图 7-6　带压下面板

①上闸板操作杆;②平衡阀操作杆;③泄压阀操作杆;④下闸板操作杆;⑤备用操作杆;⑥备用操作杆;⑦环形压力调节;
⑧上闸板压力调节;⑨下闸板压力调节;⑩备用压力调节;⑪环形控制杆;⑫移动防顶卡瓦操作杆;⑬固定防顶卡瓦操作杆;
⑭移动承重卡瓦操作杆;⑮固定承重卡瓦操作杆;⑯卡瓦压力调节;⑰举升机控制杆;⑱动力源油门

图 7-8　带压下面板

2. 三维图像布局

图 7 – 9 所示为带压作业现场场景。

图 7 – 9　带压作业图形场景

五、培训内容

1. 主控系统软件

主控系统软件负责对整个模拟系统进行组织和管理。其具体包括如下功能:作业管理、硬件自检、硬件校正、学员管理、成绩管理,系统设置。主控系统软件启动界面如图 7 – 10 主控系统软件启动界面所示:

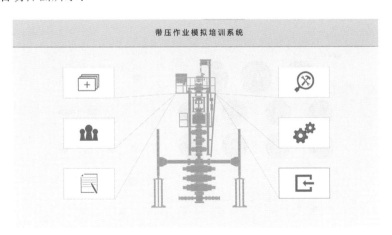

图 7 – 10　主控系统软件启动界面

2. 学员管理

教师可以通过学员管理功能对参加模拟培训的学员进行个人信息管理和分班管理。点击主控界面上的学员管理按钮,进入如图 7 – 11 学员管理界面所示的学员管理界面。

学员管理分为班级管理与学生信息管理两大模块。教师可以利用班级管理功能,完成班级创建、班级删除以及班级清空操作。教师可以利用学员信息管理模块,完成所选班级学生的添加、删除以及清空操作。

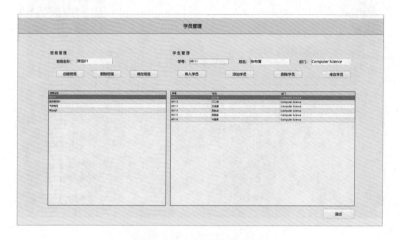

图 7 – 11　学员管理界面

3. 硬件自检

硬件自检能全面诊断系统相关硬件设备元器件运行状态。操作人员可以很方便地判别出本模拟系统硬件设备上的各种控制元件(如按钮、旋钮、开关)和显示元件(如仪表)是否发生故障。点击主控界面的"硬件自检"按钮,即可进入如图 7 – 12 硬件自检选择界面所示的"硬件自检选择"界面,自检分为仪表自检和控制原件自检点击对应的模块,即可进入相应的自检界面。

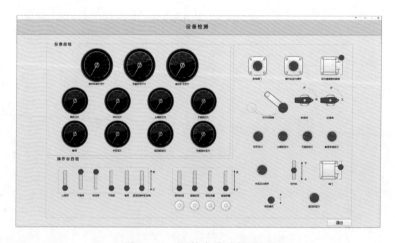

图 7 – 12　硬件自检选择界面

通过自检界面中的各自检设备选择按钮,操作人员可以很方便地对模拟系统中所选的硬件设备进行自检操作。硬件自检功能根据硬件设备分为如下两部分:控制元件自检、仪表自检。

4. 硬件校正

"硬件校正"为硬件设备上的旋钮类、操作杆类传感器提供了校正功能。若操作人员发现以上硬件元器件不灵敏，或者数值偏差较大，可以利用"硬件校正"功能进行校正，将此类硬件器件恢复至正常工作状态。点击主界面按钮，进入如图 7 – 13 硬件校正选择界面所示的"硬件校正选择"界面。

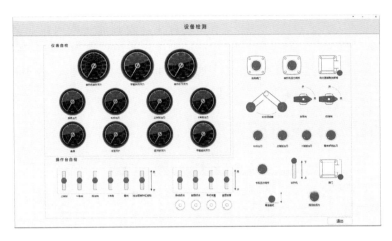

图 7 – 13　硬件校正选择界面

点击所需校正的硬件元器件。例如：点击"卡瓦压力调节"图标，进入如图 7 – 14 卡瓦压力校正界面所示校正界面。

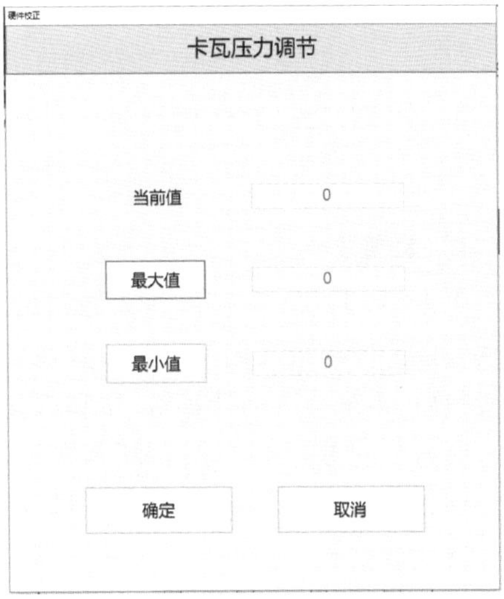

具体校正步骤为：首先，教师将带压操作台设备上【卡瓦压力】旋调至最大，系统自动获得该硬件旋钮的最大值；然后，将【卡瓦压力】旋调至最小，系统自动获得该旋钮硬件的最小值。如果旋钮调至最大或者最小，系统显示的最值超过当前值，可点击最大值或者最小值按钮手动获取最大值或者最小值。当最大最小值都获取完毕后，点击"确定"按钮，完成带压操作台【卡瓦压力】的校正操作。

5. 系统设置

系统设置为本系统提供了一些常规的设置功能，例如：单位设置和培训机构设置。点击主控界面的"系统设置"按钮，进入如下图 7 – 15 系统设置界面所示的系统设置界面。

图 7 – 14　卡瓦压力校正界面

6. 作业管理

点击主控界面"作业管理"按钮，进入如图 7 – 16 作业管理界面所示的"作业管理"界面。

图 7 – 15　系统设置界面

通过作业管理功能,教师可以根据情况定制学员培训时的井况信息。通过设置井况中所需的各种参数,教师可以设计出不同情况的带压作业,极大地增加了带压作业模拟的灵活性和真实性。上述井况数据,将成为学员培训的基础数据,为后续的学员操作,以及核心数学模型模块的求值都有重要意义。教师通过载入作业文件,从而进入实质的带压作业模拟操作过程。作业的管理包括了如下基本功能:数据录入、作业配置、另存、删除、载入等。

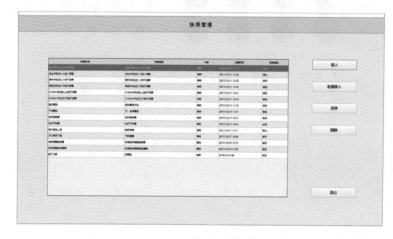

图 7 – 16　作业管理界面

1) 数据录入

点击"数据录入"按钮,进入数据录入窗口,如图 7 – 17 所示数据录入界面。在数据录入模块可以选择和录入相关作业参数,如液缸参数、油管参数、井口压力、井液密度等。输入相关参数后,系统会自动计算出"中和点位置""安全无支撑长度""液缸压力设置"。教师可以输入所需要的参数,让学员判断本次作业的中和点位置,无支撑长度,从而判断作业中卡瓦的使用和液缸的升降高度。如果学员在作业过程中未能根据数据判断出正确的操作方法,则会出现事故显示。如不录入参数,系统会使用默认参数进行作业。

注意:系统快照数据不能更改。

2) 作业配置

教师通过该模块,实现对井口防喷器组合的设计、管柱选择、工具串配置,点击数据录入界面的"配置"按钮,进入作业配置模块。如图 7 – 18 工具配置模块所示。

进入模块后,系统会显示作业默认的管柱、井口防喷器组合、工具串组合。教师可以制定所需要的管柱、井口防喷器组合、工具串组合,点击管柱尺寸选择可以选择所需的管柱和钢级,还可以根据防喷器配置和工具串配置提示来进行防喷器和工具串的配置。

图 7 – 17　数据录入界面

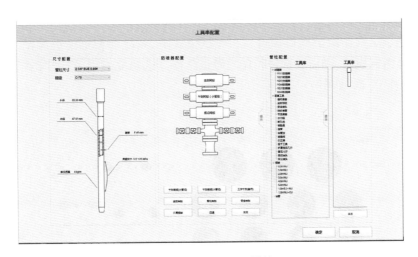

图 7 – 18　工具配置模块

3）另存

当需要新建或者编辑新的快照时,点击"另存"按钮,将选中的快照数据保存为新的快照。通过设置作业名称、作业简介和作业作者等数据,设置该作业的基本信息。其中作业保存时间为当前时间,由软件自动获取,无须配置。作业存档的时候,作业名称不能为空,且不能同已保存的作业文件名同名。

4）删除

选择快照,然后点击"删除"按钮,即可删除对应快照信息。系统默认快照不允许删除。

5）载入

"载入"为开始作业功能,当设置完成快照数据后,在左边快照数据框里选择快照,再点击"载入"按钮,进入培训模式选择界面,如图 7 – 19 所示。

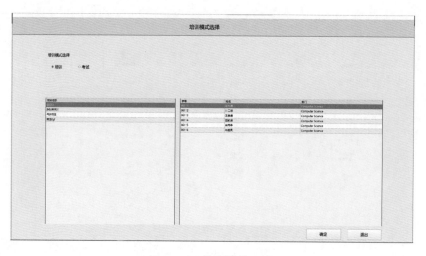

图 7-19　培训模式选择

教师通过培训模式让学员掌握带压作业的操作方法、中和点的计算、卡瓦的使用等；考试模式可根据学员操作给予操作评价。在考试模式下，系统会根据学员操作，自动给出评分。如果选择考试模式，则需要选择相应的考试学生。选择完成后，点击"确定"按钮，进入"设备状态检查"界面，如图 7-20 所示。

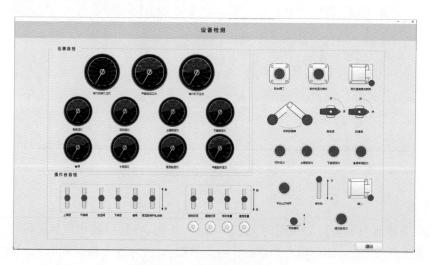

图 7-20　设备状态检查界面

学员在开始作业前，应根据中和点位置以及所选作业的情况，将带压操作台上的控制元件设置到正确位置。到设备设置到正确位置后，会出现"作业开始"按钮，点击"作业开始"按钮，即可启动图形程序，开始作业。

7. 成绩管理

点击主控界面 ▦ 按钮，进入如图 7-21 成绩管理界面所示的成绩管理界面。

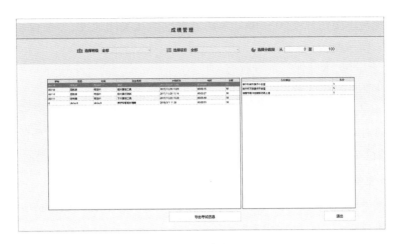

图 7 – 21　成绩管理界面

六、设备操作培训

1. 设备操作

1）举升机操作

（1）举升机速度。

$$v_{\text{举升机实际速度}} = 0.8\big[(100.0 - Q)/100.0\big]\big[(K - 50.0)/50.0\big]$$

其中,Q 为刹车阀门开度（0~100）,K 代表举升机控制手柄开度（0~100）,开度默认状态下为 50,举升机控制杆往前推为 50~0,举升机控制杆往后拉为 50~100。

（2）举升机上行。

打开刹车阀,关闭防滑阀,手柄向回拉,调节举升机调压阀直至举升机上行,同时举升力表显示一定的值,若举升机压力小于工作所需压力,举升机不动。

举升机手柄处于中位,举升机不动,举升力表和下压力表均显示为 0。

（3）举升机下行。

打开刹车阀,关闭防滑阀,手柄向前推,调节举升机调压阀举升机下行,同时下压力表显示一定的值。

（4）举升机调压。

顺时针调节举升机调压旋钮,增大举升机液控压力,但只有举升机到达顶部或底部,才能显示设置的举升力或下压力,否则指重表只显示空载压力。

（5）举升机差动控制。

拔出开关,举升机处于差动状态,上行速度为举升机上行实际速度的 2 倍。举升机下行正常。

2）卡瓦系统操作

（1）卡瓦处于无管柱状态。

① 卡瓦关闭:手柄向前推,卡瓦关闭。卡瓦关闭压力如果小于 250psi,则卡瓦打滑。可

以通过调节卡瓦流量旋钮开度(0～100)来调节对应卡瓦关闭速度,卡瓦流量旋钮开度100时为卡瓦正常关闭速度。

② 手柄处于中位,卡瓦保持前一状态。

③ 手柄向回拉,卡瓦打开。

④ 无管柱状态下可以打开所有卡瓦。

(2) 当有管柱时,必须通过举升机先将载荷转移到一个卡瓦上(卡瓦颜色变红),另外一个卡瓦(卡瓦颜色变绿)才能打开。

3) 环形防喷器操作

(1) 向左推手柄,调节环形防喷器压力,环形防喷器关闭,环形关闭压力小于450psi,会造成轻微井喷事故。

(2) 手柄处于中位,保持前一状态。

(3) 向右拉手柄,环形防喷器打开,在井内无其他闸板关闭压力时,打开环形会造成严重井喷事故。

4) 闸板防喷器操作

(1) 向前推手柄,闸板防喷器关闭。

(2) 手柄处于中位,保持前一状态。

(3) 向回拉手柄,闸板防喷器打开。

5) 平衡阀/泄压阀操作

(1) 向前推手柄,平衡阀/泄压阀立即关闭。

(2) 手柄处于中位,保持前一状态。

(3) 向回拉手柄,平衡阀/泄压阀打开。

2. 应急处理培训

1) 故障应急管理

(1) 通过故障应急处理模块,培训各个岗位人员的应急处理能力。

(2) 故障应急管理包括操作手误操作产生的故障和设置故障两部分。

2) 操作手误操作产生的故障及现象

(1) 当从重管柱到轻管柱过中和点时,处于轻管柱后,即上顶力大于管柱浮重时,其中任意一个闸板防喷器关闭,如果没有关闭加压卡瓦,油管会上窜,直至油管接箍卡在闸板防喷器上。

(2) 当从重管柱到轻管柱过中和点时,处于轻管柱后,即上顶力大于管柱浮重时,其中闸板防喷器全部打开,如果没有关闭加压卡瓦,所有油管会上窜飞出井口,造成严重事故,系统提示作业异常结束。

(3) 当从轻管柱到重管柱过中和点时,处于重管柱后,即上顶力小于管柱浮重时,其中任意一个闸板防喷器关闭,如果没有关闭承重卡瓦,油管会下落,直至油管接箍卡在闸板防喷器上。

（4）当从轻管柱到重管柱过中和点时，处于重管柱后，即上顶力小于管柱浮重时，闸板防喷器全部处于开位，如果没有关闭承重卡瓦，油管会下落至井内，系统提示作业异常结束。

（5）如果井内有压力，所有防喷器处于开位或未完全关闭，会造成严重井喷事故，设备上会显示大量气体喷出状态，系统提示作业异常结束。

（6）闸板防喷器卡在接箍上，不能密封，压力不能放掉或者气体喷出。

（7）如果超过理论最大无支撑长度下压，则管柱会压弯，同时系统提示作业异常结束。

（8）如果接箍已经接触闸板下平面，举升机承重卡瓦夹住管柱继续往上提，会造成举升力增加，当最大举升力超过油管强度时，油管会被拉断，系统提示作业异常结束。

（9）如果接箍已经接触闸板上平面，举升机加压卡瓦夹住管柱继续往下放，会造成下压力增加，当最大下压力超过油管强度时，油管会被压弯，系统提示作业异常结束。

3）可设置故障内容

（1）环空密封失效应急处理。

当环空密封失效后发送泄漏事故，需要操作人员迅速地关闭工作半封（图7－22和图7－23）。

图7－22 环空密封失效效果图

图7－23 环空密封失效事故处理完成图

（2）内堵失效应急处理。

当内防喷工具失效后，管柱内气体喷出，此时需要下放油管并上旋塞阀（图7-24和图7-25）。

图7-24　发生内防喷失效效果图

图7-25　上完旋塞阀后事故处理完成效果图